【SI 単位接頭語】

接頭語	記号	倍数	接頭語	記号	倍数
デカ (deca)	da	10	デシ (deci)	d	10^{-1}
ヘクト (hecto)	h	10^2	センチ (centi)	c	10^{-2}
キロ (kilo)	k	10^3	ミリ (milli)	m	10^{-3}
メガ (mega)	M	10^6	マイクロ (micro)	μ	10^{-6}
ギガ (giga)	G	10^9	ナノ (nano)	n	10^{-9}
テラ (tera)	T	10^{12}	ピコ (pico)	p	10^{-12}
ペタ (peta)	P	10^{15}	フェムト (femto)	f	10^{-15}
エクサ (exa)	E	10^{18}	アト (atto)	a	10^{-18}

【ギリシャ語アルファベット】

A	α	alpha	アルファ	N	ν	nu	ニュー
B	β	beta	ベータ	Ξ	ξ	xi	グザイ
Γ	γ	gamma	ガンマ	O	o	omicron	オミクロン
Δ	δ	delta	デルタ	Π	π	pi	パイ
E	ε	epsilon	イプシロン	P	ρ	rho	ロー
Z	ζ	zeta	ゼータ	Σ	σ	sigma	シグマ
H	η	eta	イータ	T	τ	tau	タウ
Θ	θ	theta	シータ	Υ	υ	upsilon	ウプシロン
I	ι	iota	イオタ	Φ	ϕ	phi	ファイ
K	κ	kappa	カッパ	X	χ	chi	カイ
Λ	λ	lambda	ラムダ	Ψ	ψ	psi	プサイ
M	μ	mu	ミュー	Ω	ω	omega	オメガ

地球温暖化の科学

北海道大学大学院環境科学院 編

北海道大学出版会

口 絵 i

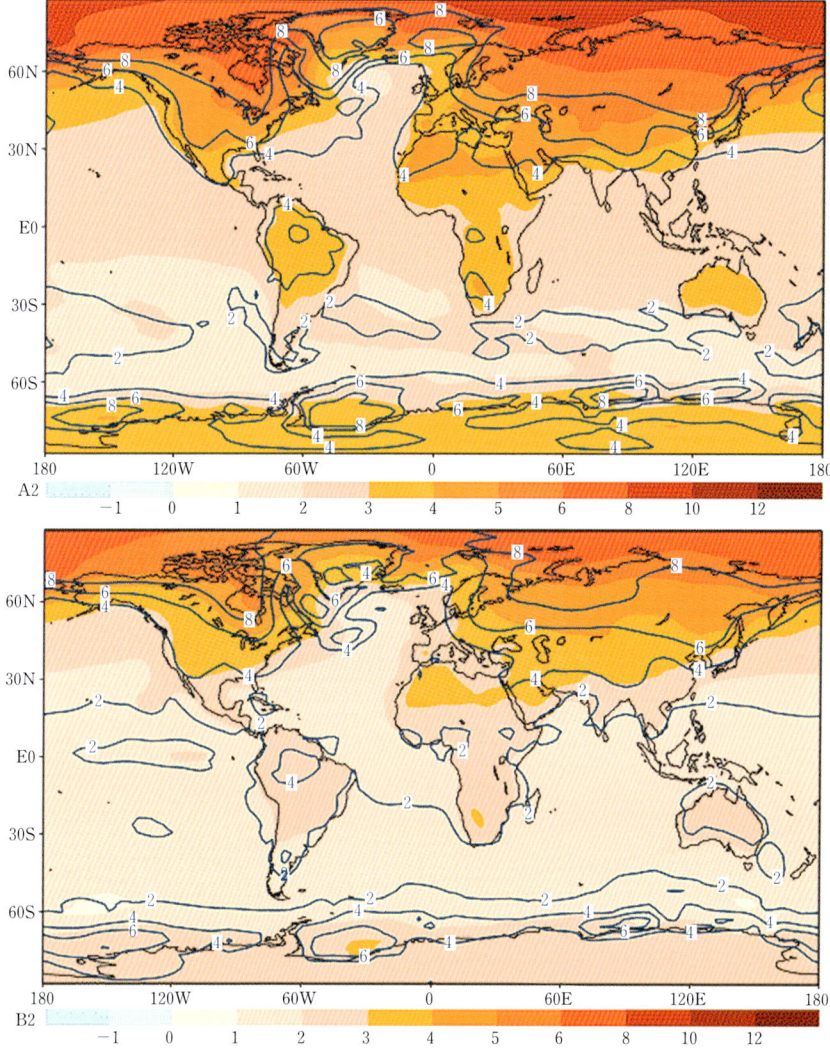

口絵1 (上)A2シナリオによる CO_2 増加を想定した多くの気候モデルによる年平均地表気温の昇温量。2071〜2100年の30年平均と1961〜1990年の30年平均の差。(下)上と同じでB2シナリオによるもの。濃淡が平均昇温量(単位は℃)，等値線はばらつきの範囲(単位は℃)を示す(上下共にIPCC, 2001)。5-2節参照

ii

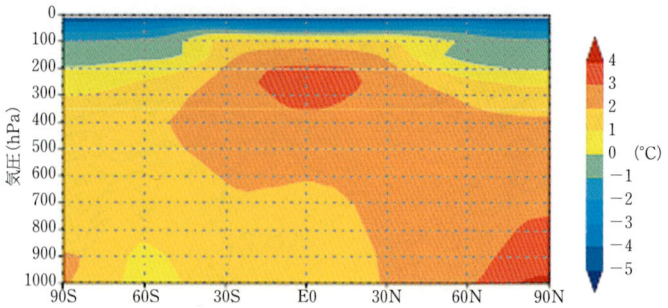

口絵 2 年率 1% で CO_2 が増加するという条件下でシミュレートした（CMIP ラン）多数の気候モデルによる CO_2 倍増時の東西平均・年平均気温の昇温量の緯度・高度分布 (IPCC, 2001)。5-2 節参照

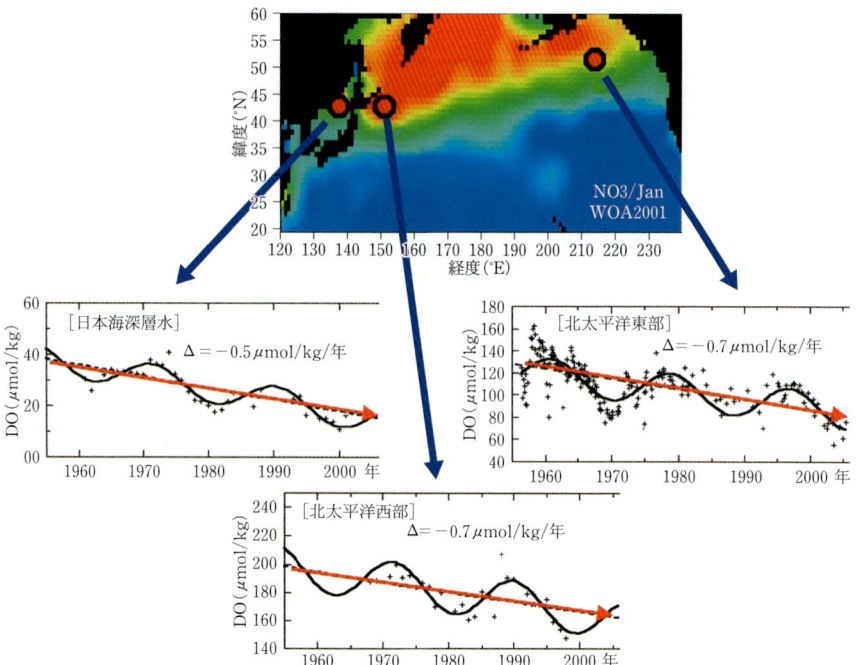

口絵 3 北太平洋の過去 50 年の溶存酸素濃度の変化 (Watanabe et al., 2003; Watanabe, 2006)。7-1 節参照

口　絵　iii

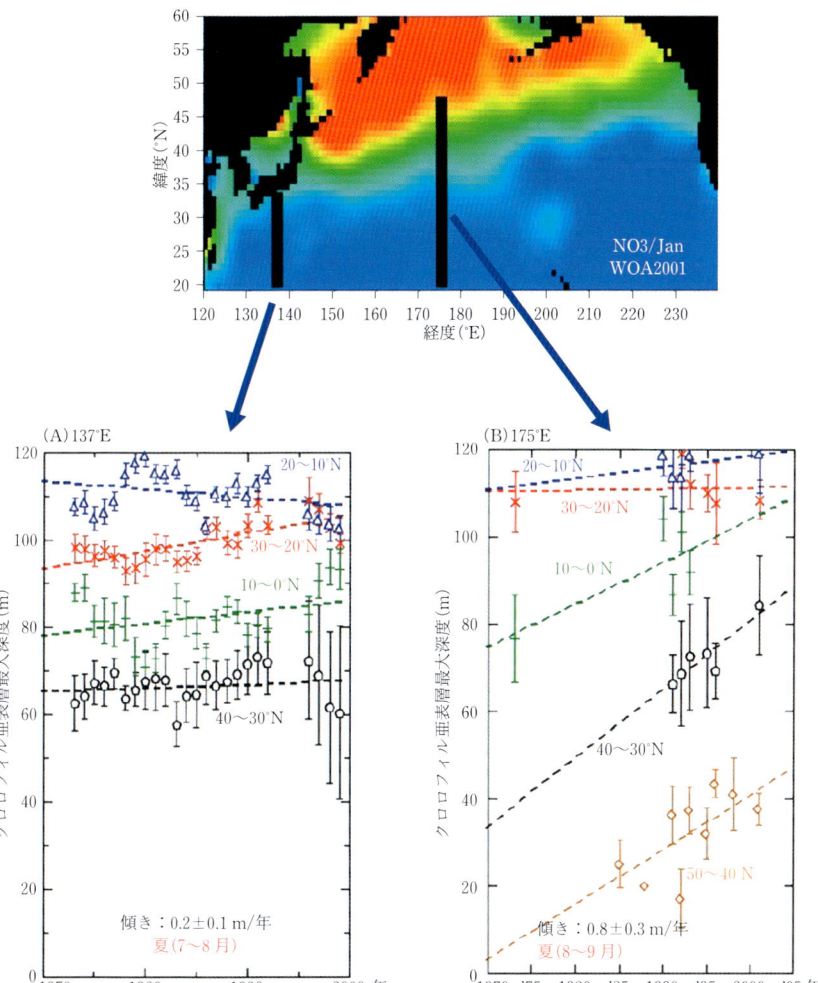

口絵 4　北太平洋におけるクロロフィル a の亜表層最大濃度深度（CSMD）（渡辺ら，2003）。
7-1 節参照

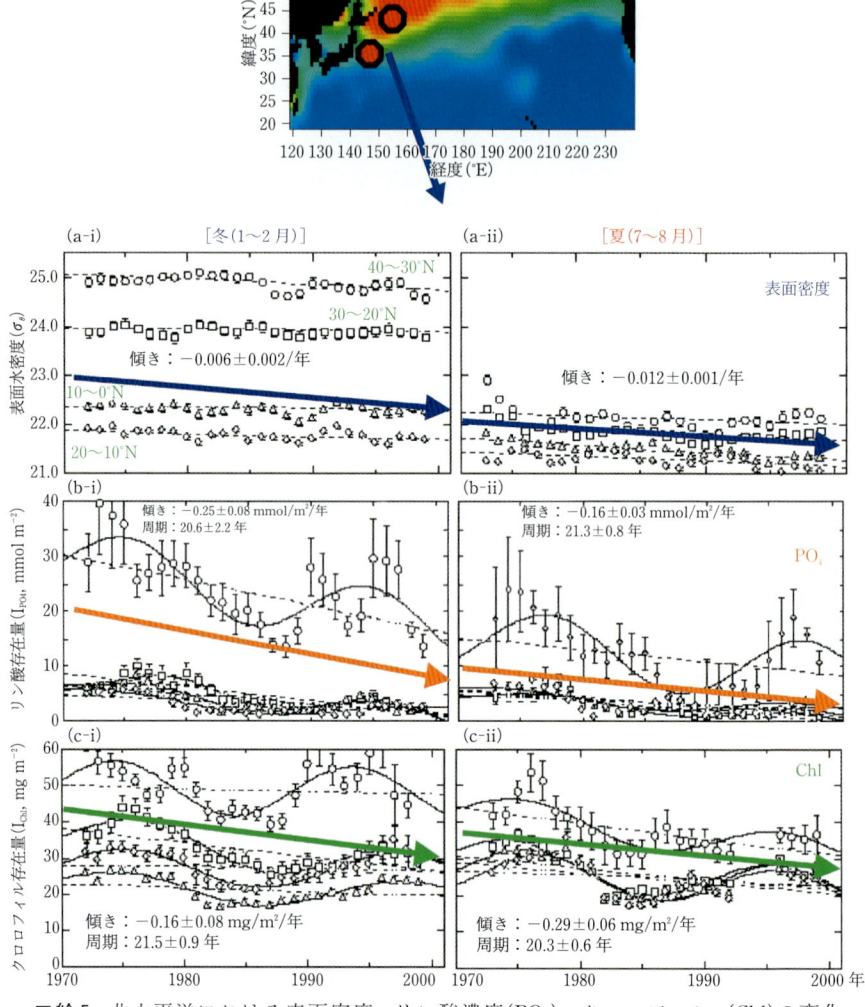

口絵5 北太平洋における表面密度，リン酸濃度(PO₄)，クロロフィルa(Chl)の変化（Watanabe et al., 2005）。7-1 節参照

口絵 V

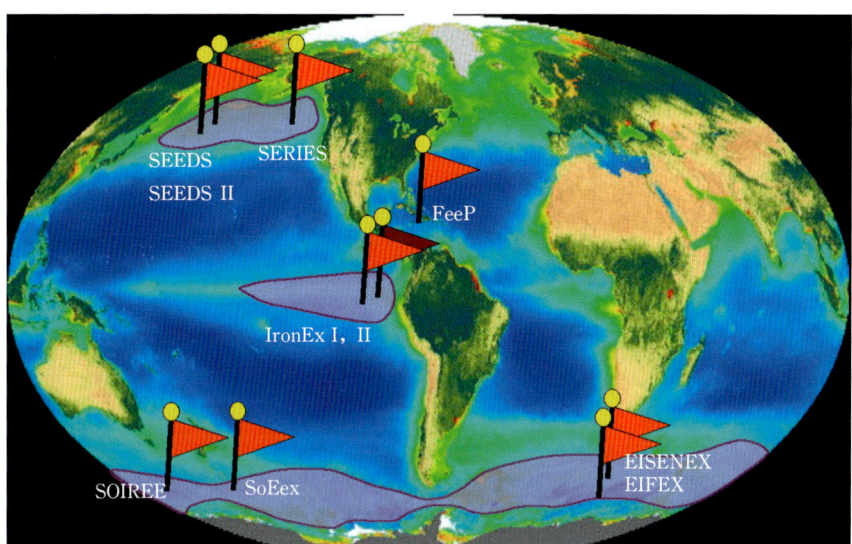

口絵6 栄養塩が高くクロロフィルが低い(HNLC)海域の分布(ハッチ)とおもな鉄散布実験が行なわれた場所(旗印)。7-3節参照

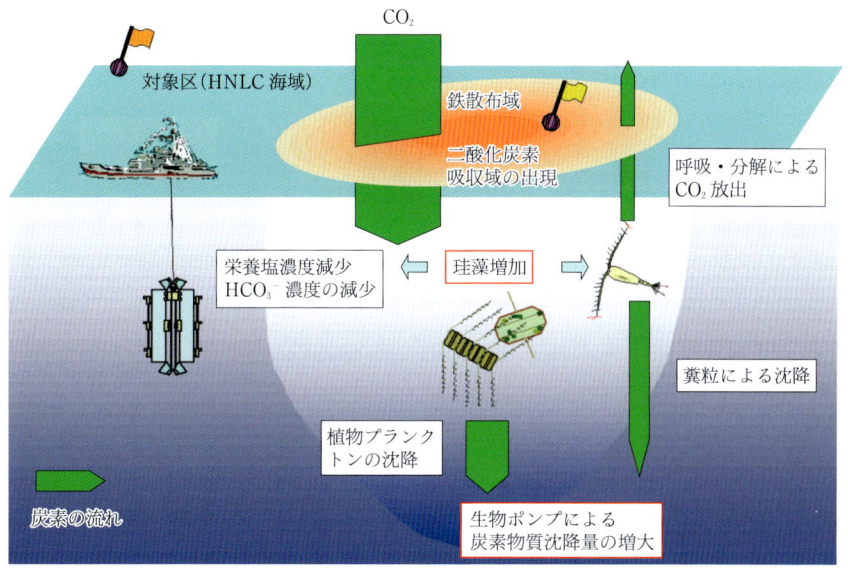

口絵7 鉄散布実験の概念図。7-3節参照

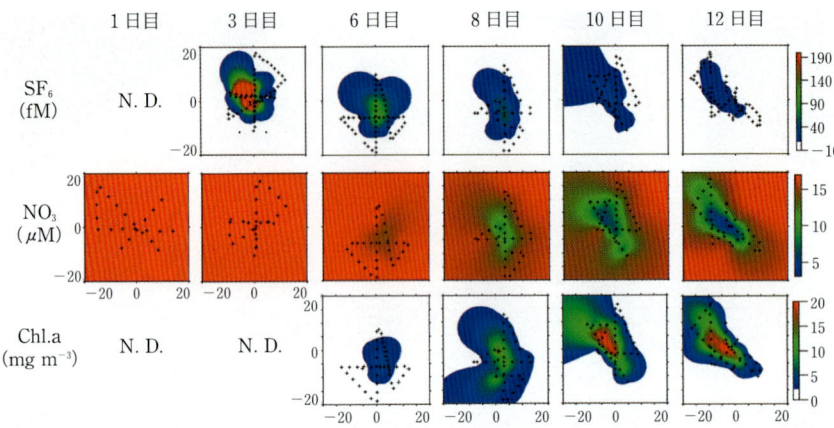

口絵8 西部亜寒帯太平洋で行なわれた鉄散布実験 SEEDS における鉄散布域の経時変化（散布から 1〜12 日目の変化；Tsuda et al., 2003 より改変）。上段はマーカー物質 SF_6 濃度，中段は硝酸塩濃度，下段はクロロフィル濃度。図中の黒点は測定点を示す。7-3 節参照

　　　　　　は　じ　め　に

　本書は「地球温暖化とは何か」について，それが起こるしくみ，影響，そして止め方をわかりやすく説いたものである。日本人は世界でも地球温暖化を一番よく知っているそうだ。しかし，言葉として知っていても，どこまで説明できるだろうか。たとえば，地球温暖化の原因は大気中の二酸化炭素の増加であるが，温暖化させる程度は水蒸気の方がより大きいことを知っている人は稀だ。あるいは，海面上昇のおもな要因は海水が昇温して膨張することであり，北極海に浮かぶ氷が融けても海面は上昇しないと自信をもって言える人はあまりいない。

　人間がだす二酸化炭素の量は，炭素だけを計って，1年間に一人あたり約1トンである。しかし，国によって大きく違っており，日本やヨーロッパの人は3トン，米国は6トンを排出している。地球温暖化を食い止めようとする世界的な取り決めである京都議定書に，「共通だが差異のある責任」と書いてある所以だ。世のなかには「地球温暖化は人間が起こしているのではない」，「地球温暖化なんてとるにたらない」と述べる書も多く出版されている。確かに，これからどのくらい温暖化するのか，正確に予測することは難しい。しかし，現在のようなエネルギーの作り方と使い方を続けていけば，100年のうちにとりかえしのつかない事態になることは，99％間違いない。皆さんも本書を読むとそれを確信するであろう。

　地球温暖化に比べて，オゾン層の破壊を止めることがずっと簡単に合意されたのはなぜか。二酸化炭素が地球を温暖化する理論は100年も昔に提示された。地球の上空でフロンガスがオゾン層を破壊していることは，ほんの20年前にわかった。しかしフロンガスの製造がすぐ禁止されたのに対し，京都議定書は米国が批准していないし，開発途上国に二酸化炭素排出削減の義務を課していない。この違いはどうしてだろう。まず，どのくらいの速さで地球が温暖化しているのか，観測データから実証するのが容易でないためだ。さらに人間生活の基盤をなすエネルギー生成に，まだ石油と石炭が欠か

せないことが根本的な理由だ。

　信頼できる推定によれば，人為起源二酸化炭素による気温上昇は，現在までのところ地球全体を平均すると1°Cにも及ばない．20世紀に起きた自然現象としての気温変動も同程度であり，この2つを区別するには注意深い研究が必要であった．地球温暖化が進行すると，海面上昇に加えて，植物や動物に被害が及ぶとか，熱帯性の病気が広がると言われている．しかしどの程度まで深刻であるか明言できないし，まして実感することは難しい．要するに，風呂桶につかってゆっくりと温度が上がっていても，それに気がつかないうちにやけどをしてしまうようなものだ．誰もそんな被害に会いたくないのは確かなのだが．

　本書で述べるように，気温上昇は高緯度ほど大きく，21世紀のうちには北極域で5°Cも昇温するだろう．札幌が今の仙台くらいの気候になるので，それに対応できない植物は衰退してしまう．降水量は増えるところも減るところもあり，食糧生産に打撃をあたえる．健康への被害，そしてエネルギー政策と国際的な取り決めについても，平易な解説をしている．いろいろな被害は経済基盤の脆弱な途上国や，先進国の貧困層に大きく及ぶと考えられる．

　温暖化の進行を止めるには二酸化炭素の排出を増やさないことが必須である．個人が省エネを心がけるだけではなく，炭素税の導入などの制度改革や，森林に二酸化炭素を吸収させるための森林保全，また海洋中深層に二酸化炭素を隔離することの影響を調査するなど，多面的な取り組みが求められる．さらに，自然エネルギーの普及も試みなければならない．生活スタイルの変革によって根本的な回避をめざす段階にきていると言える．読者の方々が，地球温暖化の本質をわかってくださり，私たちの子孫に住みやすい地球を残すための行動をとる一助となれば，本書の意義も格段に増す．最後に，21世紀COEプログラム「生態地球圏システム劇変の予測と回避」の研究成果に基づき，大学院教育を体系化する目的をもって本書を作成したことを記す．

　　2007年2月20日

　　　　　　　　　　　北海道大学大学院環境科学院　池田元美・山中康裕

目　次

口　絵　i
はじめに　vii

第1章　地球温暖化の概略　1

  1-1　地球温暖化にともなう気候変化　1
  1-2　地球温暖化に対する研究分野とそれらの関係　5

第2章　温室効果気体と温暖化の原理　9

  2-1　放射平衡　9
  2-2　温室効果気体　13
  2-3　対流圏大気の温度構造　16
  2-4　温暖化メカニズムとフィードバック過程　19

第3章　過去の気候と環境変遷　25

  3-1　古気候学　25
  3-2　古気候の復元方法　25
  3-3　氷期間氷期変動　27
    最終氷期最盛期の世界　29/氷期-間氷期変動とミランコビッチサイクル　29/ミランコビッチサイクルと他の地球環境表層サブシステムの変動との関係　35
  3-4　100～1000年スケール変動　41
    最終氷期の100～1000年スケール変動　41/完新世の100～1000年スケール変動　43/歴史時代の気候変動　44/100～1000年スケール変動の原因　45

第 4 章　大気・海洋・陸面における二酸化炭素の存在量と相互間の交換　49

　4-1　二酸化炭素と温室効果気体について　49
　4-2　大気‐海洋‐陸面での炭素量およびその間のフラックス　51
　4-3　人為起源二酸化炭素の収支　53
　4-4　大気中の二酸化炭素の季節変化と輸送　56
　4-5　陸上生態系における炭素循環と吸収　61
　4-6　海洋における炭素循環と吸収　63
　　　海洋循環および海洋における炭素循環　63/海洋における炭酸系の化学平衡と大気‐海洋間のガス交換　66
　4-7　陸面・海洋・それらを統合したモデルによる予測　68
　　　陸上生態系モデル　69/海洋物質循環モデル　70/炭素循環統合モデル　74

第 5 章　地球温暖化にともなう大気・海洋の応答と役割　79

　5-1　大気の温暖化予測　79
　　　20 世紀の気候変動　79/20 世紀再現実験からわかること　81/温暖化の地域パターン　84/水循環の予測　87/成層圏の寒冷化　89
　5-2　地球温暖化と自然変動・異常気象　90
　　　極端な現象・異常気象　90/台風　91/気候変動パターンと温暖化　92/サヘルの干ばつ　93
　5-3　極域圏の気候変動　95
　　　北極振動　96
　5-4　地球温暖化と極域海洋海氷の役割　99
　　　氷期間氷期変動　99/20 世紀からの変動　101/極域温暖化のメカニズム　103/温暖化進行による極域の変化　103
　5-5　地球温暖化と陸域雪氷の役割，および海水準上昇　105
　　　現在の地球上の陸氷　106/過去へのいざない　106/地球温暖化による陸氷融解と海水準上昇　107/1000 年規模の変化　110/地球規模

のフィードバック　110

第6章　地球温暖化にともなう陸上生態系の変化　115

6-1　生　態　系　115
6-2　陸上生態系変動を知るための空間的・時間的規模　117
6-3　環境と植物群集の測定　121
6-4　植 生 指 数　122
6-5　一次生産力　124
6-6　物質循環と炭素循環　126
6-7　大スケールでの生態系応答予測　127
6-8　温暖化へのフィードバック（地域スケール）　130
　　　温暖化と生活型　130/生態系のメタン放出　134/生態系の地下部　135
6-9　メ タ 解 析　136

第7章　地球温暖化にともなう海洋物質循環・生態系の変化　141

7-1　地球温暖化による海洋物質循環過程の変化　141
　　　はじめに　141/海洋の水塊形成量の減少の可能性　142/海洋環境変化の傾向とその変動周期　144/生物活動の減少の可能性　145/おわりに　148
7-2　地球温暖化による海洋生態系の変化　149
7-3　海洋鉄散布実験　157
　　　実験の経緯　157/鉄と海洋生物生産　161/具体的な事例　162/鉄散布実験からわかることわからないこと　167/操作型実験の今後　168
7-4　海洋酸性化による海洋生態系への影響　169

第8章　地球温暖化の社会影響と対応策　181

8-1　食糧生産への影響　181
　　　はじめに　181/食糧と経済力　182/世界の穀倉地帯は維持できるか，

栽培種を換えて対応できるか　183/国家間・地域間の不均衡がどう変化するか，その国際政治への影響は　184/耕地開発と森林　184/エネルギーとの関連　185/まとめ　186

8-2　気候変化と健康　187
　　　はじめに　187/人間の健康と環境　187/気候変化による健康影響　189/気候変化と健康に関する国連およびわが国の役割　192/おわりに　194

8-3　エネルギー政策の影響と新エネルギー源の可能性　195
　　　エネルギー起源二酸化炭素排出抑制対策の概要　195/エネルギー政策の評価　199/非化石燃料の利用拡大　204

8-4　京都議定書に代表される政府間取り決め　206
　　　政府間取り決めの歴史　206/気候変動に関する政府間パネル(IPCC)の役割　207/京都議定書　209/米国の動向　211

8-5　地球温暖化防止対策の決定過程　212
　　　現在の日本の政策体系とその概要　212/環境税をめぐる議論　218/日本の努力と世界の努力　223

第9章　さらなる勉強に向けて　227

9-1　国際関係と社会システムで考える地球温暖化　227
　　　炭素排出許容量　227/開発途上国と先進国の対立と相互依存　228/自然と社会の相互作用　229/京都議定書の上に築く世界　232

9-2　持続可能な世界に向けて　233
　　　人類が直面する諸問題　233/人類の浅知恵の歴史　234

索　引　237
執筆者一覧　245

地球温暖化の概略

第1章

北海道大学大学院環境科学院／山中康裕

1-1　地球温暖化にともなう気候変化

　地球温暖化は，人間活動にともない，二酸化炭素などの温室効果気体の大気中濃度が上昇し，さらにそのことにより気温上昇などの気候変動をもたらすといった一連の現象である。

　二酸化炭素やメタンなどの温室効果気体は，もともと自然状態で存在し，それがない状態に比べ地球の全球平均気温を数十度上昇させ，現在のような生き物にとって暮らしやすい環境を提供してくれている。大気中二酸化炭素濃度は，最終氷期の直後(約1万年前)から産業革命前(18世紀半ば)まで，約280 ppm(二酸化炭素は空気の0.028%を占める)と安定して存在していた。19世紀は森林伐採により，20世紀は，森林伐採と共に，石炭や石油，天然ガスなどの化石燃料消費によって二酸化炭素が放出されている(人為起源二酸化炭素と呼ぶ，図1-1-1)。1990年時点では，化石燃料消費では約年間6 PgC(PgCは炭素換算で10^{15}g)，森林伐採など土地利用の変化で約年間2 PgC放出している。人為起源二酸化炭素の約半分が海洋や陸上生態系にされ，残りが大気中に残り，現時点で，大気中二酸化炭素濃度は380 ppmと約100 ppm上昇した。また，大気中メタン濃度は，産業革命前の0.7 ppmから現時点の1.8 ppm程度に増加した。二酸化炭素の収支については，第4章で詳しく説明する。

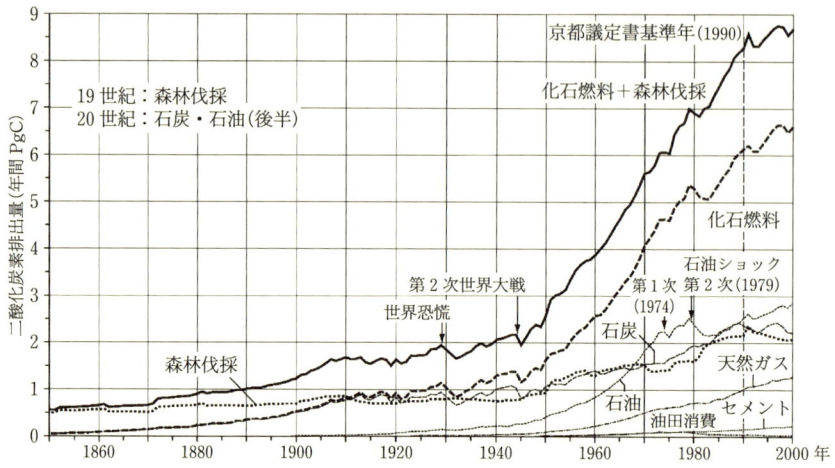

図 1-1-1 1850年から2000年までの人間活動にともなって放出された二酸化炭素量
(CDIACホームページ・データより作成)

　温室効果気体の濃度が増加すると，赤外線に対する大気の透明度が下がり，地表や対流圏下部から放たれた赤外線が(放たれた量に対して相対的に)地球外へ直接でにくくなる。そのために，地球の外でみると，赤外線の量が，地球のなかにはいってくる日射量に釣り合うようになるために(気温が増加するとより多く放たれるので)，赤外線をより放つように地表面や対流圏下部の気温を上昇することになる。これは温室効果と呼ばれる地球の気温分布を決める大気科学の最も基本的なメカニズムである(第2章参照)。実際には，対流圏内の水の相変化をともなう雲の生成や対流運動などによる熱の輸送や，人間活動にともなって空気中の微粒子(エアロゾル)の量やサイズなどの変化やそれらにともなう雲の変化などによっても日射量や赤外線量が変化する。大気科学では，放射強制力という概念を導入して赤外線がでにくくなること(および日射量がはいりやすくなること)を定量的に取り扱い，放射強制力の変化が気候の変化をもたらすといったことを説明する(第2章参照)。これらの変化は，大気循環や海洋循環，地表面状態が絡み合った複雑なものなので，気候モデルと呼ばれるプログラムを用いて，スーパーコンピュータ上で数値計算が行なわれている(第5章参照)。

　地表の気温上昇と共に，大気や海洋，雪氷の変化も生じる。地表の気温が

上昇すると，地表の水が水蒸気となる蒸発が増加する．この際に，水から気体の相変化をともなうので，地表から熱を奪い，その水蒸気が雲に変わる時に，逆の相変化をともなうので，水の輸送と共に熱も輸送される(潜熱輸送という)．地表の気温上昇にともなう蒸発量の増加(すなわち地表への冷却効果)は，土壌中に存在する水分には限りがあるため，温暖化による地表の気温上昇は，海洋よりも陸上の方が大きくなる．この気温上昇は土壌水分の状態によるため，地球温暖化の予測には，蒸発がさかんな夏の土壌水分の予測も重要となる．当然ながら，海や陸からの蒸発が増加すれば，雨も増加し，さらに，雲の分布や台風や温帯低気圧の活動なども変わることが予測される．また，北半球高緯度では，冬の気温上昇にともない，降雪が降雨に変化することや融雪の増加することにより，積雪が大きく減少する(非常に低温の気候では，気温上昇にともない大気中水蒸気量が増加し，僅かながら降雪が増加し，積雪が増えることもある)．積雪は地表に注ぐ日射を大きく反射するので，その結果，地表の気温は低下する．逆に，積雪の減少は気温の上昇を加速させる．これらは，正のフィードバック(連鎖)としてアイスアルベド・フィードバックと呼ばれている．さらに，雪解けの時期が早まることにより，その地域の春から夏にかけての土壌水分や水循環，気温などが変わり，河川に流れ込む水量が変わると考えられる．このように，気温上昇は一様に起こるのではなく，地域ごとに異なって起こる．そのために，地球規模の大気循環や海洋循環が起こり，さらに，それらがそれぞれの地域の気候を変化させていく．

　数十年程度の時間スケールでみると，産業革命から現在までの気温上昇は，エルニーニョ現象や数十年規模の気候変動と同じ程度の変化であり，自然変動と見分けにくい．そのために，後で述べる気候変動に関する政府間パネル(IPCC)の報告書では，多くの科学者による慎重な議論をした結果として，20世紀中の全球平均した気温上昇は，$0.6\pm0.2°C$と報告している(IPCC, 2001)．今後，このまま人間活動にともなう二酸化炭素などの放出が続けば，2100年には$1.4〜5.6°C$の気温上昇が起こることが予測されている(IPCC, 2001)．この程度の気温上昇となると，自然変動の範囲を大きく上回り，地球温暖化が起こっているという明らかな状態となる．地球温暖化が起こっても，「高緯度地域が現在の熱帯地域のようになったり，現在よりも数倍の強さの台風

が起こったり」といった現在の気候を根本から変えるわけではなく，気候がある程度大きく変化するということが起こる．これらの地球温暖化にともなう気候変動については，第5章で紹介する．

過去の地球においては，大気中二酸化炭素濃度が現在の数倍から十数倍存在した約1億年前の中生代白亜紀のような暖かな気候が存在する．しかし，新生代の寒冷化は約6500万年前から数千万年かかって徐々に現在の気候となった．また，最近100万年間に起こった氷期－間氷期サイクルでは，たとえば，約1万年前に起こった氷期から間氷期へ移行する際に，グリーランド周辺では，北大西洋での海洋循環の変化にともない，約50年間で7℃の気温上昇がみつかっているが，これは北大西洋周辺地域に限定されたものであり，全球平均気温でみると大きな気温上昇ではない．約6億年前の顕生代以前の地球の過去の気候において全球凍結現象などきわめて稀に起こった激しい現象もあるが，顕生代においては，数百年といった短期間に大気中二酸化炭素やそれにともなう気温上昇が起こることは，かなり稀な現象であるといえる．過去の地球の気候変化については，第3章で紹介される．

さらに，地球温暖化による陸上の生態系や海洋の生態系への影響が，第6章や第7章で紹介される．陸上植生は，地表付近の水循環や日射の反射状態などを決めており，気候と密接に結びついている．さらに，人間活動にともなって放出される二酸化炭素の一部が陸上植生によって吸収される．これらから，地球温暖化について議論する際には，気候から陸上生態系への一方的な影響だけではなく，陸上生態系から気候へのフィードバックを含めて議論されなければならない．陸上生態系の地理的分布は，気温や降水量に関する年平均や季節変化などの環境要因によって決まっているが，世界中に多様な植生が拡がっているように，長期間の生態系間の競争の結果としても決まっている．地球温暖化にともなう気候変化によって，それぞれの植生にとって最適な環境をもつ地域が移動していくが，植生分布が適応して移動できるかというと，今後100年間では，基本的には植生分布は変化せず，元々あった生態系にとって最適な環境を失っていく可能性が高い．新しい気候への植生分布を含めた順応には，数百年以上かかり徐々に行なわれるが，それぞれの地域の生物量(すなわち炭素貯蔵量)は，数十年で新たな平衡状態にほぼ近づく．

地球温暖化に対する生態系の応答を議論する際には，生物量のような量として議論するものと生物多様性のような質として議論するものがある。海洋生態系は，海洋循環，特に海洋表層直下からの栄養塩供給によって生物生産がほぼ決まっており，地球温暖化にともなう海洋循環の変化が生態系に大きな影響を与える。その結果，プランクトンの種構成などの生態系変化がそれぞれの海域で起こると，海洋による人間活動にともなって放出された二酸化炭素の吸収量が変化したりする気候へのフィードバックや，プランクトンを餌とする魚類(水産資源)などへ影響が波及する。また，沿岸域においても珊瑚礁やそれにともなう生態系の影響などが考えられる。水に溶けた二酸化炭素は弱酸なので，弱アルカリ性の海洋は，二酸化炭素を吸収していくことにより，僅かながらpHが低下する(2100年には，産業革命前から0.4程度低下)。その結果，海洋中の炭酸イオン濃度が低下し，炭酸カルシウムが高緯度海域の表層でも未飽和濃度となる可能性が最近指摘されている(海洋酸性化という)。

1-2 地球温暖化に対する研究分野とそれらの関係

　地球温暖化は，大気科学や海洋科学，気候科学，生態学などの広い意味での地球科学全体で扱わなければならない現象であるが，その問題，「地球温暖化問題」となると，京都議定書に代表される国際政治問題や健康などの政治，削減技術などの工学，社会科学・工学・医学など非常に幅広い分野を含んでくる。第8章では，それらを紹介する。
　気候変動に関する政府間パネル Intergovernmental Panel on Climate Change (IPCC)は，国連の2つの機関(国連環境計画UNEPと世界気象機関WMO)の下につくられた国際的な組織であり，その報告書は，査読がある学術誌に発表された論文をもとに，政治的な立場を含まない純粋な科学的知見を集約する戦略の基づいてつくられており，1991年，1996年，2001年にだされている。2007年には，第4次報告書がだされる。一般の人にとって地球温暖化に関する情報(専門家にとっても自分の専門分野以外の情報)の多くは，この報告書に基づいて発信されたものといっても過言ではない。その圧倒的かつ統一的な情報量なので，(IPCCの内容を懐疑的に思う科学者も少なからずいるが)まずは偏りが

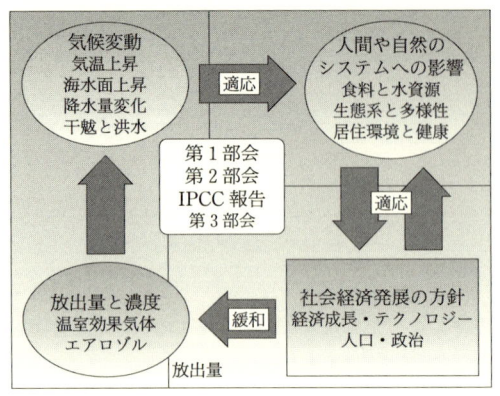

図1-2-1 人間活動と地球温暖化，および，適応と緩和策の関係，IPCCでの作業部会の役割(IPCC, 2001に加筆)

少ない情報を網羅したものだと見なすことができる。IPCCには，3つの作業部会 Working Group (WG)がある(図1-2-1)。WG3は社会の今後の発展などを扱い，どれぐらい二酸化炭素が将来放出されるだろうかということが決められ，WG1では，その値を使って気候モデルを用いて気候の将来予測をする。さらに，WG2では気候の将来予測を使って，水資源の問題とか，食料問題を扱っている。そして，それらの結果が社会経済に戻される，といった一連のことが行なわれる。国際的な議論の場でよく用いられる緩和 mitigationと適応 adaptationという2つの言葉が使われる。「適応」というのは，対処療法的な処置で，温暖化で生じる被害を防ぐ考え方であり，一方，「緩和」というのは根治療法的な処置で，元凶である二酸化炭素の放出量の削減する考え方である。

1992年に結ばれた「気候変動に関する国連枠組み条約 United Nations Framework Convention on Climate Change (UNFCCC)」は，国際政治的な温暖化対策として最も重要な国際条約である。1992年に行なわれた地球サミットでは，環境を考える上で重要となる考え方が示された「リオ宣言」とそれを実行するための「アジェンダ21」がだされており，地球温暖化に対して結ばれたのがUNFCCCである。UNFCCCでは，究極の目的として，いわば「地球温暖化の大きな影響が起こらない程度に大気中二酸化炭素濃度を一定

になるようにする」ために，二酸化炭素濃度を削減することが明記されている．それを実施するための第一歩として，1997年に京都議定書が定められた（さらに2001年にマラケシュ合意でより詳細に定められた）．リオ宣言やUNFCCCでは，いくつかの重要な概念が提示されている．1つは，予防原則 precautionary approach である．的確にいえば，「環境問題の原因がまだ科学的に確定していないということを理由に，有効な対策を遅らせてはいけない」というものであり，いわば「地球温暖化が人間活動にともなう二酸化炭素などの温室効果気体の放出が原因ということがほぼ明らかになっている現在，手遅れになる前に，具体的な対策を始めるべきである」ということである．また，共通だが差違のある責任 common but differentiated responsibilities は，地球温暖化対策は先進国も発展途上国も行なわねばならないが，多量の温室効果気体を放出している先進国により責任があるというものである．地球温暖化に少しでもかかわるような研究をしている自然科学者は，究極の目的・予防原則・共通だが差違のある責任などの概念について理解し，それに基づいた議論をすべきである．

2005年2月に発効した京都議定書では，2008〜2012年の5年間平均の人為起源排出量を1990年時点での化石燃料消費の放出量年間6 Pgに対して，(米国が7%削減したとして)先進国で5%，全体で3%削減をめざしており，これは二酸化炭素の約年間0.2 Pgの削減を意味する．一方，UNFCCCでの究極の目的である大気中二酸化炭素濃度を安定化させるためには，二酸化炭素放出量を数百年後までに海洋によって吸収できる量(年間2 Pg程度)に近づける必要がある(図1-2-2)．もちろん，放出量を早く削減すればするほど，安定化する濃度は低く抑えられる．海洋による吸収は，海洋が1000年間ぐらい海洋深層に炭素を蓄えるまで続き，大気中二酸化炭素濃度が高いほどより効率的に深層に炭素を運ぶことができるので，大きくなる．

つまり，現在約380 ppmの大気中二酸化炭素濃度を450 ppmで安定化させるためには(この時気温上昇は2100年までに2℃上昇)，2050年ごろには(化石燃料の消費だけでなく土地利用の変化も含めた)人間活動にともなう放出量を年間4 Pg削減し年間4 Pg程度にし，京都議定書における削減量の20倍の削減を行なわねばならない．すなわち，京都議定書は，削減に向けた枠組みを整え

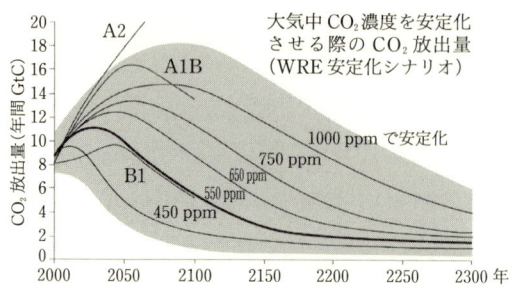

図 1-2-2　IPCC の代表的なシナリオ (A1B：経済発展にともないグローバル化されるが，化石燃料とその他のエネルギーがバランスよく利用されるようになる将来予測であり最もあり得るシナリオ。A2：地域ごとに経済発展を追求するシナリオ。B1：世界的に協調して環境重視に進むシナリオであり最も地球にやさしい)，および各大気中 CO_2 濃度 (1000，750，650，550，450 ppm) での安定化シナリオにそった二酸化炭素放出量 (IPCC，2001 より)。放出量のピークを迎えても，海洋吸収量の 2 Pg 程度を超えるとその分，二酸化炭素濃度は上昇する。

た画期的な前進であるが，地球温暖化を防ぐ究極の目的達成のためには，まだまだ大幅な努力が必要となる。省エネルギーの推進や再生可能エネルギーの導入は当然ながら，地中や海洋への二酸化炭素貯留や新エネルギーの工学的アプローチ，環境税や次期京都議定書などの国内外の政治的アプローチ，新しい価値観やライフスタイルの提案などの教育的アプローチなど数多くの対応が必要である。

[引用文献]
CDIAC (Carbon Dioxide Information Analysis Center): http://cdiac.ornl.gov/
IPCC. 2001. Climate change 2001: The scientific basis. Contribution of Working Group I to the Third Assessment Report of the Intergovernmental Panel on Climate Change. 881 pp. Cambridge University Press, Cambridge.

第2章 温室効果気体と温暖化の原理

北海道大学大学院環境科学院/渡部雅浩

2-1 放射平衡

　俗に「万物の源」というが，大気や海洋の流れ，雨，植物など，地球表層の自然環境の集合体である気候システムを維持・駆動している一番の源は太陽からの放射エネルギーである。一方，我々の体が常に体温に応じた熱を発しているように，地球表面もその温度に応じて放射エネルギーを宇宙空間へ射出している。気候システムの要素を充分長い時間(たとえば30年)で平均したものを気候と呼ぶ時，気候がある状態に落ち着いていれば，気候システムは放射平衡に近い状態にあると考えられる。温暖化の原理を理解するためには，まずはこの放射平衡の概念を知る必要がある。

　最も簡単な0次元放射平衡では，地球表面を均質な黒体と仮定する。黒体とは仮想的な概念で，はいってきた放射エネルギーを完全に吸収するような物体をいう。太陽から地球にやってくる放射エネルギーを S，地球から宇宙にでてゆくエネルギーを R と表わすと，上記の放射平衡は

$$S = R \qquad (2\text{-}1\text{-}1)$$

と表わせる。ここで，放射の単位は，単位面積あたりのエネルギーの流れ，すなわち $W/m^2 (= J/s/m^2)$ である。S は太陽放射あるいは日射と呼ばれ，R は地球放射あるいは惑星放射と呼ばれる。日射は地球上の昼の部分だけが受け取るので，図2-1-1のように，地球全体では，地球を日射の方向へ射影し

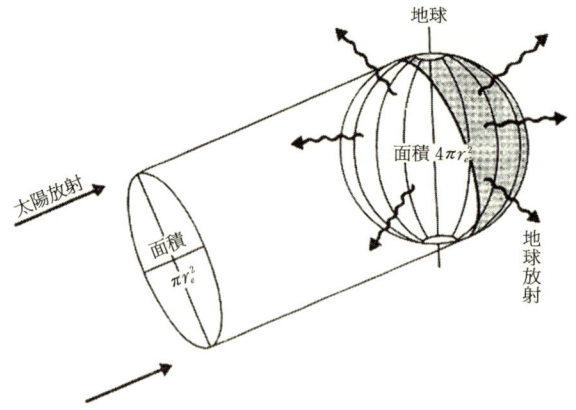

図 2-1-1　地球のエネルギー平衡を表わす模式図(小倉, 1984)

た円の面積 πr_e^2(r_e は地球半径) と単位面積あたりの日射量の積となる。後者には，太陽と地球の平均距離における放射エネルギーである太陽定数 S_0(= 1370 W/m²) が用いられる。また，地球表面に存在する雪氷や雲などにより，日射のある部分ははね返されて，地球が受け取ることなく宇宙へ戻ってゆく。日射のどれくらいの割合が反射されるかを表わすのが反射能あるいは惑星アルベドと呼ばれる量で，これを a と書くと，地球が受け取る日射の総量は

$$S = S_0(1-a)\pi r_e^2 \qquad (2\text{-}1\text{-}2)$$

と表わすことができる。

　放射は電磁波であるからさまざまな波長(あるいは振動数)をもつが，黒体の射出するある波長の放射エネルギーは，温度と波長のみに依存する(プランクの法則)。これを波長に関して積分すれば，黒体の射出する単位面積あたりの放射 I を表わす次の関係

$$I = \sigma T_e^4 \qquad (2\text{-}1\text{-}3)$$

が得られる。T_e は黒体のもつ有効射出温度，σ(=5.67×10⁻⁸ W/m²/K⁴)はステファン・ボルツマン定数であり，(2-1-3)式はステファン・ボルツマンの法則と呼ばれている。今，地球が黒体であると仮定しているので，図 2-1-1 のように地球表面のどこからも単位面積あたり I の放射が射出される。したがって，全体では I と球の表面積の積となる。

$$R = 4\pi r_e^2 \sigma T_e^4 \tag{2-1-4}$$

0次元放射平衡は，(2-1-2)式と(2-1-4)式を(2-1-1)式に代入することで求められる．すなわち，両辺から πr_e^2 が消えて，

$$\frac{S_0}{4}(1-a) = \sigma T_e^4 \tag{2-1-5}$$

となる．地球の平均アルベドを $a=0.3$ とすると，(2-1-5)式は放射平衡温度 T_e について解けて，$T_e=255$ K($=-18$°C)という答えがでてくる．このことは，もし地球が月のように空気の膜をまとわない惑星であれば，平均温度は現実よりもずっと低いことを意味している．

次節でみるように，大気の放射に対する作用は，放射の波長により異なっている．簡単化すれば，地球大気は太陽放射に対して透明で，地球放射に対して不透明であるという性質をもつ*．このことを放射平衡温度を求める際に考慮してみよう．大気層が均質だとして，図 2-1-2 のように，地球が受け取る太陽放射はすべて大気を通過して地表面に到達する．温度 T_s をもつ地表面は黒体放射を射出するが，それはすべて大気層が吸収する．一方，大気層は気温 T_a で決まる黒体放射を地表面と宇宙へ等しく射出する．地表面と大気層各々で放射平衡の式は

$$\frac{S_0}{4}(1-a) + \sigma T_a^4 = \sigma T_s^4 \tag{2-1-6}$$

$$\sigma T_s^4 = 2\sigma T_a^4 \tag{2-1-7}$$

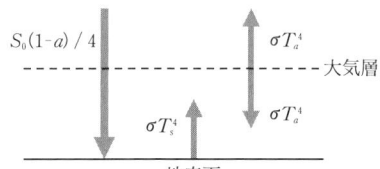

図 2-1-2　太陽放射に対して透明，地球放射に対して不透明な均質大気を仮定した場合の放射エネルギーの流れ

---

* ここで透明，不透明というのは，光学的な意味である．日常使う「透明」は，目にみえる可視光線を通過させるということだが，光学的に「透明」である場合，それ以外の波長の電磁波も吸収・散乱することなく通過させる．

となり，これらを連立させて解くと $T_a=255\,\mathrm{K}$，$T_s=303\,\mathrm{K}$ という放射平衡温度が得られる。したがって，地球表面は大気の存在により 48 K も暖かくなるわけである。これが温室効果の最も単純な説明であり，かつ，温室効果自体は地球表面を暖かく保つ大気のメカニズムとして理解されるべきであることを，上記の放射平衡の概念は示している。本書で扱う，いわゆる地球温暖化というのは，この大気の働きが人為起源の大気組成の変化によって少しだけ強まる結果，地表や下層大気の温度が上がるという話である（2-4 節参照）。

大気の放射収支は実際にはもっと複雑で，図 2-1-3 に示されるように複数のエネルギーの流れがある。図 2-1-3 には，太陽からの入射を 100 とした時の大気 - 地表面系の放射エネルギーの流れをパーセンテージで表わしてある。大気の上端でみると，日射の 3 割が大気あるいは地表面で反射され，残りの 7 割は大気あるいは地表面に一度吸収された後に地球放射として再び宇宙へでてゆくことで，地球全体としてのエネルギー平衡が保たれている。注目すべきは，地表面から日射よりも多くのエネルギーが射出され，その 96％は

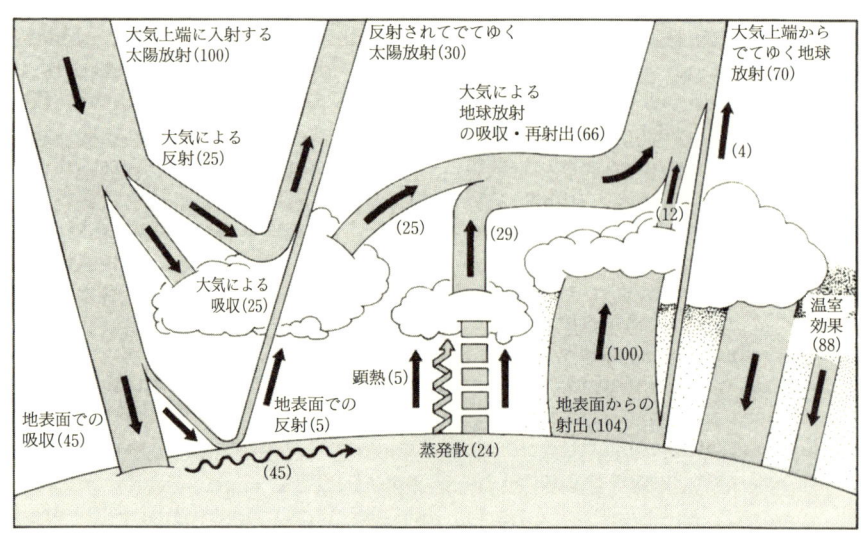

図 2-1-3　地球表層のエネルギー収支（Schneider, 1992）。矢印はエネルギーの流れを，またカッコ内の数字は，太陽から入射するエネルギーを 100 とした時のエネルギーの割合を示す。

大気に吸収されて，かなりの部分が再び地表面へ戻るという大気‐地表面間の活発なエネルギー交換である．図2-1-2の放射平衡は，この過程の本質を取り出したものであり，現実には海面を含む地球表面と対流圏大気の間でほとんどのエネルギー交換が行なわれている．

2-2　温室効果気体

プランクの法則によれば，ある温度をもつ黒体は，特定の波長帯において電磁波を射出する*．波長の関数として放射の強さを描いたものを放射スペクトルというが，図2-2-1Aには，太陽と地球それぞれの代表的温度である6000 Kおよび250 Kの黒体放射スペクトルが示してある．前者の方が絶対値は圧倒的に大きいので，比較しやすいようにスペクトルはあらかじめ規格化してある．図からまずわかることは，2つの放射スペクトルがほとんど重なっていないことである．太陽放射に相当する6000 Kの黒体放射は，波長約0.5 μmに中心をもち(可視光線は波長約0.38〜0.77 μmである)，地球放射に相当する250 Kの黒体放射は波長約15 μmに中心がある．このスペクトルの違いが，温室効果を含む大気の放射特性にとって本質的に重要な点である．中心波長の違いから，太陽放射を短波放射，地球放射を長波放射と呼ぶことも多く，また地球放射の中心波長はちょうど赤外域にあたることから，地球放射は一般に赤外放射と呼び慣わされている．

　前節で，地球大気は長波放射に対してのみ不透明であると仮定して議論を行なったが，実際に大気が放射スペクトルのどの波長帯を吸収するかが，図2-2-1Bに示されている．これは，地表面から大気上端までの全大気が放射を吸収する割合(吸収率)をパーセントで表わしたもので，吸収率が100％に近いほどその波長帯に対して大気が光学的に不透明であることを示している．放射スペクトルの両端を除けば，大気による吸収は連続的ではなく，吸収に寄与する物質(水蒸気，オゾン，酸素，二酸化炭素，メタン，一酸化二窒素)ごとに離散的に存在していることがわかる．また，大まかにみれば，前節で仮定した

---

* 射出が最大となる波長 λ_{max} は，ウィーンの変位則 $\lambda_{max} = 2897/T$ で与えられる．

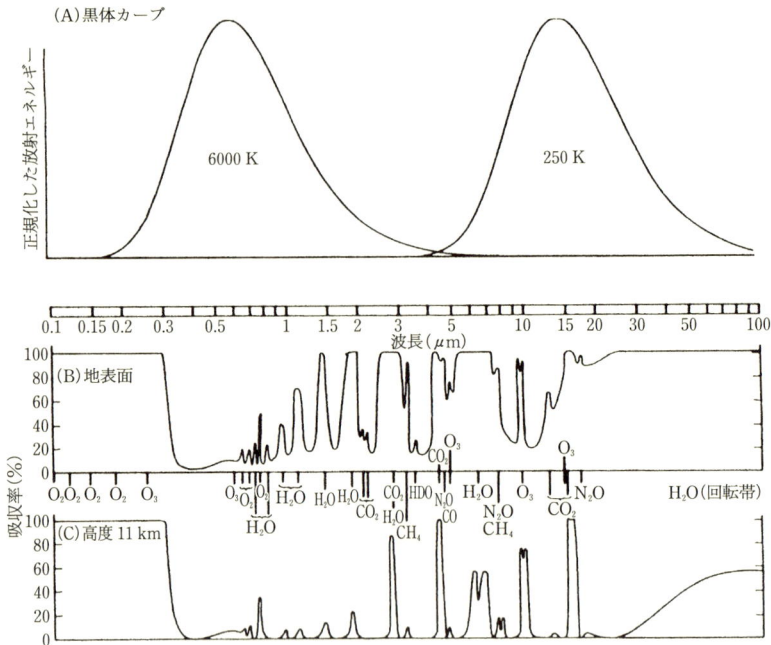

図 2-2-1 (A)温度 250 K と 6000 K の物体からの黒体放射エネルギーのスペクトル，(B)地表面から大気上端までの大気全体による放射の吸収率，および(C)高度 11 km より上の大気による放射の吸収率(Goody and Yung, 1989)。横軸は波長。(B)には，吸収に寄与する気体成分ごとの吸収線も記入してある。

ように，大気は太陽放射に対して比較的吸収率が低く，地球放射に対しては吸収率が高い。

　各々の波長で，放射吸収に寄与する物質は異なる。波長の短い太陽放射は，おもに中層大気中(成層圏と中間圏)のオゾンや酸素分子によって吸収される(図 2-2-1C に示した高度 11 km より上の大気が同じ吸収率をもつことに注意)。放射強度自体は短波長側で強く，放射を吸収したオゾンや酸素分子は光電離あるいは光解離を起こし，中層大気を暖めるように働く。

　太陽放射の長波長側および地球放射の吸収に寄与するのは，おもに水蒸気(H_2O)と二酸化炭素(CO_2)である。特に水蒸気は波長の長い地球放射をほとんど吸収しており，かつ大気中に最も豊富に存在する微量気体成分であるから，最大の温室効果をもつ。ただし，水蒸気の変動はほとんどが自然の水循環に

ともなうもので，人間活動が一方的に大気中の水蒸気量を変化させることはまずできないので，それ自身が原因となっていわゆる地球温暖化を引き起こすことはないと考えられる（しかし，他の要因による温暖化を増幅する効果があり，これについては2-4節で述べる）。一方，CO_2 は水蒸気に比べごく僅かしか存在せず，吸収帯も少ないが，地球放射スペクトルの中心に近い $15\,\mu m$ 付近に強い吸収帯をもち，それゆえに放射収支に対して大きな影響を与えている。

図 2-2-1B に記されている気体分子は，すべて放射を吸収することで大気あるいは地表面を加熱するので，総称して温室効果気体と呼ばれている。不思議に思われるかもしれないが，地球大気の 78% を占める窒素は，放射に対して不活性である。これは，気体分子による放射吸収が量子的なエネルギー準位の遷移に起因することを考えれば理解できるが，本章ではそこまで立ち入らない。気体分子による放射の吸収についての詳しい解説は会田(1982)や Goody and Yung(1989) を参照されたい。

気体分子による放射吸収は，本来は気体ごとの性質に依存して特定の波長のみで生じる（これを吸収線と呼ぶ）。その場合，吸収スペクトルは図 2-2-2A のように限られた吸収線でしか値をもたない。しかし実際には，気体分子同士の衝突や，気体分子が光子に対して運動している効果（ドップラー効果）などによって，吸収線はある程度の幅をもつようになり，吸収帯を形成する（図 2-2-2B）。図 2-2-1B にみえているのはこの吸収帯である。温暖化懐疑論の1つに，「CO_2 は現在既に上限近くまで放射を吸収しているので，これ以上増えても温室効果は強くならない」という議論があるが，こうした誤った理解は吸収線と吸収帯の関係を知らないがゆえに生じていることが多い。確かに，図 2-2-1B をみると，CO_2 の主要吸収帯である $15\,\mu m$ 付近では，地球

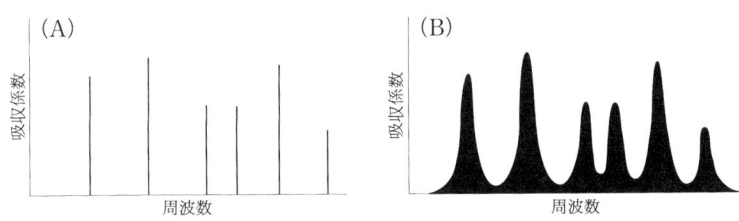

図 2-2-2　(A)吸収線と(B)吸収帯の模式図（Hartmann, 1994）

放射はほとんど吸収されている．しかし，吸収帯の幅は吸収層の厚さに比例して広くなるので，大気中の CO_2 濃度が増大すれば，吸収される地球放射は多少鈍りながらも増えてゆく．理論的な放射計算からは，正味放射量の変化は CO_2 濃度の対数に比例するという結果が得られている．

2-3　対流圏大気の温度構造

地球を直径 10 cm のボールとすると，地球大気はたった 0.086 nm の厚さしかもたない非常に薄い層である．したがって水平方向の運動が卓越するが，一方で重力の効果も強いために，鉛直方向に大気は一様化せず，密度や温度の分布をもつ．大気を全球で水平に平均すれば，水平方向の混合や熱・水・運動量輸送の寄与は打ち消しあうので，そのような平均大気構造の議論には，鉛直方向のエネルギー輸送過程だけを考えればよい．最も重要なのが，これまで述べてきた放射過程と，対流圏(高度約 10〜15 km 以下)で卓越する対流過程である．

図 2-3-1A に，標準的な大気の温度構造を示す．地表から気温が最低になる高度約 16 km までを対流圏，それより上の高度と共に気温が上昇する層を成層圏と呼んでおり，気温の鉛直勾配が最小になる高度で対流圏界面が定義される．実際には，圏界面高度は緯度ごとに異なっており，熱帯では高く高緯度では低い．図 2-3-1A をみると，対流圏の気温はほぼ一定の割合で高さと共に下がっているのがわかるが，これは気温減率 $\Gamma \equiv -dT/dz$ (z は高度) という量で表わすことができる．標準大気では Γ は約 6.5 K/km である．

放射過程が図 2-3-1A の温度構造にどう寄与しているかを調べるため，図 2-1-2 のように大気を均質な層とみず，地表から大気上端までを多数の薄い層の積み重ねとして考えてみる．各層は隣接する層から放射を受け取り，射出することでエネルギーを相互に交換する．リレーのように受け取った放射をそのまま他の層へ射出する場合，放射はその層に対して何も作用しないので，層が放射で加熱(あるいは冷却)されるかどうかは，上下の層との間の放射束(フラックス)の収束(あるいは発散)によって決まる．大気層ごとに含まれる温室効果気体の濃度は異なるので，層ごとに各波長での放射束の吸収，射出，

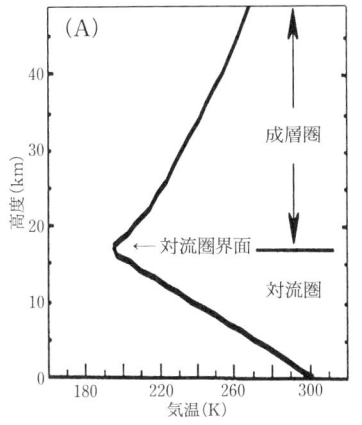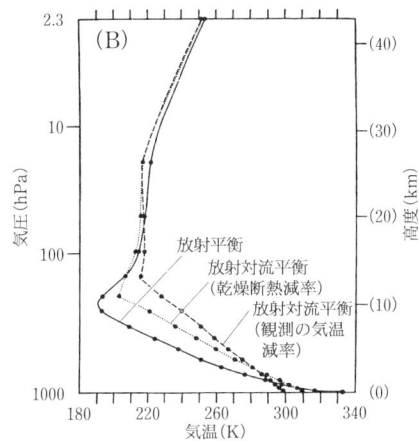

図 2-3-1 (A)標準大気の気温鉛直分布,および(B)一次元放射対流モデルで求められた平衡温度の高度分布(Manabe and Strickler, 1964)。対流を考慮しない場合と,異なる気温減率を仮定した結果を描いてある。

反射,散乱などを計算して,最終的に太陽・地球放射束の鉛直分布を求めることを放射伝達計算と呼ぶ。ある初期の温度分布から出発して,放射伝達による加熱・冷却で時々刻々変化する温度分布を求めてゆくような(鉛直)一次元放射平衡モデルは古くから気候研究で使われており,Manabe and Strickler(1964)の研究はその代表例である。

図 2-3-1B には,Manabe and Strickler(1964)が求めた放射平衡温度分布を示してある。これは,大気中の放射に活性な微量成分として水蒸気,CO_2,オゾンのみを与えた結果で,それらによる放射加熱・冷却だけで対流圏界面が高度 10 km 付近に形成されて対流圏と成層圏の温度構造がおおむね再現されていることがわかる。ただし,対流圏の温度勾配は観測値よりも大きく,地表で 340 K,圏界面で 190 K となる。このような大気では,軽い空気の上に重い空気が乗ることになるので不安定であり,下層の空気が上昇して対流を発生する。現実には,対流による上昇流は深い積乱雲にともなって生じるが,そのような雲の計算は鉛直一次元モデルではできないので,Manabe and Strickler(1964)は対流調節という簡便な方法で対流による熱の鉛直輸送の効果を表わした。すなわち,Γ がある臨界温度減率 Γ_c よりも大きくなる

と，全エネルギーを保存しつつ $\Gamma = \Gamma_c$ となるように温度分布を調節する。図 2-3-1B には，Γ_c に乾燥断熱減率 Γ_d（未飽和空気を断熱的に上昇させた時の気温低下の割合で，9.8 K/km）および現実大気の 6.5 K/km を用いた結果をあわせて示してある。予想される通り，対流調節を取り入れた放射対流平衡状態では，対流圏の温度減率は小さくなり，観測される気温構造により近くなる。

一次元放射平衡モデルでは，与える微量気体成分を変えることで，どの気体が温度構造のどの部分を形づくっているかを調べることができる（図 2-3-2）。水蒸気だけを含む大気で放射対流平衡を求めると，対流圏の気温分布は比較的現実的だが成層圏が形成されない。図 2-3-2 から，成層圏の形成にはオゾンの存在が決定的に重要であることがわかる。オゾンは日射（特に紫外線）を吸収して光解離することで大気を加熱し，気温勾配を逆転させて成層圏および対流圏界面をつくりだしている。一方，CO_2（ここでは濃度 300 ppm）は大気全体に対して 10 K ほどの気温上昇をもたらしている。成層圏では，オゾンによる加熱が，CO_2 による長波の射出とつりあって平衡が保たれる。

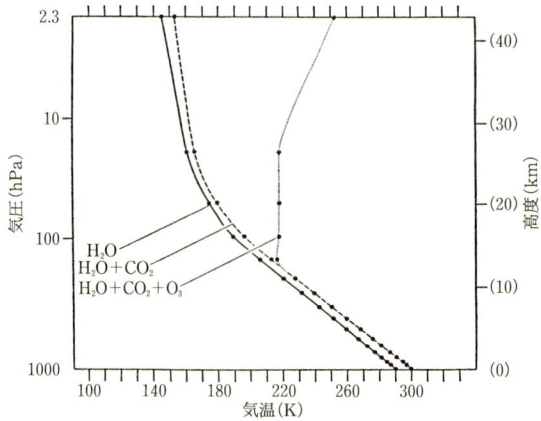

図 2-3-2 図 2-3-1 と同様，ただし観測される温度減率のもとでの放射対流平衡温度を，水蒸気のみ与えた場合，水蒸気と CO_2 を与えた場合，およびそれらとオゾンを与えた場合の計算結果（Manabe and Strickler, 1964）

2-4　温暖化メカニズムとフィードバック過程

前節で述べたように，全球平均の対流圏と成層圏の温度構造は，放射と対流の効果のみを考えた一次元モデルでよく表わすことができる。では，このモデルに与えている CO_2 濃度を変化させると，気温分布はどうなるだろうか。図 2-4-1 に，放射対流平衡モデルに与える CO_2 濃度を現在に近い値（300 ppm），その半分，および倍にした時の平衡気温分布を示した。これによると，CO_2 濃度が 300 ppm から 600 ppm になると，対流圏は暖まる一方で成層圏は冷える（CO_2 濃度が半分になると逆方向に変化する）。大気上端での日射は同じなので，大気上端からでてゆく地球放射も 3 通りの計算では変わらない。したがって，CO_2 濃度の変化は，大気中の熱の分配を変えるという働きをもつわけで，大気全体を暖める（あるいは冷やす）ようには働かない点に注意すべきである。図 2-4-1 の結果では，CO_2 濃度が倍の時に地表気温は約 +2 K，半分の時には約 −2 K の変化が生じており，2-2 節で述べたように放射収支の変化が CO_2 濃度の対数に比例するという関係になっている。

　放射対流平衡モデルを用いた「温暖化」実験の結果は，定性的には図

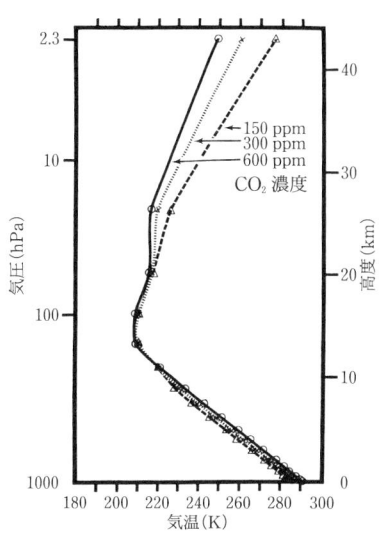

図 2-4-1　一次元放射対流モデルで，3 つの異なる CO_2 濃度を与えた場合の平衡温度分布（Manabe and Wetherald, 1967）。CO_2 濃度が増加すると，対流圏は温暖化する一方，成層圏は寒冷化する。

2-1-2のように単純な系でもある程度は解釈することができるが，温度構造を考慮して有効射出高度という概念を使うともう少し詳しい理解が得られる。今，図2-4-2Aのように，対流圏でΓ一定という理想的な気温分布を考える。すなわち，T_0を地表気温として，気温分布は$T(z) = T_0 - \Gamma z$と表わせる。一方，大気上端での太陽放射SとつりあうRを射出するような有効射出温度T_eは，(2-1-5)式から255 Kと求まる。有効射出高度とは，$T = T_e$である高度$z = Z_e$のことをさし，$T_0 = 290$ KとするとZ_eは約5 kmとなる。有効射出高度は，均質を仮定した大気層全体を代表する高度を意味し，地球放射に対する大気の光学的な厚さに依存する。

大気中のCO_2濃度が倍になったとすると，大気は地球放射に対してより不透明になり，有効射出高度は150 mほど上昇する。Γに対流圏の典型値6.5 K/kmを用いると，有効射出温度は約1 K下がり，Rはステファン・ボルツマンの法則にしたがって約4 W/m²減少する。この時，再びエネルギー平衡になるためには，新しい有効射出高度での温度が1 K上昇しなければならない(図2-4-2B)。最初に温度減率一定と仮定しているので，これは地表温度も同じく1 K上昇することを意味する。これが最も簡単な温暖化のメカニズムである。

実際には，気温の変化にともなって，気候システムの他の要素も変化し，それが放射収支をさらに変える，というフィードバックが存在する。太陽放射，地球放射に影響する代表的な要素は，CO_2濃度($G = \log_2 CO_2$で定義する)

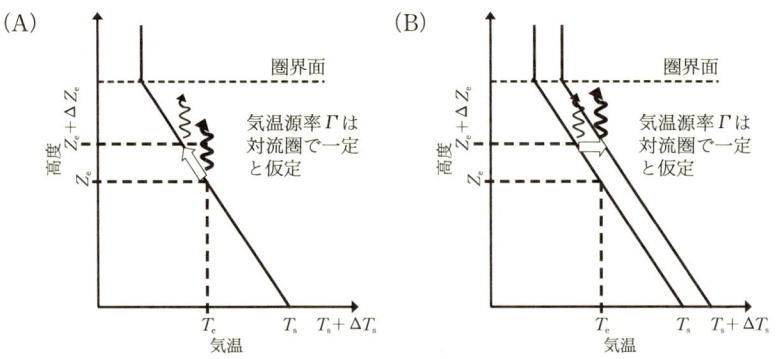

図2-4-2　温暖化の原理を説明する最も簡単な鉛直一次元モデル(Held and Soden, 2000)

に加えて，水蒸気量 q，雪氷被覆 I，雲量 C である*。CO_2 は地球放射にのみ作用するとし，雪氷被覆は高いアルベドで太陽放射を反射する効果だけを考えることにすると，放射平衡解は

$$S(q, I, C) = R(T, G, q, C) \tag{2-4-1}$$

を解いて得られる。気候が変化した時に再び放射平衡に戻る，すなわち，$\Delta S = \Delta R$ が成立するとき，仮に q，I，C が変化しなければ $\Delta S = 0$ である。よって，R を T，G の周りで Taylor 展開して

$$\frac{\partial R}{\partial G}dG + \frac{\partial R}{\partial T}dT = 0 \tag{2-4-2}$$

(2-4-2)式を変形すると，CO_2 濃度が倍になった時の温度変化が以下のように決まる。

$$\frac{dT}{dG} = -\frac{\partial R}{\partial G} \bigg/ \frac{\partial R}{\partial T} \equiv \lambda_0 \tag{2-4-3}$$

ここで，λ_0 は(CO_2 濃度変化のみによる)「気候感度」と呼ばれ，先ほどの議論から $\lambda_0 = 1\,\mathrm{K}$ と見積もることができる。

すべての内部フィードバックを考慮した時の気候感度は，同様に

$$\frac{dT}{dG} = \frac{\lambda_0}{1 - \beta_q - \beta_I - \beta_C} \tag{2-4-4}$$

ただし

$$\beta_X = \left(\frac{\partial S}{\partial X} - \frac{\partial R}{\partial X}\right)\frac{dX}{dT} \bigg/ \frac{\partial R}{\partial T} \tag{2-4-5}$$

はフィードバックパラメータと呼ばれるファクタであり，介在する要素ごとに異なる。β_X が正であれば，その要素 X は気候に対して正のフィードバックをもつといい，CO_2 濃度変化による気温の変化を増幅する。β_X が負ならば負のフィードバックということになり，気温変化を抑制するように働く。表 2-4-1 には，Mitchell(1988) により推定された，典型的なフィードバックパラメータ，およびそれらによって CO_2 濃度が倍増した時の気温変化がど

---

* 他にも，太陽放射を反射する効果をもつエアロゾル濃度など複数のフィードバック要素が存在する。気候システムは，本質的に多フィードバックの複雑系である。

表 2-4-1 さまざまな数値モデルから推定される CO_2 濃度倍増時の気候感度とフィードバックパラメータの典型値(Mitchell, 1988)

	$CO_2(\lambda_0)$	水蒸気(β_q)	アイス-アルベド(β_I)	雲被覆(β_c)
フィードバックパラメータ	—	0.35	0.15	0.25
気候感度(左から累積)	1.1 K	1.7 K	2.2 K	4.4 K

のくらい変わるかが示してある。ここで議論している3つの要素は，どれも正のフィードバックとして働き，CO_2 濃度変化による直接的な気候の応答を4倍にまで増幅するという結果になっている。表2-4-1の数値はさまざまな複雑さの気候のモデルから求められたものだが，これらは確実な推定ではなく，第5章で解説されるように最も複雑な気候モデルを用いても数値は大きくばらついている。このようなフィードバック過程の複雑さと不確定性が，温暖化予測を困難にしている最大の要因である。

　アイス-アルベド・フィードバックは，地表気温が上昇することで積雪や海氷面積が縮小し，地球全体の惑星アルベドが小さくなる結果，入射する太陽放射が増えてさらなる気温上昇をもたらすという過程である。一方，水蒸気のフィードバックは，空間の含み得る水蒸気量(飽和水蒸気量)が気温と共に指数関数的に増大するというクラウジウス-クラペイロンの関係によって引き起こされる。海面からの蒸発による水蒸気供給が減らず，降水が大気中の水蒸気を減らすほど急激に増えなければ，温暖化により大気中にはより多くの水蒸気が溜まるようになる。2-2節で述べたように，水蒸気は最大の温室効果気体であるから，これは地球放射をより多く吸収して温暖化を促進する。現実大気中では相対湿度 H(単位体積中の湿潤空気に含まれる水蒸気量で，水蒸気の分圧が飽和水蒸気圧に等しければ $H=1$ である)はあまり変動しないことが知られているが，仮に H が一定とすると，(2-4-5)式の水蒸気フィードバックパラメータは

$$\beta_q = \frac{\varepsilon H}{P}\left(\frac{\partial S}{\partial q} - \frac{\partial R}{\partial q}\right)\frac{\mathrm{d}e_s(T)}{\mathrm{d}T} \bigg/ \frac{\partial R}{\partial T} \qquad (2\text{-}4\text{-}6)$$

と書き直せる。ここで ε は乾燥空気と水蒸気の気体常数の比，P は気圧，e_s はクラウジウス-クラペイロンの関係式で決まる飽和水蒸気圧である。

放射の気温・水蒸気依存性は放射伝達計算から求められ，(2-4-6)式より $\beta_q \approx 0.4$ という値が得られる(すなわち，水蒸気フィードバックは，CO_2 濃度倍増に対する気温上昇を 1.7 倍に増幅する)。Mitchell (1988) の推定した β_q は 0.35 と比較的近い値である。また，現在の最新の気候モデル群の推定する温暖化時の気温上昇と，初期の H 一定と仮定した放射対流平衡モデルの結果 (たとえば Manabe and Wetherald, 1967) があまり違わないという点も，上記の考察が第一近似として正しいことを示唆している。

　雲は気候感度に対して潜在的に大きな影響力をもつが，太陽放射・地球放射の双方に作用するために，そのフィードバック過程は単純ではない。光学的に厚い雲は，地球放射に対してほぼ完全な吸収体として振る舞うが，太陽放射を反射する効果も大きい。前者は正のフィードバックを，後者は負のフィードバックをもつので，両者は逆方向に働き，雲の放射に対する正味の効果はそれらの僅かな差によって決まる。雲による冷却効果は雲のアルベドに依存する*が，雲の存在する高度にはさほど敏感ではない。一方，雲頂の温度は周囲の気温とおおむね等しく，気温は減率 Γ で高度と共に低下するので，雲頂からの黒体放射は雲の高さと共に減少する。雲の温室効果は，雲がない時の地表 (および晴天大気) からの地球放射と，雲がある時の雲頂からの長波放射の差で表わされるので，雲による加熱効果は雲頂高度に強く依存する。

　雲の正味の放射効果を，雲のアルベドと雲頂高度の関数として簡単な放射平衡モデルで見積もったのが図 2-4-3 である。これまでの議論から期待される通り，雲のアルベドが高ければ正味で冷却効果を，雲頂が高ければ加熱効果をもつ。現在の気候においては，雲は大気下層により多く発生しており，正味で $-17\ W/m^2$ という冷却効果をもつとされる (Harrison et al., 1990)。CO_2 倍増時の雲のフィードバックは，雲の光学特性や構造の変化 (たとえば，深い積雲が増えれば正だが，薄い下層雲が増えれば負) に依存する。表 2-4-1 では，雲は正のフィードバックをもつと推定されているが，温暖化時に雲がどう応答

---

* 雲のアルベド，すなわち光学的な「白さ」は，雲粒の相 (水か氷か)，総量，および粒子半径などに依存している。

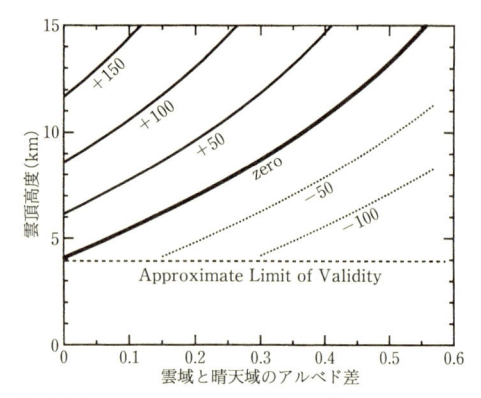

図2-4-3 大気中に雲が存在することによる，大気上端での正味の放射エネルギーの変化を，雲のアルベドと雲頂高度を軸にとって簡単なモデルで推定したもの(Hartmann, 1994)。図中の数字の単位はW/m²で，正の値は雲が地球を正味で暖めることを，負の値は雲が地球を冷やすことを意味する。

するかは不明な点が多く，フィードバックの強さや場合によっては符号さえも，今後の研究の進展につれて見積もりが変わってゆく可能性がある。

[引用文献]
会田勝．1982．大気と放射過程．280 pp. 東京堂出版．
Goody, R.M. and Yung, Y.L. 1989. Atmospheric radiation. 520 pp. Oxford University Press.
Harrison, E.F., Minnis, P., Barkstrom, B.R., Ramanathan, V., Cess, R.C. and Gibson, G. G. 1990. Seasonal variation of cloud radiative forcing derived from the Earth Radiation Budget Experiment. J. Geophys. Res., 95: 18687-18703.
Hartmann, D.L. 1994. Global physical climatology. 412 pp. Academic Press.
Held, I.M. and Soden, B.J. 2000. Water vapor feedback and global warming. Ann. Rev. Energy Environ., 25: 441-475.
Manabe, S. and Strickler, R.F. 1964. On the thermal equilibrium of the atmosphere with a convective adjustment. J. Atmos. Sci., 21: 361-385.
Manabe, S. and Wetherald, R.T. 1967. Thermal equilibrium of the atmosphere with a given distribution of relative humidity. J. Atmos. Sci., 24: 241-259.
Mitchell, J.F.B. 1988. Simulation of climate change due to increased atmospheric CO_2. In "Physically-based modeling and simulation of climate and climate change"(ed. Schlesinger, M.E.), pp. 1009-1051. Kluwer Academic Publishers.
小倉義光．1984．一般気象学．316 pp. 東京大学出版会．
Schneider, S.H. 1992. Introduction to climate modeling. In "Climate system modeling" (ed. Trenberth, K.E.), pp. 3-26. Cambridge University Press.

第3章 過去の気候と環境変遷

北海道大学大学院環境科学院/入野智久・山本正伸

3-1 古気候学

　古気候学とは過去の気候変動を復元し，その変動のメカニズムを理解することをめざす学問分野である。観測データに基づく気候学が，1〜10年スケールの気候変動をおもな対象とするのに対して，古気候学では，100年〜数十億年スケールの気候変動も対象としている。過去の地球を理解することは，まだ知らぬ宇宙の果てを理解するのにも似，知的興奮に満ちた作業である。

3-2 古気候の復元方法

　観測による気候データは数百年前に遡るが，断片的であり，地域的な偏りも大きく，全球的気候変化を復元するには不充分である。世界各地で気候記録がよく保存されているのはたかだかこの50年ほどのことに過ぎない。では，それ以前の古気候データはどのようにして得るのであろうか。1つは古文書に残された記録から推測する方法である。5000年前のナイル川の水位の記録が最も古い。では，それ以前は，また文書記録のない地域ではどのように復元するのであろうか。それには，樹木年輪，サンゴ年輪，アイスコア，石筍，レス・古土壌，湖沼コア，海底コアなどが用いられる。このような古

気候記録を保存しているものを古気候アーカイブ paleo-climatic archive と呼ぶ．これらアーカイブから得られた古気候記録のことをプロキシ記録 proxy record と呼び，前述の観測記録 instrumental record や歴史記録・文書記録 historical record, documentary record と区別する．また，プロキシ記録を得るために用いられる道具(手法)のことをプロキシ proxy と呼ぶ．古気候記録の大部分はプロキシ記録からなる．

　プロキシ記録による古気候復元は多くの場合，サンプリング，試料の分析(プロキシの適用)，観測記録との対比およびキャリブレーション，分析値の古気候記録への変換(プロキシ記録の取得)という手順で行なわれる．汎用性の高いプロキシを用いる場合には，観測記録との対比およびキャリブレーションは必要ではない．

　樹木年輪記録は高緯度域，乾燥域の古気温や古降水量を年単位で復元するのに有用である．樹木年輪の年輪幅と晩材密度は樹木の被る環境ストレスを敏感に反映する．低温ストレス下の樹木は気温の変化に応じて年輪幅と晩材密度が変わる．水ストレス下の樹木は降水量を敏感に反映する．年輪幅や晩材密度と気温および降水量の関係を検討し，近似式を作成し(キャリブレーション)，その近似式を用いて，年輪パラメーターから古気候を復元する．埋没材や遺跡から出土した材などを用いて年輪幅の暦年標準パターンを作成することにより，樹木の寿命を超えた古い時代に遡って古気候記録を得ることができる．

　サンゴ年輪は低緯度域沿岸域の水温と塩分を年単位で復元するのに有用である．サンゴは炭酸カルシウム骨格を形成するが，この骨格の酸素と炭素の安定同位体比は水温，塩分，日射量などを反映する．生きたサンゴでは数百年前に遡ることができ，化石サンゴを用いるとそれ以前の気候をスナップショット的に復元することができる．

　アイスコアとは大陸氷床や氷冠，山岳氷河を形成する氷を掘削し得られた氷の柱状試料のことであり，極域や山岳地域の環境や大気組成を年単位で復元するのに有用である．アイスコアの堆積速度から降雪量(涵養量)が，氷の酸素・水素安定同位体比からは古気温が，不純物濃度からダストや火山灰などの降下量が，気泡ガス組成から古大気の二酸化炭素，メタン，一酸化二窒

素濃度が復元される。南極アイスコアでは70万年を超える記録が取得されている。

　石筍は石灰岩地域の地下にできた洞窟内で生成した柱状の炭酸カルシウム沈殿物である。陸上環境を10年単位で復元するのに有用である。石筍の酸素同位体比から降水量や気温が復元される。中国南部では数万年にわたる記録が得られている。

　レスは陸上風成堆積物であるが，降水量が多い時期に形成された土壌を挟むことがある。このレス・古土壌層序は降水量変動を1万年単位で復元するのに有用である。

　湖沼コアとは湖底堆積物をコアリングあるいは掘削により柱状に採取したものである。陸上環境を年〜千年単位で復元するのに有用である。堆積物中の花粉組成から陸上植生が復元され，さらにその植生から気温と降水量が復元される。古い湖では1000万年を超える記録が得られている。

　海底コアとは海底堆積物をコアリングあるいは掘削により柱状に採取したものである。海洋環境を年〜千年単位で復元するのに有用である。堆積物中の底生有孔虫酸素同位比から大陸氷床量が，微化石群集組成，有孔虫殻のMg/Ca比，アルケノン不飽和指標U^k_{37}，テトラエーテル脂質環状構造比TEX_{86}から水温が，浮遊性有孔虫酸素同位体比と古水温プロキシの組み合せから塩分が，有機炭素やクロローリン（クロロフィルの分解生成物）の沈積流量から一次生産量が，底生有孔虫炭素同位体およびCd/Ca比から深層水・中層水循環が，ダストの沈積流量からダスト降下量が復元される。数億年前に遡り記録が得られている。

　地球上の最古の海洋底はジュラ紀であり，それより古い記録は陸上に断片的に露出する堆積岩を分析することにより得られる。最古の堆積岩（厳密には堆積岩起源の変成岩）はグリーンランドのイスア地域に露出する38億年前の岩石である。

3-3　氷期間氷期変動

　北半球高緯度域に氷床が発達した時代を氷期と呼ぶ。この氷期が認識され

たのは19世紀に遡り，氷河地形および氷河堆積物の解析に基づいて過去に4～5回の大きな氷期があったと考えられた．氷期に挟まれた相対的に温暖な時代を間氷期と呼び，最後の間氷期(約1.2万年前～現在)は後氷期あるいは完新世と呼ぶ．

　20世紀初頭にセルビアの地球物理学者のミランコビッチは，この氷期間氷期変動は地球軌道変動(ミランコビッチサイクル)に起因する北半球夏期日射量の周期的変動が原因であるとする仮説(ミランコビッチ仮説)を提案した(Milankovitch, 1941)．しかし，当時は氷期の年代を知る手段がなかったため，彼の仮説を検証することができなかった．20世紀の後半になり，海底コアに含まれる有孔虫の酸素同位体組成が周期的に変動することが明らかになり，その周期性がミランコビッチサイクルに一致することが明らかになるに及んで，ミランコビッチ仮説がにわかに再評価された．有孔虫の酸素同位体組成の変動から，氷期間氷期変動がおよそ250万年前から徐々に顕著になってきたこと，50回以上の氷期間氷期の繰り返しがあったこと，100万年前以前は4万年周期が卓越したが，70万年前以降は10万年周期が卓越することが明らかになった(図3-3-1)．

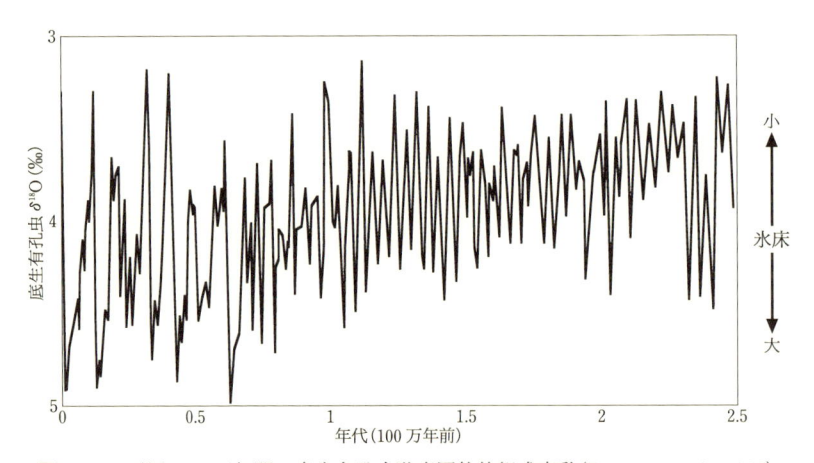

図3-3-1　過去250万年間の底生有孔虫酸素同位体組成変動(Raymo et al., 1990)

3-3-1 最終氷期最盛期の世界

最終氷期(11.5万～1.5万年)では2.1万年前に大陸氷床が最大になり，この時期を特に最終氷期最盛期LGMと呼ぶ。この時期，ヨーロッパ北部を覆った氷床をフェノスカンジナビア氷床と呼び，北米大陸北部のものをローレンタイド氷床と呼ぶ。氷床の厚さは数千メートルに及び，陸上で氷床として大量の水が固定された結果，海水準は現在より約125 m低かった。海水準低下により現在の大陸棚上部が陸地として広がっており，海陸の分布は現在とは異なっていた。

LGMの全球海面温度分布は1970年代にCLIMAPと呼ばれるプロジェクトにより復元された(図3-3-2)。各大洋から採取された海底コアに含まれる微化石の群集組成を統計的(変換関数法)に処理することに海面温度が推定された。現在の海面温度と比較すると熱帯域では0～2°C低く，中緯度の暖流と寒流が接する海域(たとえば日本近海北西太平洋)や高緯度域では10°C前後低い。全球平均では約2.5°C低いと推定された。この推定値は熱帯域のサンゴのSr/Ca比や山岳氷河の雪線高度から推定された気温差である約5°Cに比べてかなり低く，熱帯温度問題と呼ばれた。2000年代にはいり，浮遊性有孔虫のMg/Ca比から熱帯域の水温はLGMでは現在よりも3°C以上低いことが示され(Lea et al., 2000)，全球温度の差は5°C前後であると推定された。

3-3-2 氷期-間氷期変動とミランコビッチサイクル

Emiliani(1955)は，更新世深海底堆積物中に含まれる浮遊性有孔虫殻の酸素同位体比が周期的に変動することを見出し，氷期-間氷期の寒暖を反映した表層水温の変動だと解釈した。しかし，その後Olausson(1965)，Shackleton(1967)，Shackleton and Opdyke(1973)により，深海底に生育した底生有孔虫殻の酸素同位体比にも同程度の振幅の変動が見出された。深海底の水温が表層水温と同程度に変動したとは考えられないことから，この酸素同位体比は大陸氷床として固定された水の量をおもに反映すると結論された。大陸氷床は海水よりも軽い酸素同位体比をもつので，大陸氷床が拡大し海水が減少すると，海水中の酸素同位体比は重くなり，有孔虫殻の酸素同位体比も重くなる。

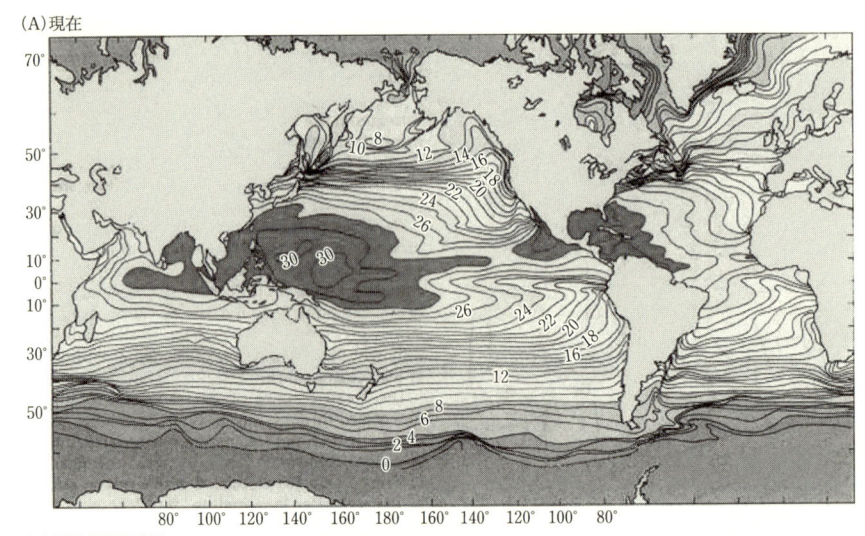

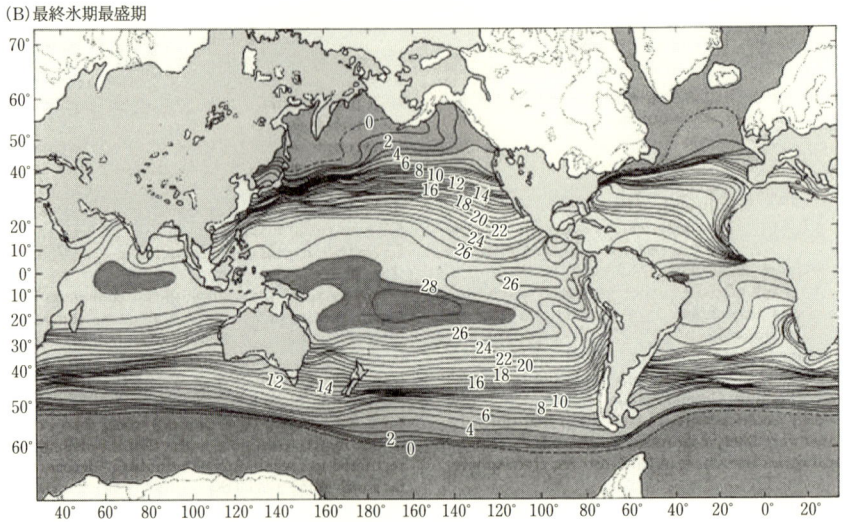

図 3-3-2　現在(A)と最終氷期最盛期(B)の 8 月海面温度の分布(CLIMAP, 1976 より)

更新世におけるこのような大陸氷床量の大規模な変動の原因については，古くからいくつもの説明が考えられてきていた(Hays et al., 1976)。気候システムの外部の強制力に注目した考え方では，太陽放射の量そのものが変動したか，あるいは地球に届く日射量が変化したと考える。後者の場合，その原因として①星間ダスト密度，②地球の公転軌道要素が変動して地表に届く日射の季節的・緯度的分布，③火山起源エアロゾルの大気中濃度，などが変動したことが挙げられた。一方で，気候システムのようにある程度自律的な系の場合，何ら外部強制力や内部の一定の時定数などはなくても，異なった状態の間をある時間スケールで遷移する，あるいは自律振動するものだ，とも考えられた。しかしこれらの仮説のなかで，深海底堆積物から得られた大陸氷床量の変動パターンやその周期性を予測可能な形で比較検証できるものは，2番目に挙げた地球公転軌道要素の変動だけである。

地球は傾いた地軸を維持して自転しながら，太陽を一方の焦点にもつ楕円軌道を描いて公転している(図3-3-3)。地球公転軌道要素の永年変化は，太陽や月，惑星間の万有引力の効果が地球の自転軸や惑星軌道に摂動をもたらすことによって起こり，軌道要素には，歳差・地軸傾斜角・離心率の3つがある。地軸の歳差運動とは，地球の自転軸の味噌摺運動と公転軌道面自身の回転が合わさって，春分点・夏至点・秋分点・冬至点の遠日点・近日点に対する相対的位置が移動していく運動である。この変化によって地球が受け取る太陽放射の緯度・季節配分が変化する。地軸傾斜角の変化とは，他の惑星

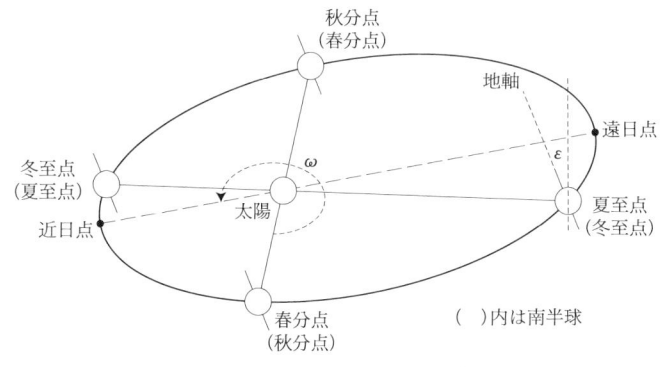

図 3-3-3　地球の軌道要素とその変動項

からの重力の影響によって公転軌道面の傾きが変化したことにあたり，中高緯度が夏に受け取る日射量を変化させることで季節サイクルを増幅する役割を果たす．また，公転軌道の離心率(楕円のつぶれ具合)の変化はある季節における太陽までの距離の変化をもたらす．これらが地球表面に届く季節ごとの日射の緯度分布と総量を変化させる．実際にある季節において地球上のある緯度に対する日射量を計算するには，春分点から測った近日点経度(ω)の正弦と離心率(e)をかけあわせたもの($e \sin\omega$)である「気候歳差」と地軸傾斜角(ε)が必要である．

過去100万年間について計算された離心率，地軸傾斜角，気候歳差の永年変動とそのパワースペクトルをみると(図3-3-4)，準周期的に変動しており，eが約40万年と約10万年，εが4万1000年，$e \sin\omega$が2万3000年と1万9000年の卓越周期をもつことがわかる．このような軌道要素の準周期的変動が，夏の北半球における日射変動(図3-3-5A)という外部強制力として大陸氷床の拡大・縮小の準周期的変動の原因となるという考え方がMilankovitch(1941)により提唱され，ミランコビッチ仮説と呼ばれるようになった．そして，この仮説を前提にして，変動量とタイミングを計算可能な日射量変動曲線に，海底コアから復元された酸素同位体比の変動をチューンすることによって海底コアの年代決定手段とすることが行なわれてきた．これをオービタル(軌道)チューニングと呼ぶ．

深海底堆積物に含まれる有孔虫殻の酸素同位体比に基づいて大陸氷床量の変動を精密にモニターするには，①有孔虫殻がつくられた場所の水温，②有孔虫が生育していた場所における蒸発と降水による海水の酸素同位体比変化，③炭酸カルシウム殻形成時の酸素同位体比に対する生物学的・生態学的影響，④有孔虫殻が形成された後の部分的溶解，⑤堆積物の移動，⑥底棲生物による堆積物の擾乱，⑦堆積物層位の乱れ，が問題となる．そこでImbrie et al. (1984)は，中低緯度の外洋から得られたあまり炭酸塩の溶解が起こっていない5本の堆積物コアを選び，海洋最表層に生息する浮遊性有孔虫種を選んで，その殻の酸素同位体比変動を検討した．さらに彼らは，堆積物コアが採取された地点に特有の変動要素(この場合はノイズとなる)を取り除くために，各地点で得られた酸素同位体比の変動を規格化した上で全地点の平均をとった

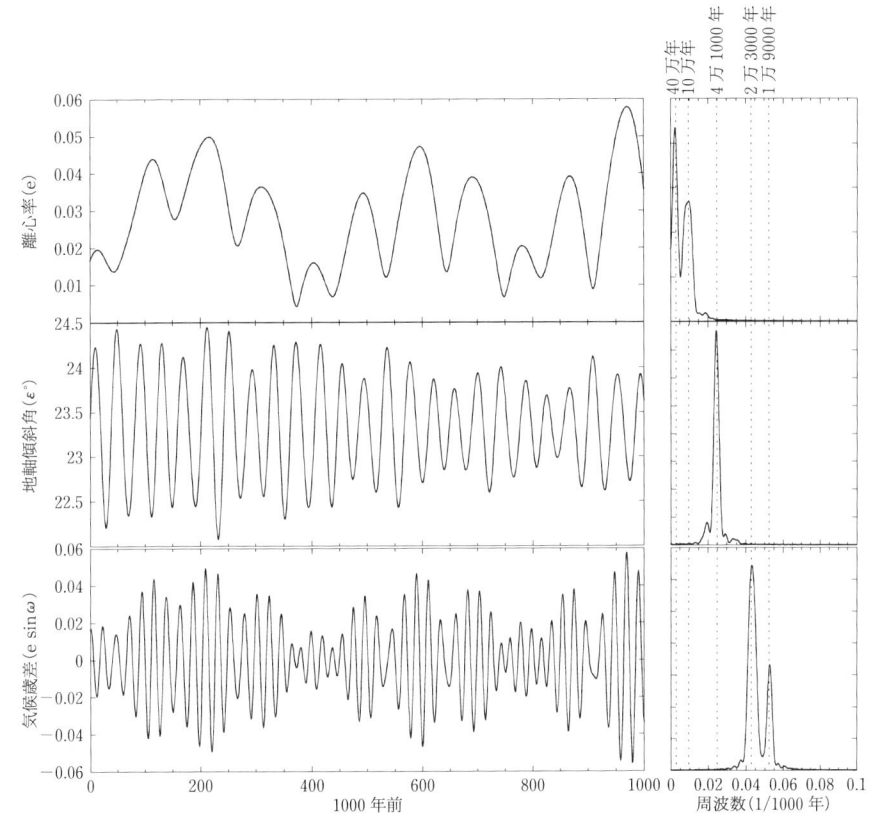

図 3-3-4　過去100万年間の地球軌道要素(離心率, 地軸傾斜角, 気候歳差)の変動とそれぞれのパワースペクトル密度

(図3-3-5C)。そして, 氷床量変動との関係についてほとんど異論のない地軸傾斜角(4万年)と気候歳差(2万年)の周期成分に関して, 氷床量(酸素同位体比)が1万7000年の時定数をもってリニアに応答すると仮定して, 酸素同位体比曲線を日射量変動曲線に合わせることで過去78万年間の年代モデルを構築した(図3-3-5Cは, これによって決められた年代値に対してプロットされている)。過去78万年間の「氷床量」は準周期的に変動しており, そのパワースペクトル(図3-3-5D)をみると約10万年, 4.1万年, 2万年前後(2.3万年と1.9万年)の周期が卓越しているのがわかる。また特徴的な鋸歯状のパターンを示し, 特に氷床量の極大から極小への変化が急速に起こってから徐々に氷床が拡大

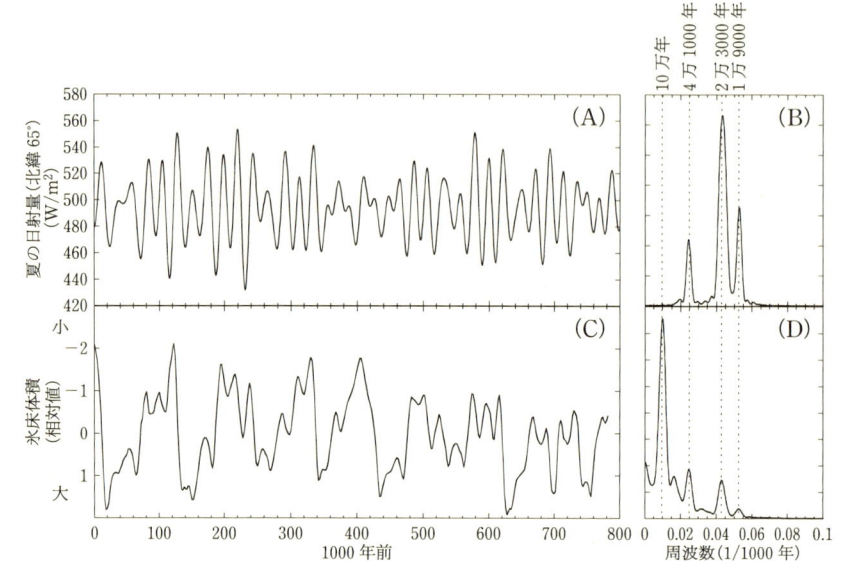

図 3-3-5 過去 80 万年間の北緯 65°の 6 月における日射量の変動(A)とそのパワースペクトル密度(B),および浮遊性有孔虫酸素同位体比(氷床量)の変動(C)と,そのパワースペクトル密度(D)

していくサイクルが約 10 万年おきに繰り返されたことが明らかになった。現在のように氷床が小さかった時代(間氷期)は全期間の 10% 程度に過ぎない。この酸素同位体比曲線はその研究を実現したプロジェクトの名前をとって,SPECMAP カーブと呼ばれる。任意の海底から得られた堆積物コアについて,有孔虫の酸素同位体比を測定し,この SPECMAP カーブに対比することで,±5000 年の誤差で堆積物の年代が決定できるとされた。

ここで夏の北半球日射変動のパワースペクトル(図 3-3-5B)をみると,約 4 万年と 2 万年の周期の強さは氷床量変動のそれら(図 3-3-5D)と一致するが,日射の 10 万年周期は,氷床量のそれと比べてきわめて弱い。実際のところ,日射変動と氷床量変動の因果関係をさぐるためには,どの季節のどの緯度での日射が,どのくらいの応答時間をもって氷床量に反映されるかを検討せねばならない。それは同じ緯度における日射量を計算しても季節を変えるとその位相が変化していくからである。Hays et al.(1976)は,日射量変動とは独立に確立された堆積物の年代モデルに基づいてプロットされた酸素同位体比

変動の各周期的応答は，地軸傾斜角(4万年周期)の極大に9000年程度遅れて氷床量の極小が，気候歳差(2万年周期)の極小に3000年遅れて氷床量の極小が表われることを示した。前者は夏の北半球高緯度の日射が強くなることに，後者は北半球の夏に太陽と地球の距離が近くなっていたことに対して，氷床が遅れをもって縮小するという現象だと解釈された。その後，Imbrie and Imbrie(1980)は，北緯65°の6月の日射に対して1.7万年の時定数をもって応答する氷床が，成長は緩やかに，崩壊は急速に起こすようなモデルを考えることで，大陸氷床量の4万年および2万年周期とその位相の遅れを説明した。さらにこのモデルは，氷床量変動の10万年周期の鋸歯状変動も再現することができた。この考え方は，前述のSPECMAPカーブを確立する時に取り入れられている。ここでは，氷床の拡大・縮小にとって重要な日射の緯度と季節，および氷床がそれに応答する時定数の組み合せは，観察事実(酸素同位体比カーブ)と合致する範囲で任意に選べることに注意すべきである。しかしながら，日射量の4万年および2万年変動の振幅は，氷床量変動の同じ周期の変動の振幅を充分に説明するため，氷床量が日射変動に強制されている，あるいは変動のペースメーカーとなっているということを疑う人はほとんどいない。氷床量の10万年周期が離心率サイクルを直接反映しているかどうかについては古くから議論が分かれている。これに対するImbrieとImbrieのモデルは，歳差の2.3万年と1.9万年の共鳴であると解釈される。しかし，他にも万年オーダーの時間スケールをもつ地球表層システムの内部物理機構(全地球規模の放射・水・熱のバランスや生地化学循環，氷床‐岩盤システムの挙動)が自励起振動を起こしており，氷床量にフィードバックされる可能性も否定できない。

3-3-3 ミランコビッチサイクルと他の地球環境表層サブシステムの変動との関係

　地球の公転軌道要素の変化にともなう地球表層への日射の量と分布の変化であるミランコビッチサイクル(図3-3-6A)は，大陸氷床の拡大・縮小(図3-3-6B)以外の表層環境を構成するサブシステムの変動にも反映されている(図3-3-6C～J)。地球表層環境を構成するサブシステムとしては，氷床(雪氷)

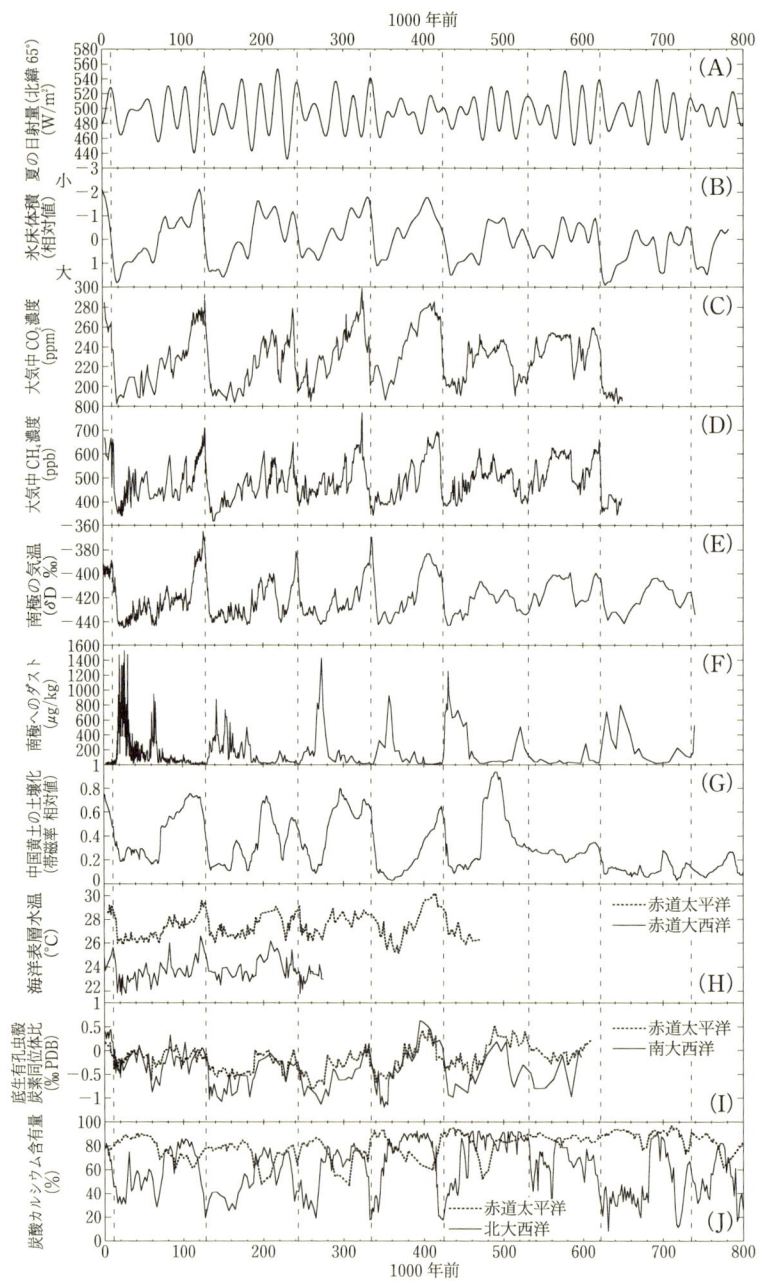

図 3-3-6 過去 80 万年間における，北緯 65°の 6 月の日射量(A)および氷床量(B)の変動を他の地球表層環境サブシステムの変動(C〜J)と比較したもの。各サブシステムのプロキシについては本文を参照

の他に，大気(温室効果・気温・湿度・降水)，海洋(表層・深層)，陸面，生態系が挙げられる．ここではそれらの内，いくつかの代表的な要素について使われるプロキシデータと共に記載する．

　大気中に存在する代表的な温室効果ガスである二酸化炭素やメタンの過去における大気中濃度は，南極やグリーンランドに存在する氷床コアに含まれる気泡から測定される．過去の大気が氷のなかに閉じ込められてその組成を保存しているのである．二酸化炭素(図3-3-6C；Siegenthaler et al., 2005)やメタン(図3-3-6D；Spahni et al., 2005)の濃度は間氷期に高く，氷期に低い．最終氷期最盛期には，二酸化炭素濃度が産業革命前レベル(280 ppm)よりも100 ppm低下した．二酸化炭素もメタンも氷床体積と同じように約10万年周期の鋸歯状変動を示し，4万1000年や2万3000年，1万9000年の周期性もみられることがわかっている．

　陸上気温のプロキシとなり得るものには，化石植物の葉の形や花粉組成，石筍(鍾乳石)など陸上でできた炭酸塩の酸素同位体比，アイスコアの氷の酸素や水素の同位体比，などが上げられる．ここには南極のアイスコアの水素同位体比(δD：図3-3-6E；EPICA community members, 2004)を示したが，間氷期で気温が高い．この気温変動も顕著な10万年周期を示し，氷期の低温から間氷期の高温への遷移は急速である．また，明瞭な4万1000年および2万3000年の周期性ももつ．

　陸上での降水量については，少雨で乾燥するとダストが舞い上がりやすくなるために大気経由のダスト輸送が増大することや，多雨によって風化が活発になり土壌化が進むことを利用して推定される．南極の氷床に含まれるダストの量(図3-3-6F；EPICA community members, 2004)は明瞭に氷期に増大し，10万年周期が明瞭である．これは，ダストの供給源となる南米大陸南部の乾燥化を反映していると考えられている．中国では，ゴビやタクラマカンといった砂漠域から運ばれてきた大量のダストが陸上に降り積もって黄土高原と呼ばれる独特の地形をつくっている．この黄土は，降水量が多い時に風化による土壌化が進み，その度合が過去に変化してきたことが知られている．土壌化が進む際には土壌中のバクテリアがつくる微細な磁性鉱物が増加するため，黄土試料の帯磁率を測定することで土壌化の進み具合を調べることが

できる．黄土の帯磁率の変動(図3-3-6G；Sun et al., 2006)もまた明瞭な10万年周期を示し，間氷期に帯磁率(土壌化の度合)が高く，氷期には低い．これは間氷期には氷期よりも降水量が多かったからだとされている．南極ダストも黄土の帯磁率も4万年や2万年の周期性をもつことが知られている．

　海洋表層水温の復元方法としては，表層に生育するプランクトンの化石群集を統計解析して温度に変換する，浮遊性有孔虫殻酸素同位体比から周囲の海水の同位体比の効果を差し引いて計算する，同じく浮遊性有孔虫殻のMg/Ca比を測定する，ハプト藻のつくるアルケノンの不飽和指標を測定する，などの方法がある．ここでは，浮遊性有孔虫殻のMg/Caの測定に基づく水温復元結果を示す(Lea et al., 2000；Nürnberg et al., 2000)．炭酸カルシウムのCaの一部はMgで置換可能であるが，そのMgの取り込まれる割合は炭酸カルシウムが形成された時の温度が高いほど大きくなる．このMg/Caから換算された表層水温は，太平洋でも大西洋でもミランコビッチサイクルに同調した変動がみられ，間氷期には水温が高くなる(図3-3-6H)．10万年周期の鋸歯状の変動パターンも明瞭にみてとれる．

　海底に生育する底生有孔虫の殻の炭素同位体比は，殻がつくられた場所の深層海水に含まれる炭酸の炭素同位体比を反映する．その深層海水中炭酸の炭素同位体比は，形成された時(表層から沈み込んだ時)の値から始まって深層を移動していく間に，その上の海洋表層から沈降してくる有機物(プランクトンの死骸)が分解してできた値の小さな同位体比をもつ炭素の影響を受けて，だんだん小さな値になっていく．したがって，現在では海洋深層水循環の下流ほど海水中炭酸の炭素同位体比は小さい．図3-3-6Iに示した底生有孔虫殻炭素同位体比もまたミランコビッチサイクルに同調した変動を示し，間氷期に大きい値を示す(Mix et al., 1991；Oppo et al., 1990)．海洋深層の一定の場所での炭酸の炭素同位体比は，深層循環が不活発だと表層から供給されて溶かし込む炭素同位体比の小さい有機物の量が増えて値が小さくなると考えられる．したがって，大西洋でも太平洋でもみられる氷期に炭素同位体比が小さいという事実は，北大西洋深層水(NADW)の形成が氷期には不活発になり，深層水循環が停滞した効果が下流の太平洋側にも反映されているものとみられている．

海洋深層では水圧が上がることによって炭酸カルシウムの溶解度が上がるため，水深が大きいほど炭酸カルシウムは溶けやすい。水深が上がって炭酸カルシウムが不飽和になると，その深さの堆積物中の炭酸カルシウムは溶け始める。したがってある程度以上の水深では，堆積物中の炭酸カルシウム含有量は，その溶解程度のプロキシとなり得る。実際には含有量は，表層から沈降してくるプランクトンの炭酸カルシウム殻フラックスとその溶解速度の割合で決まるのでうまく適用できない時もある。また一定の水深では，その場所の二酸化炭素分圧が上昇すると，

$$CaCO_3 + CO_2 + H_2O \rightleftarrows Ca^{2+} + 2HCO_3^-$$

の平衡が右に移動して炭酸カルシウムは溶けてしまう。図3-3-6Jでは北大西洋と赤道太平洋における堆積物中の炭酸カルシウム含有量の変動を示している(Farrell, 1991；Venz et al., 1999)。大西洋ではミランコビッチサイクルに同調した変動を示し，間氷期に炭酸カルシウム含有量は多く，氷期には少なくなる。これは，NADWの形成が不活発になることによって，表層からもたらされる有機物の分解によって深層水中の二酸化炭素分圧が高くなったためと考えられ，上記の炭素同位体比にみられる変動と調和的である。太平洋では(場所による差は大きいが)，その変動パターンはミランコビッチサイクルと同調してはいるが，間氷期に炭酸カルシウム含有量が小さい傾向にあり大西洋とは逆である。これは，NADWの停滞が太平洋においても深層水の炭素同位体比に反映されるらしいという上記の事実とは矛盾するようにみえる。しかしながら，おそらく海洋深層の炭酸収支は深層水循環だけで制御されているわけではない，と考えるべきであろう。

以上のように，地球表層環境を構成する各サブシステムのいろいろな性質がミランコビッチサイクルに同調してみえることは確かである。そしてここに示した範囲では，10万年・4万年・2万年のどの周期においても，北半球の夏の日射量が極大を迎えるのに対応して，気候は温暖・湿潤となり深層水循環は活発化する。これらの現象が起こった順序を卓越周期ごとに，Imbrie et al.(1992, 1993)およびRuddiman(2003)に基づいて整理すると図3-3-7のようになる。現象間の因果関係ということでは，時間的に先に起こる方が原因に決まっているが，これらは単純に因果の鎖でつながっていると考えて

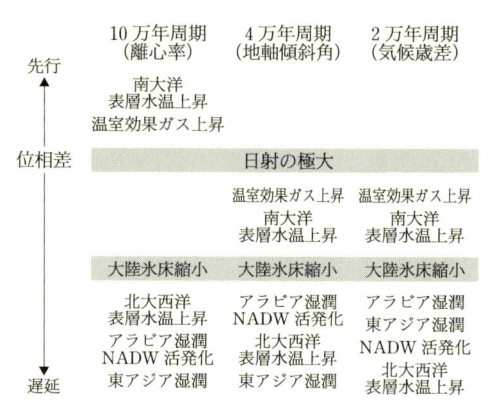

```
                    10万年周期    4万年周期    2万年周期
                    (離心率)     (地軸傾斜角)  (気候歳差)
     先行 ↑
          南大洋
          表層水温上昇
          温室効果ガス上昇
     位相差            日射の極大
                    温室効果ガス上昇  温室効果ガス上昇
                    南大洋         南大洋
                    表層水温上昇     表層水温上昇
          大陸氷床縮小  大陸氷床縮小    大陸氷床縮小
          北大西洋     アラビア湿潤    アラビア湿潤
          表層水温上昇  NADW活発化    東アジア湿潤
          アラビア湿潤  北大西洋      NADW活発化
          NADW活発化  表層水温上昇    北大西洋
          東アジア湿潤  東アジア湿潤    表層水温上昇
     遅延 ↓
```

図3-3-7 10万年・4万年・2万年の各周期成分における，北緯65°の6月の日射量変動に対する，各環境サブシステムの応答の位相関係。先行・遅延の時間スケールは数千年程度で，この図のなかでは相対的な順序のみ示している。

もよいのだろうか？　日射変動と地球表層環境サブシステムとの関係を解釈する立場は，日射を外部強制力と考える場合と，それぞれ固有の自律的振動をする環境サブシステムのペースメーカーに過ぎないと考える場合の2通りがある。また日射変動を外部強制力と考える立場はさらに2つの極端に分けられる。1つは，日射変動という最初の強制力に対し，それぞれ固有の応答時間をもつ環境サブシステムが独立に日射変動に反応して，応答時間の短いものから変動を起こしていくという立場。もう1つは，日射変動に対し敏感なあるサブシステムが反応し，その変化が次々と次のサブシステムへと伝搬していくという立場である。もちろんその中間の立場として，あるサブシステムと別のサブシステム間には因果関係はないが，それぞれが日射変動に応答した後，さらに別のサブシステムに効果を波及させていく，ということもあり得る。

　ただ，現在地球温暖化の主要原因となっていると考えられる大気中温室効果ガス濃度の変動が，知られているどの環境サブシステムの変動よりも先立って起こっていることは注目に値する。このような観点でみると，大気中の二酸化炭素が増大することによって地球が温暖化することを問題視する立場は，温室効果ガス量の変動をある種の外部強制力と見なして，地球表層環境を構成する各サブシステムがどのように応答していくかを予測しようとす

るものである．予測しようとしている未来が 100 年後程度までの時間スケールの場合，本章で触れたような 1 万年から 10 万年スケールの話題は関係がないもののようにも思える．しかしながら，どのサブシステム間が強い因果の鎖で結びつけられているかを検討するには，実際に過去に起こったある程度長い時間スケールの環境変動同士の時間的関係を解析することを通して，探索的に判断していく他はない．そうでなければ，どのサブシステムに注目すべきかを決めることもできないからである．まだみつかっていない因果の鎖を見出し，よく検討されていない環境サブシステムの挙動を明らかにする作業は，今まさに古気候学者に与えられた課題なのである．

3-4　100〜1000 年スケール変動

　氷期間氷期変動よりも時間スケールの短い気候変動が知られており，サブ・ミランコビッチ Sub-Milankovitch 変動と総称される．最終氷期と完新世について近年情報が集積されたが，それ以前については情報が乏しい．

3-4-1　最終氷期の 100〜1000 年スケール変動

　1980 年代の初めに，グリーンランドのアイスコアの酸素同位体比が 1000 年スケールで激しく変動することが報告され，その後，グリーンランドの他の地点でも同様の変動が認められたことから，グリーンランドでは最終氷期を通じて 1000 年スケールの気温変動があったことが広く認められた (Dansgaard et al., 1993)．この酸素同位体比変動を発見者の名前をとり，ダンスガード・オシュガー・サイクル Dansgaard-Oeschger cycles と呼ぶ．この酸素同位体比変動は約 1500 年 (1470 年) 周期をもち，急速な正方向へのシフト (温暖化) と緩やかな負方向へのシフト (寒冷化) を示す．温暖期を亜間氷期 interstadial，寒冷期を亜氷期 stadial と呼ぶ (図 3-4-1)．

　これと平行して，1980 年代後半，北大西洋の海底コアに氷山が運んだ岩片 Ice Rafted Debris (IRD) が濃集する層準が最終氷期を通じて出現することが明らかになった (Heinrich, 1988)．発見者の名前をとり，この IRD 濃集層のことをハインリッヒ層 Heinrich layer，IRD をもたらした氷山流出事件のこと

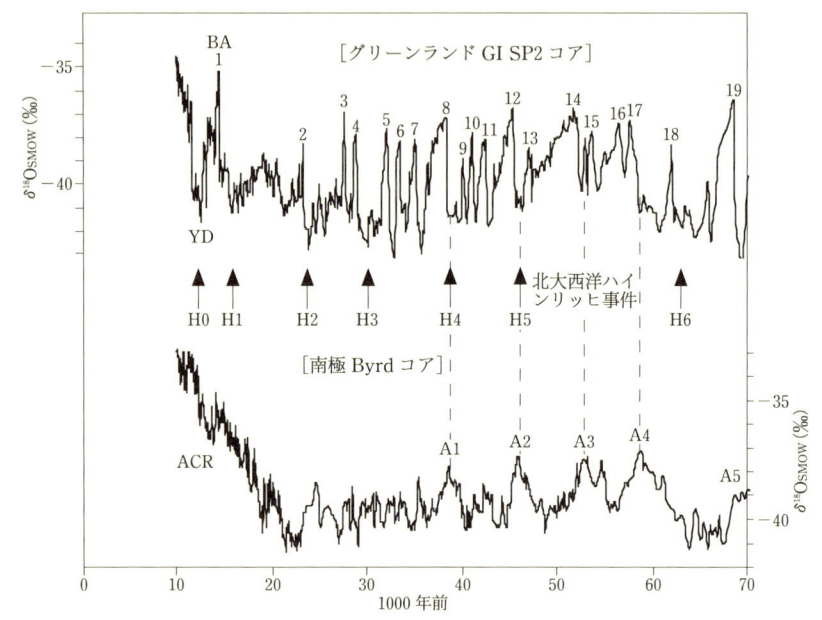

図 3-4-1 グリーンランド GISP2 アイスコアと南極 Byrd アイスコアの気温記録, 北大西洋ハインリッヒ事件の対比。年代は GISP2 アイスコアを基準に対比した。データは Blunier and Brook(2001) および Bond et al.(1993) より。数字はグリーンランド亜間氷期番号, YD はヤンガードリアス期, BA はベーリングアレレード期, H0〜H6 はハインリッヒ事件, ACR は南極逆寒冷期, A1〜A4 は南極の温暖期を示す。

をハインリッヒ事件 Heinrich event と呼ぶ。このハインリッヒ層は北米大陸ハドソン湾に向かい厚く発達し, IRD をもたらした氷山の多くはハドソン湾起源であると考えられた。

1990 年代にはいり, グリーンランドアイスコアと北大西洋海底コアの詳細な対比により, ハインリッヒ事件はダンスガード・オシュガー・サイクルの数サイクルに 1 回の割で, 亜氷期の最盛期に起きたことが明らかになった (Bond et al., 1993；図 3-4-1)。ハインリッヒ事件の後には, グリーンランドが急速に温暖化したことが明らかになった。またニューギニアのヒューオン半島で行なわれた海岸段丘上の化石サンゴの年代測定から, このハインリッヒ事件後の温暖化に対応して海水準が 10 m 前後上昇したことが示された (Chapell, 2002)。

ダンスガード・オシュガー・サイクルとハインリッヒ事件は1500年周期のリズムをもつ。このリズムの原因として，氷床の成長と氷床基底の地熱の蓄積が氷床を不安定化させるため，氷床が周期的に崩壊するという仮説(Binge Purge 仮説)が提案された。しかし，ハドソン湾に氷床のない完新世においても1500年リズムが見出されることはこの仮説と矛盾する。

　1990年代にはいり，グリーンランド・北大西洋以外の地域の海底コアからもダンスガード・オシュガー・サイクルに対応した変動が報告された。その変動は北半球中高緯度域で一般に顕著であり，他の地域では弱い傾向がある。2000年には南極アイスコアではダンスガード・オシュガー・サイクルの高次周期に対応した気温変動が見出された(Blunier and Brook, 2001)。南極とグリーンランドのアイスコアの精密な年代対比の結果，南極ではグリーンランドに先行し，緩やかに温暖化し，緩やかに寒冷化したことが明らかになった(図3-4-1)。南極の温暖期のピーク時とグリーンランドの急速な温暖期が一致した。南極アイスコアの二酸化炭素濃度と気温の対比が行なわれ，最終氷期を通じて，南極気温と二酸化炭素濃度が同調して変化したことが示された(Indermühle et al., 2000)。このことから，最終氷期の1000年スケール気候変動においても大気二酸化炭素濃度変動が重要な駆動プロセスであると考えられるようになった。

3-4-2　完新世の100〜1000年スケール変動

　完新世にも100〜1000年スケール気候変動がある。ただし，その変動の振幅は最終氷期のものに比べて小さい。北大西洋の海底コアではIRDにともなう赤鉄鉱に覆われたIRDの含有量が1500年周期で変動することが見出され，北大西洋での深層水の形成がこの周期で変動したことが示唆された(Bond et al., 1997)。発見者の名前をとり，この周期的に起きた深層水形成弱化をボンド事件 Bond event と呼ぶ。この1500年周期変動はグリーンランドアイスコアの不純物濃度，北西太平洋域の海底コアの古水温，南極アイスコアの気温，中国石筍酸素同位体比の記録にみられるが，多くの地域では200年，500年，800年周期の方が卓越する。

3-4-3 歴史時代の気候変動

過去2000年間の気候変動について，海底コア，アイスコア，石筍，サンゴ年輪，樹木年輪，文書記録などの解析により多くのことが明らかになりつつある（図3-4-2；たとえばMann and Jones, 2003）。ヨーロッパでは文書記録に基づき14〜19世紀は20世紀に比べて寒冷であること，9〜12世紀は相対的に温暖であったことが示された。前者を小氷期Little Ice Age，後者を中世温暖

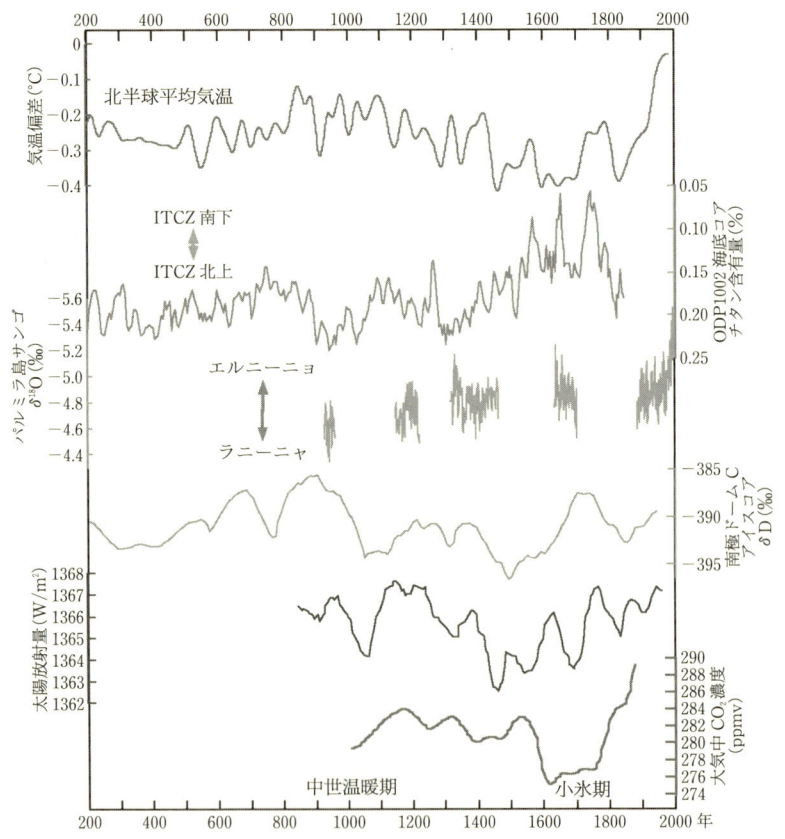

図3-4-2 過去1800年間の北半球平均気温変動(Mann and Jones, 2003)，カリブ海カリアコ海盆ODP 1020地点の堆積物中チタン含有量変動(Haug et al., 2001)，パルミラ島サンゴ酸素同位体組成変動(Cobb et al., 2003)，南極ドームCアイスコア δD 気温変動(Lorius et al., 1979)，南極点アイスコア中 ^{10}Be 濃度に基づく太陽放射量変動(Bard, 1997)，南極Lawドームアイスコア大気中 CO_2 濃度変動(Langenfelds et al., 1996)。Yamamoto(2004)によるコンパイル

期medieval warm periodと呼ぶ。同様な変動は東アジアや北西太平洋域でも顕著である。樹木年輪や文書記録の解析から，ヨーロッパと東アジアの気候変動は200年，500年，800年の周期性をもっていることが示された。他方，低緯度域や南半球についてはデータが断片的である。カリブ海の海底コア中のチタン濃度から小氷期に熱帯収束帯が南下し，カリブ海周辺の降水量が減少したことが示された(図3-4-2；Haug et al., 2001)。熱帯太平洋中央部のパルミラ島の化石サンゴの酸素同位体組成も小氷期には中世温暖期に比べて軽く，降水量が多かったことが示された(図3-4-2；Cobb et al., 2003)。このことは熱帯域も北半球中高緯度域に対応して変動していたことを示唆するが，その変動の全貌はまだ明らかではない。

3-4-4　100～1000年スケール変動の原因

　完新世にみられる200年，500年，800年周期気候変動は太陽放射量の変動を反映している。以前は，太陽放射量は一定($1365\ W/m^2$)であると考えられ，その値が太陽定数と定義されたが，1970年代から始まった人工衛星による太陽放射量の観測の結果，太陽黒点数の変化に対応して太陽放射量が約$3\ W/m^2$の振幅で変動することが明らかになった。太陽黒点数は17世紀以降の望遠鏡を用いた観測により，平均11年周期で増減を繰り返したことや17世紀後半や19世紀初頭，19世紀末に黒点数が少なかった時期があることがわかっている。この黒点数とその周期(シュワブ周期)から推測された太陽放射量の変動は17世紀から19世紀の気温変動とよく一致した。太陽磁場変動の影響を受ける宇宙線起源元素の放射性炭素(^{14}C)の樹木年輪中濃度と^{10}Beのアイスコア中濃度から推定される太陽活動変動も黒点数変動と調和的であり，太陽放射量が高い時期が北半球中高緯度域の温暖な時期に対応した(図3-4-2)。過去1.2万年間の^{14}Cの樹木年輪中濃度変動は顕著な200年，500年，800年の周期性を示した。このような個別の知見の組み合せから，太陽放射量が200年，500年，800年周期で変動しており，その変動が完新世の100年スケール変動の原因(外部強制力)であると考えられるようになった。完新世や最終氷期の1500年気候変動の外部強制力は対応するものが見出されておらず，謎として残されている。

[引用文献]

Bard, E., Raisbeck, G., Yiou, F. and Jouzel, J. 1997. Solar modulation of cosmogenic nuclide production over the last millennium: Comparison between ^{14}C and ^{10}Be records. Earth Planet. Sci. Let., 150: 457-462.

Blunier, T. and Brook, E.J. 2001. Timing of millennial-scale climate change in Antarctica and Greenland during the last glacial period. Science, 291: 109-112.

Bond, G., Broecker, W., Johnsen, S., McManus, J., Labeyrie, L., Jouzel, J. and Bonani, G. 1993. Correlation between climate records from North Atlantic sediment and Greenland ice. Nature, 365: 143-147.

Bond, G., Showers, W., Cheseby, M., Lotti, R., Almasi, P., de Menocal, P., Priore, P., Cullen, H., Hajdas, I. and Bonani, G. 1997. A pervasive millennial-scale cycle in North Atlantic Holocene and glacial climates. Science, 278: 1257-1266.

Chapell, J. 2002. Sea level changes forced ice breakouts in the Last Glacial cycle: new results from coral terraces. Quat. Sci. Rev., 21: 1229-1240.

CLIMAP Project Members. 1976. The surface of the ice-age Earth. Science, 191: 1131-1144.

Cobb, K.M., Charles, C.D., Cheng, H. and Edwards, L. 2003. El Niño / Southern Oscillation and tropical Pacific climate during the last millennium. Nature, 424: 271-276.

Dansgaard, W., Johnsen, S.J., Clausen, H.B., Dahl-Jensen, D., Gundestrup, N.S., Hammer, C.U., Hviderberg, C.S., Steffensen, J.P., Sveinbjornsdottir, A.E., Jouzel, J. and Bond, G. 1993. Evidence for general instability of past climate from a 250-kyr ice-core record. Nature, 364: 218-220.

Emiliani, C. 1955. Pleistocene temperatures. Jour. Geology, 63: 538-575.

EPICA community members. 2004. Eight glacial cycles from an Antarctic ice core. Nature, 429: 623-628.

Farrell, J.W. 1991. Equatorial Pacific calcium carbonate data. IGBP PAGES/World data center for paleoclimatology data contribution series #91-004. NOAA/NGDC Paleoclimatology Program, Boulder, Colorado, USA.

Haug, G.H., Hughen, K.A., Sigman, D.M., Peterson, L.C. and Röhl, U. 2001. Southward migration of the Intertropical Convergence Zone through the Holocene. Science, 293: 1304-1308.

Hays, J.D., Imbrie, J. and Shackleton, N.J. 1976. Variations in the earth's orbit: pacemaker of the ice ages. Science, 194: 1121-1132.

Heinrich, M. 1988. Orbital and consequences of cyclic ice rafting in the northeast Atlantic Ocean during the past 130,000 years. Quat. Res., 29: 143-152.

Imbrie, J. and Imbrie, J.Z. 1980. Modeling the climatic response to orbital variations. Science, 207: 943-953.

Imbrie, J., Hays, J.D., Martinson, D.G., McIntyre, A., Mix, A., Morley, J.J., Pisias, N. G., Prell, W. and Shackleton, N.J. 1984. The orbital theory of Pleistocene climate: support from a revised chronology of the marine δ^{18}O record. In "Milankovitch and climate" (eds. Berger, A., Hays, J., Kukla, G. and Salzman, B.), pp. 269-305. Dordrecht, Reidel.

Imbrie, J., Berger, A., Boyle, E.A., Clemens, S.C., Duffy, A., Howard, W.R., Kukla, G., Kutzbach, J., Martinson, D.G., McIntyre, A., Mix, A.C., Molfino, B., Morley, J.J.,

Peterson, L.C., Pisias, N.G., Prell, W.L., Raymo, M.E., Shackleton, N.J. and Toggweiler, J.R. 1992. On the structure and origin of major glaciation cycles 1. Linear responses to Milankovitch forcing. Paleoceanography, 7: 701–738.

Imbrie, J., Berger, A., Boyle, E.A., Clemens, S.C., Duffy, A., Howard, W.R., Kukla, G., Kutzbach, J., Martinson, D.G., McIntyre, A., Mix, A.C., Molfino, B., Morley, J.J., Peterson, L.C., Pisias, N.G., Prell, W.L., Raymo, M.E., Shackleton, N.J. and Toggweiler, J.R. 1993. On the structure and origin of major glaciation cycles 2. The 100,000-year cycle. Paleoceanography, 8: 699–735.

Indermühle, A., Monnin, E., Stauffer, B. and Stocker, T.F. 2000. Atmospheric CO_2 concentration from 60 to 20 kyr BP from the Taylor Dome ice core, Antarctica, Geophys. Res. Let., 27: 735–738.

Langenfelds, R.L., Francy, R.J., Barnola, J.-M. and Morgan, V.I. 1996. Natural and anthropogenic changes in atmospheric CO_2 over the last 1000 years from air in Antarctic ice and firn. Jour. Geophys. Res., 101: 4115–4128.

Lea, D.W., Pak, D.K. and Spero, H.J. 2000. Climate impact of late Quaternary equatorial Pacific sea surface temperature variations. Science, 289: 1719–1724.

Lorius, C., Merlivat, L., Jouzel, J. and Pourchet, M. 1979. A 30,000-yr isotope climatic record from Antarctic ice. Nature, 280: 644–648.

Mann, M.E. and Jones, P.D. 2003. Global surface temperatures over the past two millennia. Geophys. Res. Let., 30: 1820–1823.

Milankovitch, M.M. 1941. Canon of insolation and the ice-age problem. Koniglich Serbische Akademie, Beograd.

Mix, A.C., Pisias, N.G., Zahn, R., Rugh, W., Lopez, C. and Nelson, K. 1991. Carbon-13 in Pacific deep and intermediate waters, 0–370 ka: Implications for ocean circualation and Pleistocene carbon dioxide. Paleoceanography, 6: 205–226.

Nürnberg, D., Müller, A. and Schneider, R.R. 2000. Paleo-sea surface temperature calculations in the equatorial east Atlantic from Mg/Ca ratios in planktic foraminifera. Paleoceanography, 15: 124–134.

Olausson, E. 1965. Evidence of climatic changes in deep sea cores with remarks on isotopic palaeotemperature analysis. Progress in Oceanography, 3: 221–252.

Oppo, D.W., Fairbanks, R.G., Gordon, A.L. and Shackleton, N.J. 1990. Late pleistocene southern ocean d13C variability. Paleoceanography, 5: 43–54.

Raymo, M., Ruddiman, W.F., Shackleton, N.J. and Oppo, D. 1990. Evolution of global ice volume and Atlantic-Pacific $\delta^{13}C$ gradients over the last 2.5 m. y. Earth Planet. Sci. Let., 97: 353–368.

Ruddiman, W.F. 2003. Orbital insolation, ice volume, and greenhouse gases. Quat. Sci. Rev., 22: 1597–1629.

Shackleton, N.J. 1967. Oxygen isotope analyses and Pleistocene temperatures reassessed. Nature, 215: 15–17.

Shackleton, N.J. and Opdyke, N.D. 1973. Oxygen isotope and paleomagnetic stratigraphy of equatorial Pacific core V28-238: oxygen isotope temperatures and ice volumes on a 10^5 year and 10^6 year scale. Quaternary Research, 3: 39–55.

Siegenthaler, U., Stocker, T.F., Monnin, E., Lüthi, D., Schwander, J., Stauffer, B., Raynaud, D., Barnola, J.-M., Fischer, H., Masson-Delmotte, V. and Jouzel, J. 2005. Stable carbon cycle-climate relationship during the Late Pleistocene. Science, 310:

1313-1317.

Spahni, R., Chappellaz, J., Stocker, T.F., Loulergue, L., Hausammann, G., Kawamura, K., Flükiger, J., Schwander, J., Raynaud, D., Masson-Delmotte, V. and Jouzel, J. 2005. Atmospheric methane and nitrous oxide of the late Pleistocene from Antarctic ice cores. Science, 310: 1317-1321.

Sun, Y., Clemens, S.C., An, Z. and Yu, Z. 2006. Astronomical timescale and palaeoclimatic implication of stacked 3.6-Myr monsoon records from the Chinese Loess Plateau. Quaternary Science Reviews, 25: 33-48.

Venz, K.A., Hodell, D.A., Stanton, C. and Warnke, D.A. 1999. A 1.0 Myr record of glacial North Atlantic intermediate water variability from ODP site 982 in the northeast Atlantic. Paleoceanography, 14: 42-52.

Yamamoto, M. 2004. Have the tropical Pacific ocean-atmosphere interactions behaved as a driver of centurial- to orbital-scale climate changes? In "Global environmental change in the ocean and on land" (eds. Shiyomi, M., Kawahata, H., Koizumi, H., Tsuda, A. and Awaya, Y.), pp. 265-278. Terrapub.

大気・海洋・陸面における二酸化炭素の存在量と相互間の交換

第4章

北海道大学大学院環境科学院/山中康裕

4-1 二酸化炭素と温室効果気体について

　二酸化炭素などの気体は，2-4節で述べたように，大気中の日射や赤外線の放射収支に影響するので，温室効果気体と呼ばれている。代表的な温室効果ガスの濃度や放射強制力を表4-1-1に示す。二酸化炭素やメタンなどは，元々自然に存在する気体であり，その大気中の存在量は発生源と吸収源からのフラックスの収支で決まっている。人間活動にともなう放出が新たに付け加わることにより，産業革命以降，それらの濃度が急速に上昇してきている。

表4-1-1　温暖化効果ガスの大気中濃度と大気中寿命。数値はIPCC(2001)に基づく。温暖化係数 Global Warming Potential(GWP)は，100年間で見積もったものであり，二酸化炭素の効果を1として値を見積もっている。ppm=10^{-6}，ppb=10^{-9}，ppt=10^{-12}

	CO_2 二酸化炭素	CH_4 メタン	N_2O 一酸化二窒素	CFC-11	HFC-23 ハロカーボン類	CF_4
産業革命以前の濃度	～280 ppm	～700 ppb	～270 ppb	0	0	40 ppt
1998年時点の濃度	365 ppm	1745 ppb	314 ppb	268 ppt	14 ppt	80 ppt
濃度変化速度	1.5 ppm/年	7.0 ppb/年	0.8 ppb/年	−1.4 ppt/年	0.55 ppt/年	1 ppt/年
大気中での滞在時間	5～200年	12年	114年	45年	260年	>5万年
単位濃度あたりの放射強制力($W/m^2/ppb$)	$1.5×10^{-5}$	$3.7×10^{-4}$	$3.1×10^{-3}$	0.25	0.16	0.08
温暖化係数(GWP)	1	23	296	4800	12000	5700

大気中濃度の上昇にともない，吸収源へのフラックスもある程度増加するため，放出されたものすべてが大気中に残るわけではない．放出してから吸収されるまでの平均滞在時間(寿命)は，大気中に存在する濃度を吸収フラックスで割ることによって大まかに見積もることができる．人間活動にともなって放出された気体による放射強制力は，現在の濃度から産業革命以前の濃度を引いたものに，単位濃度あたりの放射強制力をかけることによって求めることができる．その気体が，地球温暖化にどの程度影響を与えるかということは，放射強制力がどのくらい継続するかということも関係してくる．たとえば，寿命がかなり短い期間だとすると，熱容量から決まる大気や海洋の昇温が充分に起こらない内に，濃度が減少するので，長寿命のものに比べてその影響は小さいといったことが考えられる．そこで単位濃度あたりの放射強制力に平均滞在時間をかけたものを温暖化係数 Global Warming Potential (GWP)として定義し，それぞれの地球温暖化に対する効果は，GWP が大きいかどうかで判断できるので，京都議定書などでの二酸化炭素以外の温室効果気体の規制は，この値に基づいて，二酸化炭素に換算することで行なっている．ただし，それぞれの温室効果気体について，放射強制力はよくわかっているが，平均滞在時間については吸収源を特定して吸収フラックスを正確に見積もる必要があるので，GWP は現在も適宜改訂されている．

　放射強制力で大気中濃度を比較すると，100 ppm (0.01%)増加した二酸化炭素の効果が多く，全体の約 60% を占めている．メタンは 1 ppm 増加し単位濃度あたりの放射強制力が大きいために，二酸化炭素に次いで効果が大きい．元々自然に存在しないハロカーボン類は，二酸化炭素濃度に比べると約 100 万分の 1 程度だが，単位濃度あたり放射強制力も大きいために，ハロカーボン類全体の放射強制力は，メタンと同程度に大きくなっている．さらに，化学的に安定物質として製造され，光化学反応での分解がおもな吸収源なので，長寿命であり，非常に大きな GWP をもっている．CFC11 は，ハロカーボン類のなかで最も早くから使用されたものであるが，オゾン層破壊を防ぐためのモントリオール議定書で使用が禁止されたため，現在では大気中濃度は減少に転じている．メタンは，主要な温室効果気体であるが，元々の自然に存在している放出源がよくわかっていないために，今後の濃度予測

が難しい．

　本章では，主たる温室効果気体であり最もよく研究されている二酸化炭素を取り上げ，大気・海洋・陸面間のフラックスのやりとりや，それぞれの内部の循環などを述べている．なお，以下の文章は，山中(2005)をもとにして大学院生向けに修正や加筆した文章である．

4-2　大気‐海洋‐陸面での炭素量およびその間のフラックス

　現在二酸化炭素の年平均濃度は約 380 ppm であり，炭素量約 780 PgC に相当する(図 4-2-1A)．陸上の植生と土壌の炭素量がそれぞれ約 500 PgC，約 1500 PgC，海洋の炭素量は約 3 万 8000 PgC と見積もられている．海洋中の二酸化炭素は，二酸化炭素の他，重炭酸イオン，炭酸イオンに解離し，海水は弱アルカリ性なので重炭酸イオンが約 90％占めている．また，大気‐陸面間の二酸化炭素の交換フラックスが年間約 120 PgC，大気‐海洋間のものが年間約 90 PgC と見積もられている(IPCC, 2001)．大気中二酸化炭素濃度は比較的一様に分布しているが，陸上の植生や土壌は細かい空間スケールで不均質なので，その炭素量や大気との交換フラックスには大きな誤差をともなう見積もりとなっている．

　滞留時間 residence time または回転時間 turnover time は炭素量を交換フラックスで割った値で定義される．大気の滞留時間は約 4 年であり，陸上や海洋のものに比べて短い．大気の両半球の混合時間は，両半球の大気中二酸化炭素濃度差は数 ppm と空間的に一様であるように，約 1 年程度である．陸上の植生と土壌の滞留時間は約 17 年であり，光合成によって一年草木や森林が成長し，落葉を経て，土壌中で分解され二酸化炭素に戻るまでの時間を表わしている．海洋中の滞留時間は約 400 年で，海洋循環の時間スケールである約 1000 年と同程度となっている．

　人間活動にともなう二酸化炭素の放出やそれによって引き起こされた炭素収支の不均衡を人為起源二酸化炭素 anthropogenic carbon dioxide や人為起源変動 human perturbation と呼び，それ以外を自然の炭素循環 natural cycle と呼ぶ．ただし，二酸化炭素自身は，人為起源と自然のものに区別できない．ま

た，人為起源変動がなかった1750年ごろの大気中二酸化炭素濃度などの値を産業革命以前 pre-industrial の値として用いている。基本的には，産業革命以前の炭素循環と自然の炭素循環は，概念的に同じとして扱われている場合が多い。

海底に埋没するフラックスや風化によるフラックス，火山活動によって大気中に供給されるフラックスなどの量は，大気‐海洋‐陸上植生間のフラックスのやりとりに比べて，年間約0.2 PgC 程度と非常に小さい(図4-2-1A)。

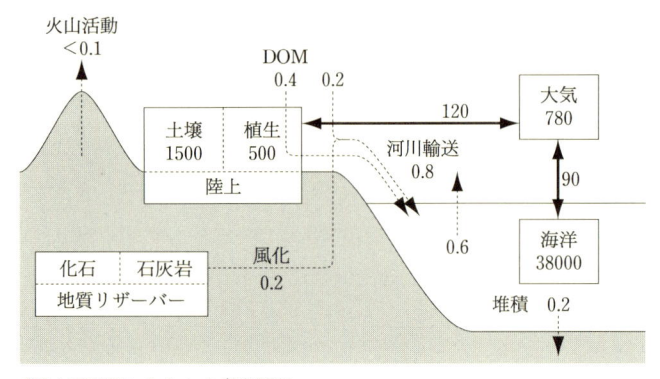

(A) 自然の炭素循環

火山活動 <0.1
DOM 0.4 0.2
土壌 1500 植生 500
陸上
120
大気 780
河川輸送 0.8
90
化石 石灰岩
地質リザーバー
風化 0.2
0.6
海洋 38000
堆積 0.2

(B) 人間活動にともなう炭素循環

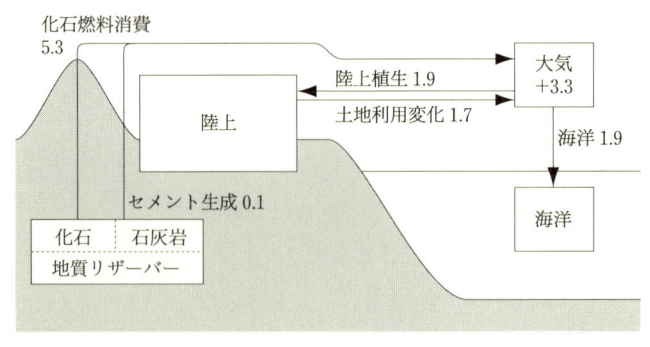

化石燃料消費 5.3
陸上
陸上植生 1.9
大気 +3.3
土地利用変化 1.7
海洋 1.9
セメント生成 0.1
化石 石灰岩
地質リザーバー
海洋

図4-2-1 大気・海洋・陸面などの各リザーバーの炭素量やそれらの間の炭素フラックス（数値はIPCC(2001)に基づく）。(A) 自然の炭素循環。点線は，風化や溶存有機物（DOM）にともなう河川輸送や，堆積，海洋から大気へのフラックスを表わす。(B) 人間活動にともなう炭素循環。炭素量の単位はPgC（=10^{15}gC），炭素フラックスの単位は，年間 PgC

4-3 人為起源二酸化炭素の収支

人為起源二酸化炭素の収支を考える際には，年平均値は自然変動が大きいため，10年間平均値として議論されることが多い。IPCC第一次報告書(IPCC, 1990)および第二次報告書(IPCC, 1996)は1980年代(1980～1989年の10年間)を扱い，第三次報告書は1990年代も扱っている。

IPCC第三次報告で見積もられた大気‐海洋‐陸上植生間の1980年代人為起源変動は，さまざまな方法から見積もられている(図4-2-1Bおよび表4-3-1)。化石燃料の消費にともなう放出フラックスが年間5.4±0.3 PgC(セメントの生成にともなうものが年間0.1 PgCを含む)，土地利用の変化にともなう放出フラックスが年間1.7 PgC(年間0.6～2.5 PgC)，大気‐海洋間のフラックスが，年間−1.9±0.6 PgC，陸上植生の吸収フラックスが年間−1.9 PgC(年間−3.8～0.3 PgC)であり，それらの合計に相当する大気中二酸化炭素の増加量は年間3.3±0.1 Pgである(ここでは，+は大気中二酸化炭素濃度を増加させる向き，−はその逆向きとした)。大気中二酸化炭素の増加量年間3.3 Pgは，濃度の増加量年間1.6 ppmに相当する。大気‐陸面間のフラックスは，後で述べるような大気中の二酸化炭素濃度・酸素濃度・二酸化炭素中の炭素同位体^{13}Cなどの測定から，土地利用の変化にともなうフラックスと陸上植生の吸収フラックスを合わせて，年間0.2±0.7 PgCと見積もられる。陸上植生の吸収フラックスは，この大気‐陸面間のフラックスから誤差が大きい土地

表4-3-1 1980年代および1990年代における全球二酸化炭素収支(年間 PgC)。正は大気中二酸化炭素濃度を上昇させる方向(負はその逆)。数値はIPCC (2001)に基づく。

	1980年代	1990年代
大気中二酸化炭素濃度の増加	3.3±0.1	3.2±0.1
人間活動にともなう放出(化石燃料・セメント)	5.4±0.3	6.3±0.4
大気‐海洋間フラックス	−1.9±0.6	−1.7±0.5
大気‐陸面間フラックス	−0.2±0.7	−1.4±0.7
その内土地利用変化	1.7(0.6～2.5)	データなし
その内陸上植生による吸収	−1.9(−3.8～0.3)	データなし

利用の変化にともなうフラックスを引いて見積もるため，誤差が大きくなってしまう(IPCC, 2001)。土地利用の変化にともなうフラックスは，おもに熱帯森林の伐採により，陸上植生の吸収フラックスは，おもに北半球中高緯度における土地管理および二酸化炭素と窒素による施肥効果によるものである(IPCC, 2001)。

　IPCC第一次報告書(IPCC, 1990)で指摘されたミッシングシンクの問題「化石燃料の消費や土地利用の変化にともなう放出量，海洋や陸上植生による吸収量，および大気中二酸化炭素の増加量の収支不均衡」は，海洋による吸収量の誤差が減少したこと，および，大気中の二酸化炭素濃度・酸素濃度・二酸化炭素中の炭素同位体^{13}Cのなどの測定から大気-陸面間のフラックスの見積もりができるようになり，ほぼ解決したとされている。しかしながら，海洋-陸面間の分配として年間±0.7 PgC程度の大きさ誤差があり，陸上植生の直接的測定による見積もりが大気側からの見積もりと矛盾はないものの，定量的にはまだ不充分なことなどの問題が依然として存在する。

　1990年代では，化石燃料の消費にともなう放出フラックスが年間6.3±0.4 Pg，大気-海洋間のフラックスが年間-1.7±0.5 PgC，大気-陸面間のフラックスは年間1.4±0.7 PgC，大気中二酸化炭素の増加量は年間3.2±0.1 Pgと見積もられているが，土地利用の変化にともなう放出フラックスはまだ見積もられていない(IPCC, 2001)。

　R. Keelingによって測定されるようになった大気中酸素濃度と大気中二酸化炭素との関係から，大気-海洋間および大気-陸面間のフラックスを見積もる方法を紹介する。これは，化石燃料の消費の際に放出される二酸化炭素量と吸収される酸素量と，実際に測定された二酸化炭素増加量と酸素減少量との差を，海洋による二酸化炭素吸収量(酸素放出をともなわない)と陸上植生による光合成や土壌分解にともなう酸素放出量と二酸化炭素吸収量(CO_2/O_2比がわかっている)の2つの過程で説明する明快な原理に基づく。それぞれのO_2とCO_2を2つのベクトルの和のように表わすことができて(図4-3-1)，しばしばキーリング・プロットと呼ばれている。この方法によって，上で述べた1990年代の大気-海洋間と大気-陸面間のフラックスが求められる。厳密には，陸上植生によるものと海洋によるものではなく，酸素変化をとも

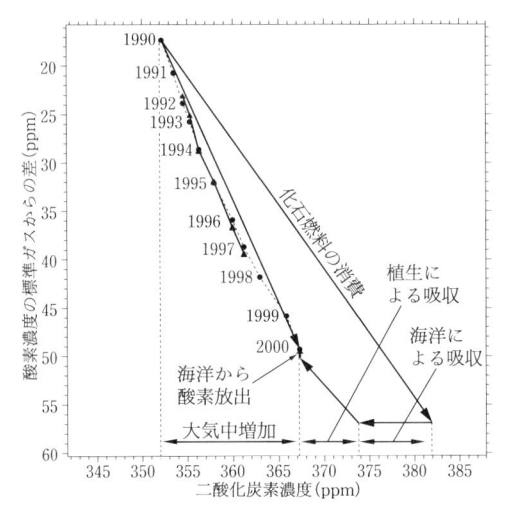

第 4 章　大気・海洋・陸面における二酸化炭素の存在量と相互間の交換　55

図 4-3-1　1990 年から 2000 年までの大気中二酸化炭素濃度と酸素濃度の変遷。黒丸と黒三角は各年 1 月 1 日を中心とした年平均値である。二酸化炭素濃度の単位は ppm。酸素濃度は標準ガスからのずれを表わし，単位は ppm。数値は IPCC(2001)に基づく。化石燃料の消費から期待される酸素や二酸化炭素の変化と観測された大気中増加量をつなぐように，海洋による二酸化炭素のみの変化と酸素放出と二酸化炭素吸収の比がわかっている植生の光合成による変化を明瞭に分けることができる。ただし，海洋の温暖化にともなって海洋中に融けている溶存酸素が減少していることの補正を行わわなければならない(本文参照)。

なうものとそうでないものに分けることができる方法なので，海洋生態系の変動は，大気‐陸面間のフラックスに含まれて扱われてしまう。ここでは海洋生態系の変動は小さいものとして扱われている(IPCC, 2001)。また，海水温の上昇によって，酸素に対する海水の溶解度が低下し，海水中に溶けていた酸素が大気中に放出する過程を考慮する必要があり，IPCC では補正されている。この測定手法は，元々の大気中酸素濃度は約 21 万 ppm(大気の約 21%)に対して，10 年間で約 30 ppm の低下を検出するため，標準ガスの O_2/N_2 比からのずれという形で測定が行なわれ，最近徐々に世界中に広まっている。

4-4　大気中の二酸化炭素の季節変化と輸送

　国際地球物理観測年 International Geophysical Year(IGY)となる 1958 年から，ハワイ島マウナロア山や南極点で大気中二酸化炭素濃度の測定が行なわれた（図 4-4-1）。1970 年代に地上観測のネットワークが開始され，1977 年から二酸化炭素の安定同位体の測定も行なわれている。マウナロアにおける大気中二酸化炭素濃度は 1958 年 315 ppm から 2000 年 371 ppm まで増加していることが明瞭にわかる。また，北半球では，夏季に陸上植生による光合成がさかんになり，二酸化炭素を吸収するために，二酸化炭素濃度は夏季に低く冬季に高いという季節変化をともなっている。注意深くみると，季節振幅は 1960 年ごろの 5〜6 ppm に比べて，1990 年代には 6〜8 ppm 程度に増加している。これは，陸上植生の活動がさかんになり，それにともなって二酸化炭素吸収量が増加していることの間接的な証拠と考えられている。北半球の大

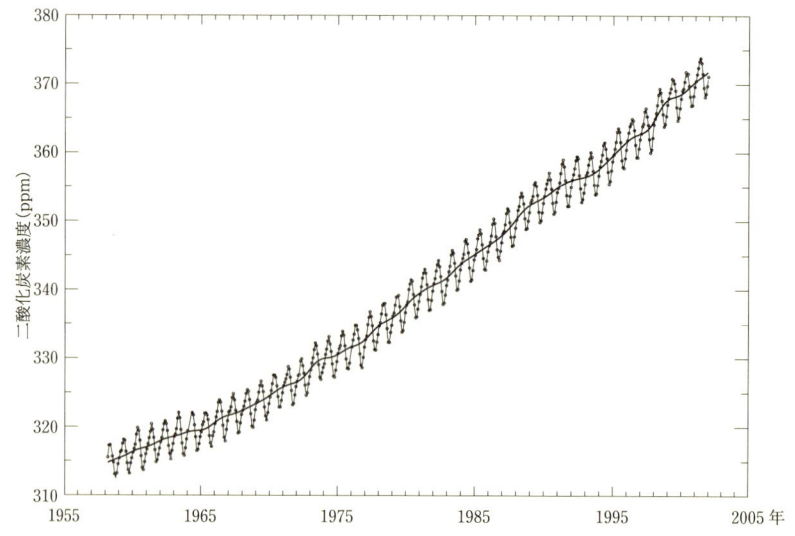

図 4-4-1　1958 年から 2002 年までのハワイ島マウナロアでの測定から得られた大気中二酸化炭素濃度の変遷（CMDL/NOAA のホームページから得たものを改変）。点は月平均値，細線はそれらを結んだもの，太線は 1 年間の移動平均値を示す。単位は ppm

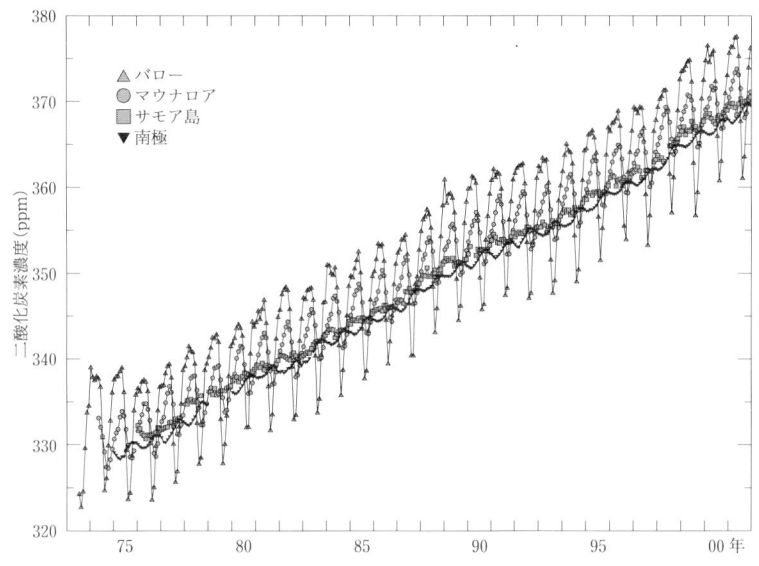

第4章　大気・海洋・陸面における二酸化炭素の存在量と相互間の交換　57

図4-4-2　1973年から2002年までのアラスカ・バロー，ハワイ島マウナロア，南太平洋サモア島，南極点での測定で得られた大気中二酸化炭素濃度の変遷(CMDL/NOAAのホームページから得たものを改変)。単位はppm

気中二酸化炭素の年平均濃度は，化石燃料の消費にともなう二酸化炭素の放出が北半球で行なわれるために，南半球のものに比べて3～4 ppm 高い。経度方向には1 ppm 以下になっている。また，北半球の季節振幅は，南半球のものに比べ，陸上植生による光合成や呼吸の季節変化によるために大きくなっている(図4-4-2)。すなわち，南極点では，マウナロアに比べて年平均濃度は3～4 ppm 低く，季節変化の振幅は1 ppm 程度で，その位相はマウナロアのものと逆になっている。

　大気中二酸化炭素の年平均濃度増加量は，化石燃料の消費にともない全体的な傾向として増加しているが，大きな経年変動を示している(図4-4-3)。1990年代では，1992年の年間1.9 PgC から1998年の年間6.0 PgC まで大きく変動している。大気中二酸化炭素濃度は1993年を除いて El Niño の年で大きくなっている。El Niño にともなって東部赤道太平洋では海洋から大気への二酸化炭素の放出が年間0.2～1.0 PgC 程度減るものの(Feely et al., 1997)，高温や干ばつ，火災が多くなり，陸上植生の吸収量が大きく減るた

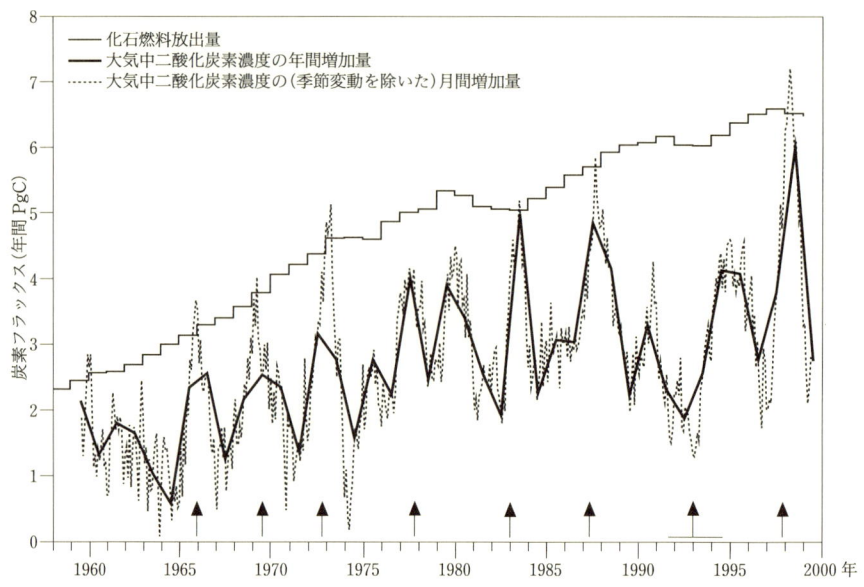

図 4-4-3 大気中二酸化炭素量と化石燃料放出量の経年変動(IPCC, 2001 を改変)。矢印は El Niño の年を表わす。太実線と点線は，大気中二酸化炭素量のそれぞれ年間増加量，季節変動を除いた月間増加量を示し，細実線は年間化石燃料放出量。単位は年間 PgC

めと考えられている(Yang and Wang, 2000)。これは二酸化炭素の同位体の測定からも裏づけられている。1992 年のピナツボ火山の噴火にともなう北半球中高緯度の気温低下によって陸上植生の呼吸や土壌の分解量が減少したことで，大気中二酸化炭素濃度の増加量の減少を引き起こしたと考えられている。

　大気輸送モデルのインバースモデルを用いて，二酸化炭素の放出や吸収の全球的分布が求められている。簡単にいえば，二酸化炭素が放出されている地点の大気中二酸化炭素濃度は高くなるので，逆に観測された高濃度から放出量を推定する原理であり，大気中の二酸化炭素輸送が大気輸送モデルで現実的に再現されている必要がある。現在，見積り誤差が大きく，北半球中高緯度(30°N 以北)，赤道域(30°N〜30°S)，南半球中高緯度(30°S 以南)という大まかな 3 つの緯度帯における大気-海洋間あるいは大気-陸面間フラックスについて議論できるレベルで，大陸スケールの議論はまだ難しい。また，大気

輸送モデルのインバースモデルは，人為起源変動と元々の自然のものの合計量が見積もられるため，赤道域で海洋から放出し両半球中高緯度で吸収するという自然の大気-海洋間フラックスが大きいことにより，人為起源二酸化炭素の海洋による吸収量を見積もることは難しい。

大気-陸面間フラックスは，北半球中高緯度では-2.3～-0.6 PgC（1990～1996年間は-1.8～-0.7 PgC），赤道域では-1.0～$+1.5$ PgC（1990～1996年間は-1.3～$+1.1$ PgC）と見積もられている（IPCC, 2001；図4-4-4）。これらは，北半球中高緯度では陸上植生が二酸化炭素を吸収していること，および赤道域では森林伐採と同じ程度陸上植生が吸収し，大気-陸面間フラックスがほぼ0になっていることを示している。これらは，後で述べるように陸上植生

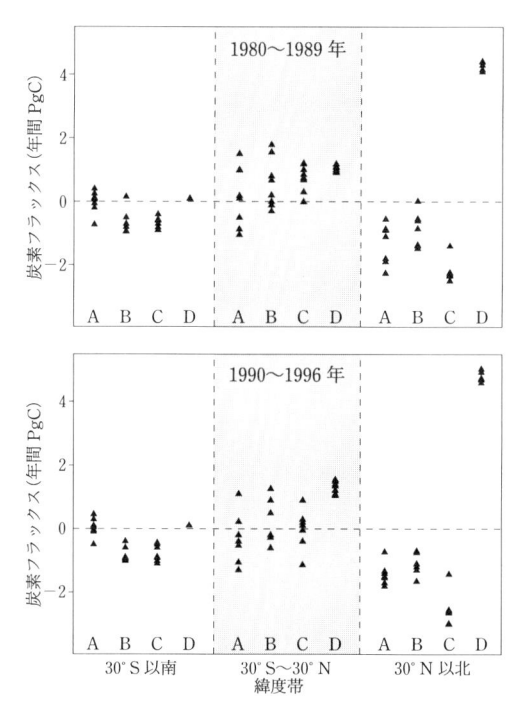

図4-4-4 7つの大気輸送モデルのインバースモデルから求められた北半球中高緯度・低緯度・南半球中高緯度帯における各炭素フラックス（IPCC, 2001を改変）。Aは大気-陸面間，Bは大気-海洋間，Cはそれぞれのモデルごとのas AとBの合計，Dは化石燃料放出量。単位は年間PgC

の炭素量を直接的に観測したデータと調和的になっている。

　大気輸送モデルのインバースモデル，非常に有力な方法であるが，いくつかの問題点も指摘されている。①東西方向の大気中二酸化炭素濃度差は大体 1 ppm 以下であり，北半球の 15 ppm 程度の季節変化に比べ小さく，観測網における高い測定精度の測定プロトコルやキャリブレーションを必要とすること (Conway et al., 1994)。②より現実的な大気輸送モデルが必要なこと。1 つには南北方向のモデルによる輸送量は，人為起源トレーサーSF_6の観測された大気中二酸化炭素濃度と比較することで確かめることができるが，東西方向の輸送量を確かめることができる適当なトレーサーがないことがある。もう1つには，整流効果 rectifier effect と呼ばれるものである (Denning et al., 1995)。これは，人為起源二酸化炭素の放出や吸収の季節変動と大気の輸送方向の季節変動に相関があるために，たとえば放出・吸収の年平均値が 0 でも，あたかも放出・吸収があるような濃度分布になるものである。すなわち，季節変動も充分に再現できるようなモデルが必要となる。大気接地層と自由大気との間の輸送の日変化にも同様のことがあてはまる。③大気中二酸化炭素濃度の観測網の測点の数や分布が充分でないこと。大陸スケールでみると，陸上植生による吸収や土地利用変化による放出が赤道域で大きい南アメリカ大陸やアフリカ大陸，あるいはシベリアなどの観測点がないこと。また，基本的に地上で観測を行なっているが，自由大気‐境界層間の輸送や積雲対流などの鉛直輸送機構の理解がまだ不充分なことなどである。

　また，大気輸送のインバースモデルで別々の場所における放出と吸収と見なされてしまう年間数 1/10 PgC 程度の自然の水平輸送が存在する(図4-2-1)。これらは，自然の炭素循環の見積もりとして無視できる程度だが，人為起源変動の見積もりとしては無視できない。大陸上で岩石の風化による無機炭素や植生による溶存有機物が河川によって海洋に運ばれ，それら輸送の総量は年間 0.2～0.8 PgC と見積もられている (Aumont et al., 2001)。また，一酸化炭素やメタンの酸化でつくられる二酸化炭素なども寄与する可能性がある (Enting and Mansbridge, 1991)。

4-5 陸上生態系における炭素循環と吸収

植物の光合成量は，総生産 Gross Primary Production(GPP)とも呼ばれ，年間 120 PgC と見積もられ，その内半分の年間 60 PgC が植物の呼吸 autotrophic respiration として使われ，残りの年間 60 PgC が NPP として草木の成長に使われる(IPCC, 2001；図 4-5-1)。植物は，落葉や枯死によって土壌中有機物となる。土壌中有機物はバクテリアによって分解されて二酸化炭素に戻る。また，植物の一部は動物によって消化される。動物の呼吸とバクテリアの分解は，従属生物による呼吸 heterotrophic respiration と呼ばれ，年間 55 PgC と見積もられている。GPP から植物および従属生物の呼吸を引いたものを，純生態系生産量 Net Ecosystem Production(NEP)と呼ぶ。また，森林火災などによって大気中二酸化炭素に戻る量は約年間 4 PgC と見積もられている。

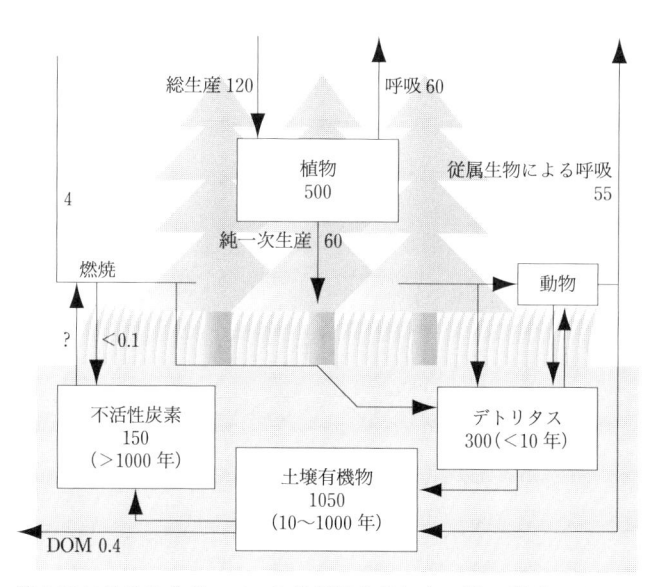

図 4-5-1 陸上における各リザーバーの炭素量やそれらの間の炭素フラックス(数値は IPCC, 2001 に基づく)。また，各リザーバーの回転時間も示す。局所的な循環であるが，溶存有機物による海洋への輸送が年間 0.4 PgC と見積もられている。炭素量の単位は PgC(=10^{15}gC)，炭素フラックスの単位は，年間 PgC

土壌は，落葉などの litter 層や腐葉土 detritus(回転速度10年以下)，それから土壌有機物 soil organic matter に変化したもの，火災などでつくられた黒鉛などの生物が利用できない不活性なもの inert carbon(回転速度1000年以上)まで，さまざまなものを含んでいる。

　NBP(Net Biome Production：純生物生産量)は，NEP に森林火災や草原火災，河川によって運ばれるものなどを考慮した生態系全体の炭素収支であり，当然ながら長期平均すれば生態系は定常状態なので0となる値である。仮に突然 NPP が増加した場合を考えてみると，生態系の各コンポーネントはさまざまな時間スケールで応答するため，NBP は，NPP 増加にともない突然増加し，やがて土壌有機物の分解にともない10〜30年程度の時間スケールで0に向かう変動をする(IPCC, 2001)。全球総 NBP は大気‐陸面間フラックスと同じ値となり，その経年変動は4-4節で示したように El Niño にともなって年間数 PgC 変動する。

　NPP や炭素量の測定値は，非常に数多くのフィールド測定から求められるが，生態系が時空間的に非一様であることや測定手法の違いから大きな誤差をともなっている。全球における値は，各植生タイプ(熱帯森林，温帯森林，寒帯森林，熱帯サバンナ・草原，熱帯草原と灌木，砂漠と乾燥地，ツンドラ，耕作地，湿地など)に分け，各植生の面積を算出し，観測点でのフィールド測定から見積もった単位面積あたりの値をかけることで，求められる。炭素量の変化や大気‐陸面間フラックスを直接測定から見積もった NEP は，熱帯森林で1 ha あたり年間0.7〜5.9 MgC(1 MgC=10^{6}gC)，温帯森林で1 ha あたり年間0.8〜7.0 MgC，寒帯森林で1 ha あたり年間2.5 MgC に達するが(IPCC, 2001)，暖かい年や曇りが多い年では0や負になることもある(Valentini et al., 2000)。これらの直接測定から見積もった NEP の全球総量は年間10 PgC となるが，過大評価と考えられている。北アメリカ，ヨーロッパ，旧ソ連，日本における北方森林から見積もった二酸化炭素吸収量(NBP)は年間−0.8 PgC であり(Dixon et al., 1994)，4-4節の大気輸送モデルのインバースモデルから見積もった1990〜1996年間の−1.8〜−0.7 PgC の下限に相当する。これは温帯草原など他の植生がさらに吸収しているか，大気輸送モデルのインバースモデルが過大評価している可能性がある(IPCC, 2001)。

大気中二酸化炭素濃度上昇にともない，直接的に光合成が増加することや間接的に水利用効率が増加することにより，NPP が増加していると考えられる(二酸化炭素増加にともなう施肥効果)。大気中二酸化炭素濃度が 800～1000 ppm になると，二酸化炭素増加にともなう施肥効果は頭打ちになり，陸上生態系による二酸化炭素の吸収効率は，土壌有機物の回転速度によって決まるようになる(高温多湿になれば分解が促進する)。

より正確な NPP や炭素量を求めるためには，さらに数多くおよび長期間の土壌中の炭素量や NEP を測定するフィールド測定が必要である。特に，森林火災や土壌有機物の分解などの炭素の行方を見積もっていくことが重要となる。衛星観測は全球の植生分布がわかる貴重な手段として NPP の見積もりに不可欠であり，航空写真や地上観測は，衛星観測を検証するのに用いられている。

4-6　海洋における炭素循環と吸収

4-6-1　海洋循環および海洋における炭素循環

海洋中の二酸化炭素循環は，海洋循環による物理過程と海洋生態系による生物化学過程に分けて考えることができるものの，両者は密接に結びついている(図4-6-1)。また，大気‐海洋間のガス交換過程で，およそ年間 90 PgC の大気とのやりとりが行なわれている。海洋に吸収された二酸化炭素は，二酸化炭素だけでなく重炭酸イオン(HCO_3^-)と炭酸イオン(CO_3^{2-})の形で海洋に溶けている。植物プランクトンによる基礎生産 GPP は，およそ年間 100 PgC と見積もられ，陸上植生とほぼ同じ程度であり，基礎生産でつくられた有機物の約 1 割が，沈降粒子 Particulate Organic Matter(POM)や溶存有機物 Dissoloved Organic Matter(DOM)として有光層より深いところへ輸出される。これらは輸出生産 export production と呼ばれ，11 PgC 程度と見積もられている(IPCC, 2001)。中深層に運ばれた有機物は，バクテリアによって分解され，再び海水中に無機炭素や栄養塩の形で溶け込む。海洋循環によって中深層から有光層へ運ばれることでバランスしている。また，炭酸カルシウム $CaCO_3$ は有機炭素の 1 割弱の量が中深層に運ばれていると見積もられている

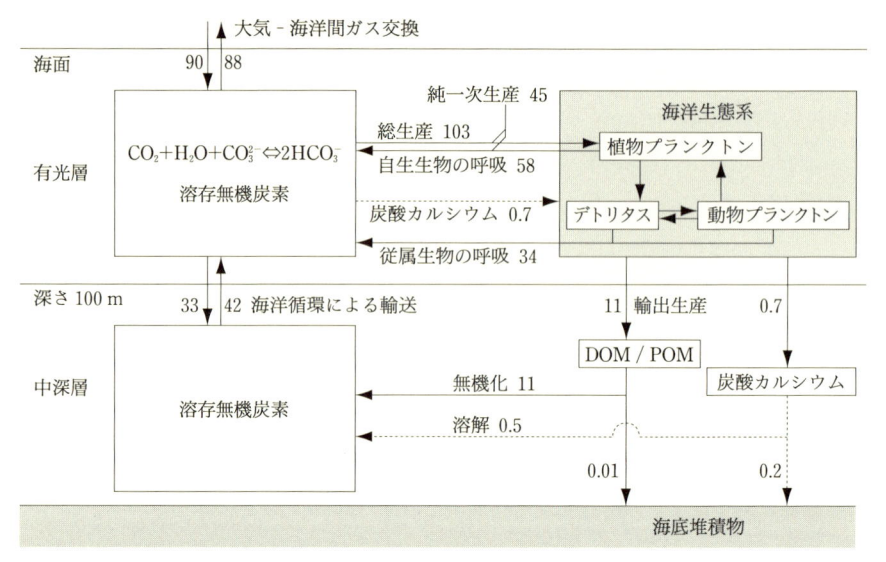

図 4-6-1 海洋における各リザーバーの炭素量やそれらの間の炭素フラックス(数値は IPCC, 2001 に基づく)。炭素フラックスの単位は，年間 PgC

(Milliman, 1993；Yamanaka and Tajika, 1996)。

　海洋生物生産は栄養塩や光で決まっていて，その生産量は産業革命から変わっていないと仮定すると，人為起源二酸化炭素は，海洋循環のみで中深層に運ばれると考えられる。したがって，大気 - 海洋間のガス交換フラックスの差として海洋に吸収された年間 2 PgC の内，中深層には海洋循環により年間 1 PgC 運ばれ，有光層 100 m には年間 1 PgC 留まる(図 4-6-1)。

　海洋生物学においては，海面から海面における光量の 1%(場合によっては 0.1%)となる深さまでを有光層 euphotic layer と呼ぶ(広く用いられている有光層は，海洋生物学の厳密な用語では真光層と呼ばれる)。海洋物理学や海洋化学においては，およそ深さ 400〜1000 m にある水温が 5〜10℃付近を主水温躍層 main thermocline または中層 intermediate layer，それ以深を深層 deep layer，それ以浅を表層 surface layer といい，そこに存在する水をそれぞれ中層水，深層水，表層水という(図 4-6-2)。海面近くにはよく鉛直混合された海洋混合層 mixed layer が存在する。混合層の底面は水温が大きく変化するので季節水温躍層と呼ばれ，その深さは，中高緯度の夏季は深さ数十 m，冬季はお

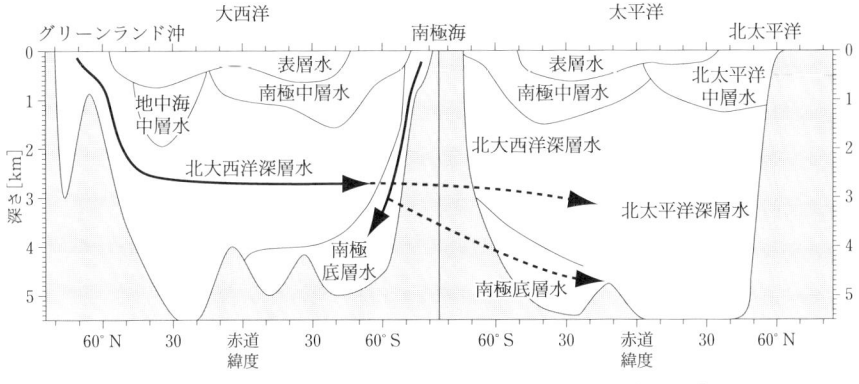

図4-6-2 太平洋と大西洋における水塊の鉛直‐南北分布の模式図

よそ深さ50〜200mと大きく季節変化する。季節水温躍層から主水温躍層の間は亜表層 subsurface layer とも呼ばれる。

　表層の海洋循環はおもに風によって駆動される(風成循環：wind driven circulation)。黒潮や湾流は，太平洋や大西洋全体を吹く風によって駆動される強い流れの(大陸東海岸沖に存在する)西岸境界流の代表である。亜表層には，亜熱帯モード水 subtropical mode water などがあり，数年から10年程度で表層の水と交換される。また，大陸西海岸沖には，局所的な風によって駆動され，沿岸湧昇 coastal upwelling をともなったカリフォルニア海流やペルー海流などの東岸境界流が存在する。深さ1000m付近には，北太平洋中層水，南極中層水などのオホーツク海やチリ付近の海面で生成され各大洋規模に広がった水が存在する。これらは10〜100年程度で表層の水と交換されると考えられている。一方，1000m以深に存在する5℃以下の深層水は，現在，この水はグリーンランド沖および南極大陸周辺のきわめて限られた地域で生成され，深層循環として大西洋や太平洋などの他の全海洋の深層へ広がっている。深層水は，広がると共に，鉛直拡散によって徐々に暖められ，それにともなって全海洋平均すると年間3m程度と，ごくごくゆっくりと上昇してゆき，中層や表層を通じてまた生成域へ戻ってゆく。これは，水温や塩分から決まる密度差で駆動されることから，熱塩循環 thermohaline circulation と呼ばれ，深層水は数百年から2000年程度で表層の水と交換される。

したがって，海洋によって吸収された人為起源二酸化炭素は，おもに表層水に蓄えられ，一部が中層水に，ごく僅かが深層に運ばれている。もし，西暦 2000 年時点で人間活動にともなう二酸化炭素の放出が止まったとすると，人為起源二酸化炭素の海洋の表層 – 深層間の濃度差が一定になるまで，数百年以上かけて年間 1 PgC の二酸化炭素が深層へ運ばれてゆき，大気中二酸化炭素濃度が 300 ppm 以下になるまで低下することになる。しかしながら，人間活動にともなう二酸化炭素の放出量が表層 – 深層間の水の交換量を上回っているために，大気中二酸化炭素濃度が上昇することになる。

4-6-2　海洋における炭酸系の化学平衡と大気 – 海洋間のガス交換

海洋中の炭素量は 4-2 節で述べたように大気の炭素量の約 50 倍の約 3 万 8000 PgC であり，次に示す化学平衡，

$$CO_2 + H_2O \rightleftarrows H^+ + HCO_3^-　　　　　[4\text{-}6\text{-}1]$$

$$HCO_3^- \rightleftarrows H^+ + CO_3^{2-}　　　　　[4\text{-}6\text{-}2]$$

により，二酸化炭素や重炭酸イオン，炭酸イオンの形で海洋に溶けている。

海水の pH は約 8 の弱アルカリ性であり，現在の海洋では，91％が重炭酸イオン，8％が炭酸イオン，1％が二酸化炭素である(図 4-6-3)。二酸化炭素，重炭酸イオンと炭酸イオンの濃度をたし合わせたものを全炭酸と呼ぶ。二酸化炭素の検出方法である「二酸化炭素を石灰水に吹き込むと白濁する」際の

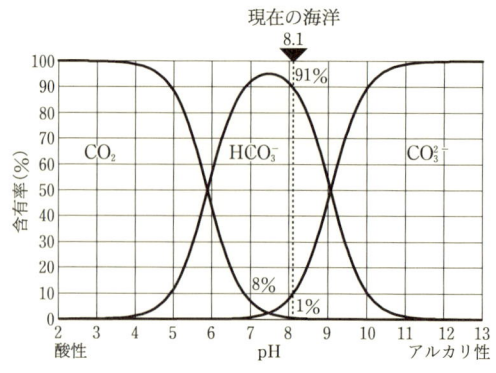

図 4-6-3　全炭酸に占める二酸化炭素(CO_2)，重炭酸イオン(HCO_3^-)，炭酸イオン(CO_3^{2-})の割合

化学反応は，上の化学平衡にしたがって，[4-6-1]と[4-6-2]式は共に右に移動し二酸化炭素が重炭酸イオンや炭酸イオンに解離して，炭酸イオンがカルシウムイオン(Ca^{2+})と反応して炭酸カルシウム($CaCO_3$)を沈殿させるというものである。これは強アルカリ性の元で，水酸化物イオンOH^-と中和するように水素イオンH^+を放出する反応が起こるためである。しかし，二酸化炭素が海水に溶け込むと，弱酸の二酸化炭素が中和反応を起こしpHが酸性にずれる。したがって，弱アルカリ性の元では炭酸イオンの含有率が低下する。すなわち，現在の海洋では，[4-6-1]式は右に移動すると同時に，[4-6-2]式は(右ではなく)左に移動することを意味する。したがって，この2つの式をたすと

$$CO_2 + CO_3^{2-} + H_2O \rightleftharpoons 2HCO_3^- \qquad [4\text{-}6\text{-}3]$$

となる。このような化学平衡をしているために，海洋中の全炭酸の10%程度変化すると，海洋中二酸化炭素濃度の変化にともなって，大気中二酸化炭素濃度が大幅に変化する。また，海洋は大気の60倍もの炭素を貯めているが，人為起源二酸化炭素のように，新たに加わったものについては，海洋は大気の最大8倍程度しか貯めることができない。

大気から海洋への二酸化炭素フラックス($F_{a \to s}$)は，

$$F_{a \to s} = g(|u|)\{pCO_2|_{atmos.} - pCO_2|_{ocean}\} \qquad [4\text{-}6\text{-}4]$$

ここで，$g(|u|)$はガス交換係数で海上風速の関数で与えられ，$pCO_2|_{atmos.}$は大気中二酸化炭素分圧，$pCO_2|_{ocean}$は海洋表層の二酸化炭素分圧である。$pCO_2|_{ocean}$を観測することにより，大気から海洋への二酸化炭素フラックスを見積もることができる。この方法では，各海域の人為起源二酸化炭素の吸収量ではなく，元々自然に存在する炭素フラックスと人為起源変動の炭素フラックスの合計が見積もられることになる。海洋による人為起源二酸化炭素の吸収量年間2 PgCに相当する全球平均の大気 - 海洋間の二酸化炭素分圧差が8 ppmであるのに対して，亜寒帯と赤道域の年平均分圧差や亜寒帯における季節変動は100 ppm以上になるので，海洋による人為起源二酸化炭素吸収量を見積もるためには，海洋表層の二酸化炭素分圧の全球分布を時空間的に正確に把握する必要がある。たとえば，赤道太平洋域において，現在観測された海洋表層の二酸化炭素分圧は，赤道湧昇のため大気よりも100

ppm 程度高い(二酸化炭素を放出する海域となっている)。しかし，比較的古い水が赤道湧昇によって効率よく表層に供給されているため，積極的に人為起源二酸化炭素を吸収しており，観測がなかった産業革命以前の分圧は，現在の観測された分圧(100 ppm 程度)よりもさらに 8 ppm 以上高かったことを意味する。つまり，個々の海域では，現在観測されている大気－海洋間の分圧差から人為起源二酸化炭素の吸収量を見積もることはできず，海洋全体の吸収量を見積もることができる。

海洋表層の二酸化炭素分圧の季節変化は，海水温と生物生産の季節変化によって決まっている。亜熱帯海域では生物生産は小さく，二酸化炭素分圧は，海水温によってほぼ決まり，夏季に高く，冬季に低くなり，その季節変化の振幅は比較的小さい。また，亜寒帯海域では冬季混合によって，やや深いところから二酸化炭素分圧や栄養塩濃度が高い水と混ざるので，分圧は冬季に高く，その後，生物生産の春季ブルームにより，分圧は急速に低下し，秋までその状態が続き，次の冬を迎える。なお，$p\mathrm{CO_2}|_{\mathrm{ocean}}$ は，水温や塩分から決まる溶解度と化学平衡により，海洋表層の全炭酸と pH の関数として表わすことができる。

4-7　陸面・海洋・それらを統合したモデルによる予測

モデルは，観測で得られた知見に基づいた個々の過程を作成し，それらを統合することにより作成される。モデルを用いた研究では，まず観測を再現できるかどうかが調べられる(モデルのパフォーマンスの検証)。そして，モデルを用い，①仮想的な気候変動のもとで個々の過程の振る舞いや(理想的境界条件)，個々の過程がどのように全体に影響を及ぼすか(パラメータ研究など)を通じて，理論的な知見を深める理論的研究や，②将来予測に関する研究を行なうことができる。モデルの結果を解釈する上で，どの程度観測を再現しているかはどの程度観測結果が正しいものとするかの目安になる。モデルの結果のすべてを信じることもすべてを棄却することも行なうべきではない。また，モデルに必要な観測とは，①モデルの個々の過程を改良するためのものと，②モデルの検証に必要なものに大きく分けることができる。

4-7-1 陸上生態系モデル

　全球的な炭素循環見積もりに用いられる陸上生態系モデルは，大きく分けて陸上物質循環モデル Terrestrial Biogeochemical Models(TBMs)と動的全球植生モデル Dynamic Global Vegetation Models(DGVMs)に分けられ，世界ではおよそ 30 の TBMs や数多く見積もって 10 の DGVMs が存在し，相互比較研究が行なわれている(Cramer et al., 2001)。陸上生態系モデルの検証は，フィールド観測で得られた純一次生産や炭素量(数は少なくなるが各リザーバーの炭素量や窒素量，無機化速度)などと比較することで行なわれる。モデルの結果は，それらの観測された地理的分布を再現しているが，気候変動に対する時間応答に関してはモデルの結果は大きくバラつく。水分や二酸化炭素フラックスの日変動や季節変動に対する観測は，モデルの検証に用いられているが，年々のフラックス観測はまだ不充分であり，それらの観測は気候変動に対するモデルの不確実性を減らすのに役に立つと思われる。衛星観測から求められる葉面積指数 Leaf Area Index(LAI)の地理的分布や季節変動は，陸上生態系モデルの検証に用いられている。

　陸上生態系モデルによる大気‐陸面間の二酸化炭素交換の見積もりの直接的な検証は，輸送モデルと組み合せて，大気中二酸化炭素濃度の観測値と比較することである。大気中二酸化炭素濃度の季節分布の振幅や位相に関する緯度分布は，4-4 節でみたように陸上植生活動によってほぼ決まっているので，モデルのベンチマークとして用いることができる。衛星観測から得られた植生指標 Normalized Difference Vegetation Index(NDVI)を用いた診断的な TBM や植生分布を予報する DGVM によって，北半球や熱帯の観測された大気中二酸化炭素濃度の季節変動をよく再現している。モデルにより，大気中二酸化炭素濃度の経年変動の大まかな特徴が再現されている。個々のモデルの結果は，NPP や従属生物の呼吸の温度依存性の違いから異なるものの，El Niño にともなう大気中二酸化炭素量増加の変動をモデル間のばらつきの範囲で再現している。また，モデルのいくつかは 1990 年代初期の大気中二酸化炭素量増加の減少も再現している。二酸化炭素増加にともなう施肥効果により，モデル計算で得られた NPP が年々大きくなってきているが，二酸化炭素増加にともなう施肥効果のパラメータ化の違いによって，1958 年以

降観測された季節変動の振幅の20%増加に対して，計算結果は過大評価から過小評価になっている。

2つのTBMと2つのDGVMによって行なわれたCCMLP(Carbon Cycle Model Linkage Project)の結果McGuire et al.(2001)では，1980年代において，土地利用の変化による年間0.6～1.0PgCの大気への放出と，年間−0.9～−3.1PgCの二酸化炭素増加にともなう施肥効果を合計した大気‐陸面間のフラックスは，気候変動にともなう年間−0.2～0.9PgCの変動と共に，年間−0.3～−1.5PgCという結果が得られている(図4-7-1)。これは，観測に基づいた見積もり年間−0.2±0.7PgCと矛盾しないかやや過大評価になっているものの，熱帯域，温帯域，亜寒帯域の森林によって吸収されていて，半乾燥地域や亜熱帯域では放出になっており，観測された傾向と矛盾しない。人間活動にともなう窒素の施肥効果は，二酸化炭素のものよりやや小さいか同程度と見積もられており，現在行なわれている研究テーマの1つである。

2100年までの大気中二酸化炭素濃度推移シナリオIS92aのもとでハドレーセンターの気候モデルによって得られた気候条件を用い，6つのDGVMにより2100年までの陸上植生による二酸化炭素吸収量が計算されている(図4-7-2)。大気‐陸面間のフラックスは，現在と同じ気温や降水などの気候条件下では，21世紀中ごろには二酸化炭素増加にともなう施肥効果により年間−8.7～−3.6PgCに増大するが，それ以降は，二酸化炭素濃度増加に対する光合成の応答が弱まるため，吸収量増加は弱くなる(図4-7-2A)。一方，予測された気候条件下では，二酸化炭素濃度のみを考慮した場合に比べ，大気‐陸面間のフラックスが21世紀中ごろには21～43%減少し，21世紀末には年間−6.7～0.4PgCとなる(図4-7-2B)。これは主として温暖化にともない従属生物の呼吸が増加することによる。モデル間のばらつきは，この従属生物の呼吸の温度依存性の違いと共に，6つの内1つのモデルがアマゾンの熱帯雨林が草原に変化することを予測していることによる(IPCC, 2001)。

4-7-2 海洋物質循環モデル

全球的な炭素循環見積もりに用いられる海洋炭素循環モデルは，大気‐海

第4章　大気・海洋・陸面における二酸化炭素の存在量と相互間の交換　71

(A) 大気 - 陸面間フラックス（土地利用＋生態系）

(B) 土地利用にともなう放出・生態系による吸収

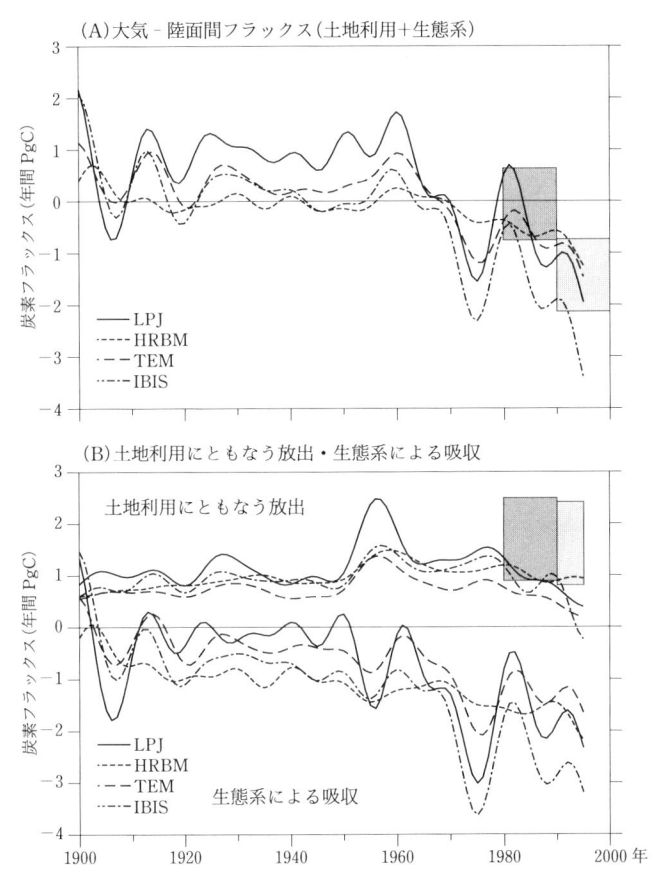

図4-7-1　2グループのTEM (HRBM, TEM) と2グループのDGVM (LPJ, IBIS) の陸上生態系モデルによる(A)大気 - 陸面間フラックスと(B)土地利用および陸上生態系による放出・吸収フラックスの10年間の移動平均した見積もり (IPCC, 2001を改変)。1980年代および1990年代の2つの網掛けの箱は、表4-1-1に示されている観測に基づいた見積もりを示す。単位は年間PgC

洋間の二酸化炭素ガス交換，海水中の炭酸系の平衡，海洋循環による輸送，生物による輸送を含んでいる。海洋炭素循環モデルは，海洋生態系のパラメータ化によって，①モデルで計算された海洋表層栄養塩の濃度の関数として輸出生産を決めるもの，②観測された海洋表層栄養塩に緩和されることで輸出生産を決めるもの，③陽に海洋生態系を表現するものに分けられる。

多くのモデルは，海洋内の全炭酸の観測された濃度分布や二酸化炭素の地

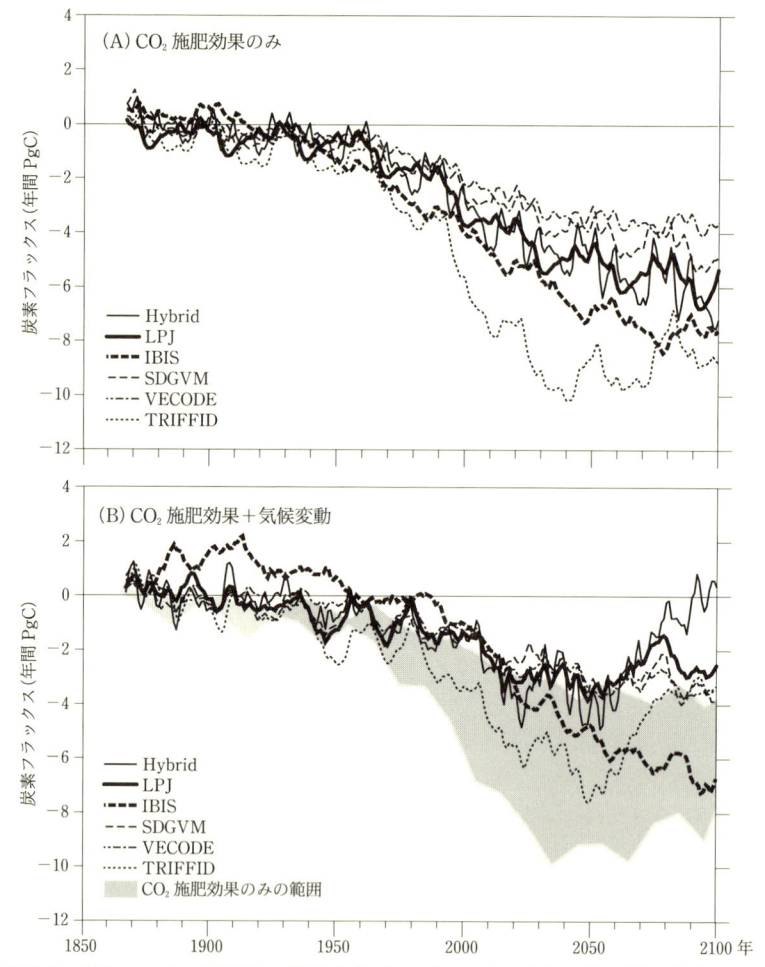

図 4-7-2 6グループの DGVM の陸上生態系モデルによる大気-陸面間の炭素フラックス（IPCC, 2001 を改変）。(A)2100 年までの大気中二酸化炭素濃度推移シナリオ IS92a を考慮したものと(B)地球温暖化にともなう気候変動も考慮した見積もり。(B)の網掛け部分は、(A)のモデル結果の範囲を表わす。単位は年間 PgC

域分布の特徴をよく再現しており，海洋生態系を陽に表現したものは，さらに海面における二酸化炭素分圧やクロロフィルの季節変化の観測値もよく再現している(IPCC, 2001)．しかしながら，海洋表層-深層間の海水交換，特に，南極周極海において再現性がよくない．また，海洋深層循環にともなう北半球から南半球へ炭素輸送は，観測によって年間1 PgC程度見積もられているが，モデルではほとんど再現されていない．ただし，最近の観測結果はむしろモデルの結果に近く，観測についてもさらなる研究が必要である．また，炭酸カルシウムの生成過程や溶解過程は，モデルに充分に組み込まれていないことや，栄養塩の1つとしての鉄が充分に考慮されていないこと，窒素固定をするプランクトンの効果，窒素/炭素比が一定と仮定されているがそれが変動する場合の影響などの問題点が指摘されている(IPCC, 2001)．

海洋炭素循環モデルは，モデルによって計算された分布を観測から得られた，①人為起源二酸化炭素分布，②大気中で行なわれた核実験によって生成された放射性炭素の分布，③自然には元々存在していなかったCFCの分布と比較することにより，モデルの検証が行なわれるが，それぞれに一長一短がある．

1998年から13グループが参加してOCMIP(Ocean Carbon-cycle Model Intercomparison Project)が行なわれ，10グループの結果がIPCC(2001)に採用されている(図4-7-3)．この結果は，気候変動を考慮していないため，変動しない海洋循環による炭素輸送を取り扱っているため，時間的に滑らかな結果が得られている．OCMIPによる1980年代の海洋による人為起源二酸化炭素の吸収量は，年間−1.5〜−2.2 PgCと見積もられ，大気-海洋間ガス交換フラックスの観測や炭素同位体からの見積もりと矛盾しない(IPCC, 2001)．IS92aシナリオの下では，2100年には年間−6.7〜−4.5 PgCと見積もられている(図4-7-4A)．ここで，気候モデル(大気海洋結合モデル)の結果と組み合せて，地球温暖化による海洋循環の変動にともなう炭素輸送の変化を考慮した場合には，1990年から21世紀中ごろまでの間の吸収量は6〜21%減少することが見積もられている(図4-7-4B)．21世紀前半までは，温暖化にともない海面水温が上昇し二酸化炭素の溶解度が減少することにより，21世紀後半は海洋循環が変化し深層への炭素輸送量が減るためである(IPCC, 2001)．

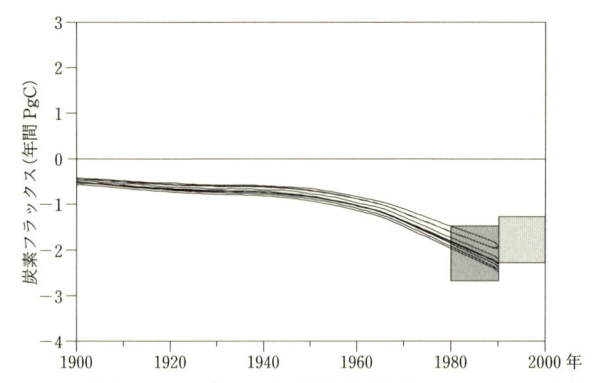

図4-7-3 OCMIPに参加した10グループの海洋炭素循環モデルによる大気-海洋間の炭素フラックス(IPCC, 2001を改変)。1980年代および1990年代の2つの網掛けの箱は，表4-1-1に示されている観測に基づいた見積もりを示す。単位は年間PgC

しかしながら，この計算においては，海洋炭素循環の鍵となるプロセスである海洋生態系の変化が考慮されていない。21世紀中ごろには深層からの栄養塩の供給が8〜25％減少し，pHが0.1〜0.3程度変化すること(海洋酸性化と呼ばれている)が予測されており，これによる海洋生態系の変化および海洋炭素循環へのフィードバックが現在調べられている。

4-7-3 炭素循環統合モデル

気候モデル(大気海洋結合大循環モデル)に陸上生態系モデルと海洋炭素循環モデルを組み合せて，植生や海洋による吸収量によって大気中二酸化炭素濃度が変動するようにした統合モデルが2000年代にはいって開発された(Friedlingstein et al., 2001；Cox et al., 2000)。これらの統合モデルは，地球システムモデル Earth System Model と呼ばれるようになってきている。これらを用いて，21世紀末の大気中二酸化炭素濃度は，地球温暖化による気候の変化によって土壌有機物の減少や熱帯雨林の消失が起こり，従来の気候モデルと生態系-炭素循環モデルを別々に計算した場合，すなわち気候と生態系との相互作用によって70 ppmまたは270 ppm上昇することが予測されている。

大気大循環モデルや海洋大循環モデルに相当する部分を簡単なボックスモデルやプロセスモデルで表現し，陸上植生から海洋炭素循環までのすべての

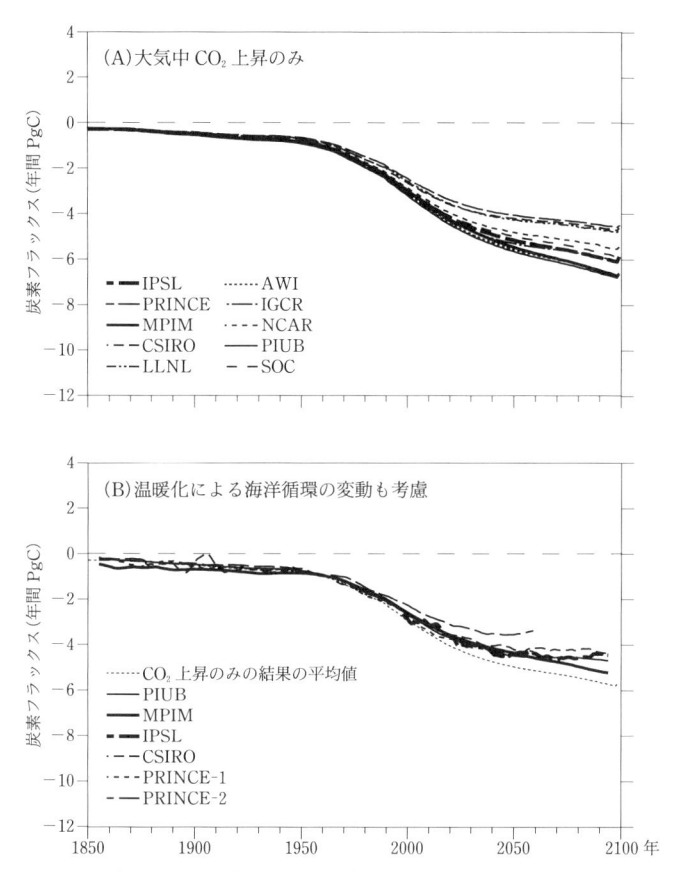

第4章　大気・海洋・陸面における二酸化炭素の存在量と相互間の交換　75

図4-7-4 (A)2100年までの大気中二酸化炭素濃度推移シナリオIS92aに基づいてOCMIPに参加した10グループの海洋炭素循環モデルによる見積もり(海洋循環は現在の気候状態)。(B)5グループによる地球温暖化にともなう海洋循環の変動も考慮した見積もり。単位は年間PgC。(A)(B)共にIPCC(2001)を改変

過程を組み込んだシンプルな2つのモデル，Bern-CC model(Joos et al., 1999)とISAM(Jain et al., 1995)がIPCC(2001)で紹介されている。これらのモデルを使って，IPCCのA2などのいくつかのシナリオにともなってどのように大気中二酸化炭素濃度が推移するか，あるいは，大気中二酸化炭素安定化シナリオにともなってどの程度人間活動によって二酸化炭素が排出できるかが調べられている。地球システムモデルがヨーロッパや日本，米国などで開発されつつあり，シンプルな統合モデルに置き変わって2013年ごろに発表さ

れるであろう IPCC 第五次報告では広く用いられるはずである。

[引用文献]

Aumont, O., Orr, J.C., Monfray, P., Ludwig, W., Amiotte-Suchet, P. and Probst, J.L. 2001. Riverine-driven interhemispheric transport of carbon. Global Biogeochem. Cycles, 15: 393-405.

Conway, T.J., Tans, P.P., Waterman, L.S., Thoning, K.W., Kitzis, D.R., Masarie, K.A. and Zhang, N. 1994. Evidence for interannual varibaility of the carbon cycle from the National Oceanic and Atmospheric Administration/Climate Monitoring and Diagnostics Laboratory global air sampling network. J. Geophys. Res., 99: 22831-22855.

Cox, P.M., Betts, R.A., Jones, C.D., Spall, S.A. and Totterdell, I.J. 2000. Acceleration of global warming due to carbon-cycle feedbacks in a coupled model. Nature, 408: 184-187.

Cramer, W., Bondeau, A., Woodward, F.I., Prentice, I.C., Betts, R.A., Brovkin, V., Cox, P.M., Fisher, V., Foley, J.A., Friend, A.D., Kucharik, C., Lomas, M.R., Ramankutty, N., Sitch, S., Smith, B., White, A. and Young-Molling, C. 2001. Global response of terrestrial ecosystem structure and function to CO_2 and climate change: Results from six dynamic global vegetation models. Global Change Biology, 7(4): 357-373.

Denning, A.S., Fung, I.Y. and Randall, D. 1995. Latitudinal gradient of atmospheric CO_2 due to seasonal exchange with land biota. Nature, 376: 240-243.

Dixon, R.K., Brown, S., Houghton, R.A., Solomon, A.M., Trexler, M.C. and Wisniewski, J. 1994. Carbon pools and flux of global forest ecosystems. Science, 263: 185-190.

Enting, I.G. and Mansbridge, J.V. 1991. Latitudinal distribution of sources and sinks of CO_2-results of an inversion study. Tellus B, 43: 156-170.

Feely, R.A., Wanninkhof, R., Goyet, C., Archer, D.E. and Takahashi, T. 1997. Variability of CO_2 distributions and sea-air fluxes in the central and eastern equatorial Pacific during the 1991-1994 El Niño. Deep Sea Res. II, 44: 1851-1867.

Friedlingstein, P., Bopp, L., Ciais, P., Dufresne, J.-L., Fairhead, L., LeTreut, H., Monfray, P. and Orr, J. 2001. Positive feedback between future climate change and the carbon cycle. Geophys. Res. Lett., 28: 1543-1546.

IPCC. 1990. Climate change: The IPPC scientific assessment. 365 pp. Cambridge University Press, Cambridge.

IPCC. 1996. Climate change 1995: The science of climate change. Contribution of Working Group I to the Second Assessment Report of the Intergovernmental Panel on Climate Change. 572 pp. Cambridge University Press, Cambridge.

IPCC. 2001. Climate change 2001: The scientific basis. Contribution of Working Group I to the Third Assessment Report of the Intergovernmental Panel on Climate Change. 881 pp. Cambridge University Press, Cambridge.

Jain, A.K., Kheshgi, H.S., Hoffert, M.I. and Wuebbles, D.J. 1995. Distribution of radiocarbon as a test of global carbon-cycle models. Global Biogeochemical Cycles, 9: 153-166.

Joos, F., Plattner, G.-K., Stocker, T.F., Marchal, O. and Schmittner, A. 1999. Global warming and marine carbon cycle feedbacks on future atmospheric CO_2. Science, 284: 464-467.

McGuire, A.D., Sitch, S., Clein, J.S., Dargaville, R., Esser, G., Foley, J., Heimann, M., Joos, F., Kaplan, J., Kicklighter, D.W., Meier, R.A., Melillo, J.M., Moore III, B., Prentice, I.C., Ramankutty, N., Reichenau, T., Schloss, A., Tian, H., Williams, L.J. and Wittenberg, U. 2001. 2001 Carbon balance of the terrestrial biosphere in the twentieth century: Analyses of CO_2 climate and land-use effects with four process-based ecosystem models. Global Biogeochem. Cycles, 15: 183-206.

Milliman, J.D. 1993. Production and accumulation of calciumcarbonate in the ocean-budget of a nonsteady state. Global Biogeochem. Cycles, 7: 927-957.

Valentini, R., Matteucci, G., Dolman, A.J., Schulze, E.D., Rebmann, C., Moors, E.J., Granier, A., Gross, P., Jensen, N.O., Pilegaard, K., Lindroth, A., Grelle, A., Bernhofer, C., Grunwald, T., Aubinet, M., Ceulemans, R., Kowalski, A.S., Vesala, T., Rannik, U., Berbigier, P., Loustau, D., Guomundsson, J., Thorgeirsson, H., Ibrom, A., Morgenstern, K., Clement, R., Moncrieff, J., Montagnani, L., Minerbi, S. and Jarvis, P.G. 2000. Respiration as the main determinant of carbon balance in European forests. Nature, 404: 861-865.

山中康裕．2005．炭素循環．気象ハンドブック(第3版)，pp. 670-701(44章)．講談社．

Yamanaka, Y. and Tajika, E. 1996. The role of the vertical fluxes of particulate organic matter and calcite in the oceanic carbon cycle: Studies using an ocean biogeochemical general circulation model. Global Biogeochem. Cycles, 10: 361-382.

Yang, X. and Wang, M.X. 2000. Monsoon ecosystems control on atmospheric CO_2 interannual variability: Inferred from a significant positive correlation between year-to-year changes in land precipitation and atmospheric CO_2 growth rate. Geophys. Res. Lett., 27: 1671-1674.

地球温暖化にともなう大気・海洋の応答と役割

第5章

北海道大学大学院環境科学院/池田元美・山崎孝治,
北海道大学低温科学研究所/グレーベ，ラルフ・ギュンター

5-1 大気の温暖化予測

本節と次節の記述はおもに IPCC 第三次報告書(IPCC, 2001)と 2006 年 8 月現在は準備中の第 4 次報告書に基づいている。

5-1-1 20 世紀の気候変動

20 世紀中に全球平均地上気温は 0.6±0.2℃上昇した(図5-1-1)。1901－2005 年の最近まで含めると，上昇トレンドは 0.65±0.2℃となり，最近の温

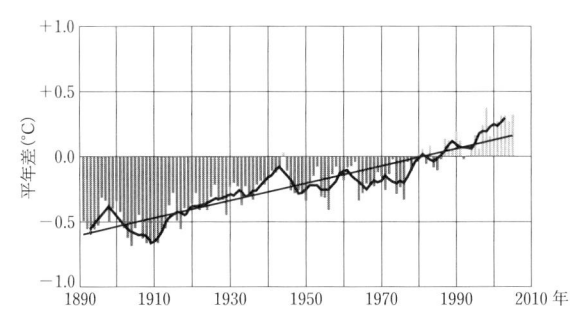

図 5-1-1 世界の年平均地上気温(陸上気温と海面水温の平均)の平年偏差(気象庁のホームページ http://www.jma.go.jp/jma/index.html)。平年値は 1971～2000 年の平均値。棒グラフは各年の偏差。太線は偏差の 5 年移動平均，細線は長期線形トレンド。

暖化トレンドが顕著である。観測記録がある19世紀後半以降，最も地球の気温が高かった年は20世紀最大のエルニーニョが起こった1998年であるが，それに次ぐ上位6位まではすべて2000年以降である。いかに近年の温暖化が顕著で安定していることがわかる。20世紀の温暖化は，前半(1910～1945年)と後半(1979年以降)に顕著であり，その間はやや寒冷化した。1979年以降の上昇率は0.17℃/10年である。

　日本においても，気象庁の観測データによると100年あたり約1℃の気温上昇がみられた(図5-1-2)。20世紀前半の温暖化は世界よりやや遅れて1940年代から1960年ごろにかけて起こり，その後，1980年代半ばまではやや低い状態であったが，1980年代半ば以降，急激に温暖化して暖かい状態が近年持続している。図5-1-2の日本の気象観測点には東京，札幌などの大都市は含まれていない。大都市では100年間で2～3℃の温暖化が起こっており，これはおもに都市化にともなうヒートアイランド現象のためである。

　全球降水量の長期トレンドをみると，世界全体や北半球での上昇傾向はそれほど顕著ではない(図5-1-3)。しかし，熱帯や南半球では増加している。一方，日本では，年平均降水量の上昇トレンドはみられず，むしろ弱いながら減少傾向にある(図5-1-4)。ただし，年々変動は増加傾向にある。

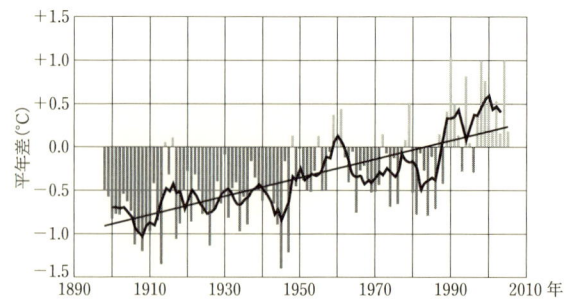

図5-1-2　日本の年平均地上気温の平年偏差(気象庁のホームページ http://www.jma.go.jp/jma/index.html)。観測点は都市化の影響の少ない17地点。平年値は1971～2000年の平均値。棒グラフは各年の偏差。太線は偏差の5年移動平均，細線は長期線形トレンド

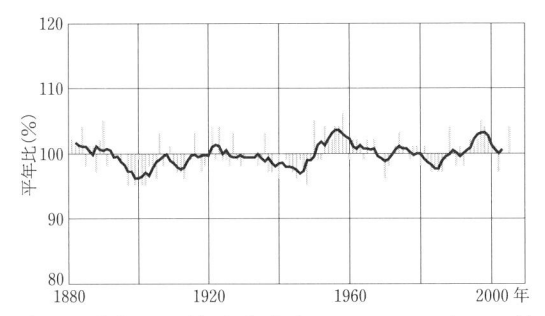

図 5-1-3 世界の年平均降水量の平年比(気象庁のホームページ http://www.jma.go.jp/jma/index.html)。棒グラフは各地点での年降水量の平年比を領域平均した値。太線は平年比の 5 年移動平均。平年値は 1971〜2000 年の 30 年平均値

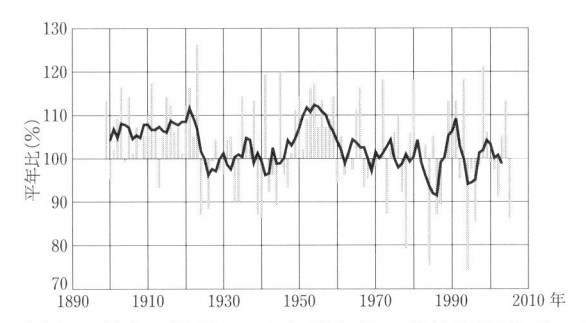

図 5-1-4 日本国内 51 地点で観測された年降水量の平年比(気象庁のホームページ http://www.jma.go.jp/jma/index.html)。棒グラフは各地点での年降水量の平年比を平均した値。太線は平年比の 5 年移動平均。平年値は 1971〜2000 年の 30 年平均値

5-1-2 20 世紀再現実験からわかること

　世界中の気象機関や研究機関で気候モデルによる温暖化予測が行なわれているが，予測が信頼できるかどうかは，20 世紀の気候変動を再現できるかどうかによって検証される。気候変動を引き起こす強制力としては二酸化炭素などの温室効果ガスの増加や硫酸エアロゾルの増加など人為的な強制と太陽活動の変化や火山活動など自然強制がある。これらのすべての強制を与えて気候モデルで 20 世紀の気候を再現することにより気候モデルの性能を検証できる。

　多くの気候モデルは 20 世紀再現実験によって 20 世紀の気候を再現するこ

とに成功している。では人為的強制と自然強制のどちらが20世紀の温暖化の原因なのだろうか。人為的強制だけまたは自然強制だけを与えて数値実験をすることで確かめられる。その結果，自然強制だけでは20世紀後半の温暖化は説明できないことがわかった。すなわち，20世紀後半の温暖化は人間が引き起こした結果であることがほぼ確実である。また，温室効果気体の増加のみだともっと温暖化したはずであるが，硫酸エアロゾルの増加による冷却効果によって温暖化がいくぶん相殺されたと考えられている。一方，20世紀前半の温暖化は人為的強制だけでは説明できず，自然強制が重要である。人為的影響に加えて，火山活動の静穏化，太陽活動の活発化が20世紀前半の温暖化を顕著なものにしたようである。

　温暖化を考える場合，注意すべき点がある。気候システムには内在する変動がある。これは外部条件が変化しなくとも気候システム内で自然に起こる変動である。エルニーニョはその典型的な例である。年平均全球平均気温といえども一定ではなく自然変動する。その意味で，今年の日本の夏が暑いからといって地球温暖化のためといったり，寒冬になったから地球温暖化は嘘であるというのは短絡的すぎる。しかし，20世紀再現実験からわかることは，最近30年ほどは，自然変動というノイズより大きな温室効果ガスによる温暖化シグナルがみられるということである。

　世界各国の気象機関や研究機関の19の気候モデルによる年率1％で二酸化炭素が増加する場合(CMIP実験)の温暖化予測をみると(図5-1-5)，全球年平均気温といえども年々変動が大きいことがわかる。またモデル間の差異も大きい。年率1％で増えると70年後に2倍になる。70年後を中心とした20年間(61〜80年後)の昇温量は1.1℃から3.1℃の範囲に散らばるが，平均は1.8℃である。変動しつつも長期的にみれば昇温しており，21世紀は，確実に20世紀より暖かくなるであろう。降水量に関しては，気温より変動が激しくモデル間の差異も大きい。二酸化炭素倍増時の20年平均では，標準に対して，−0.2から5.6％の範囲でモデル結果は散らばるが，ほとんどのモデルは増加を予想しており平均は2.5％の増加である。

　大気中の二酸化炭素の増大が止まり安定化しても，温暖化ペースは遅くなるが長期にわたりじわじわと地球は温暖化し続ける(図5-1-6)。海洋の熱慣

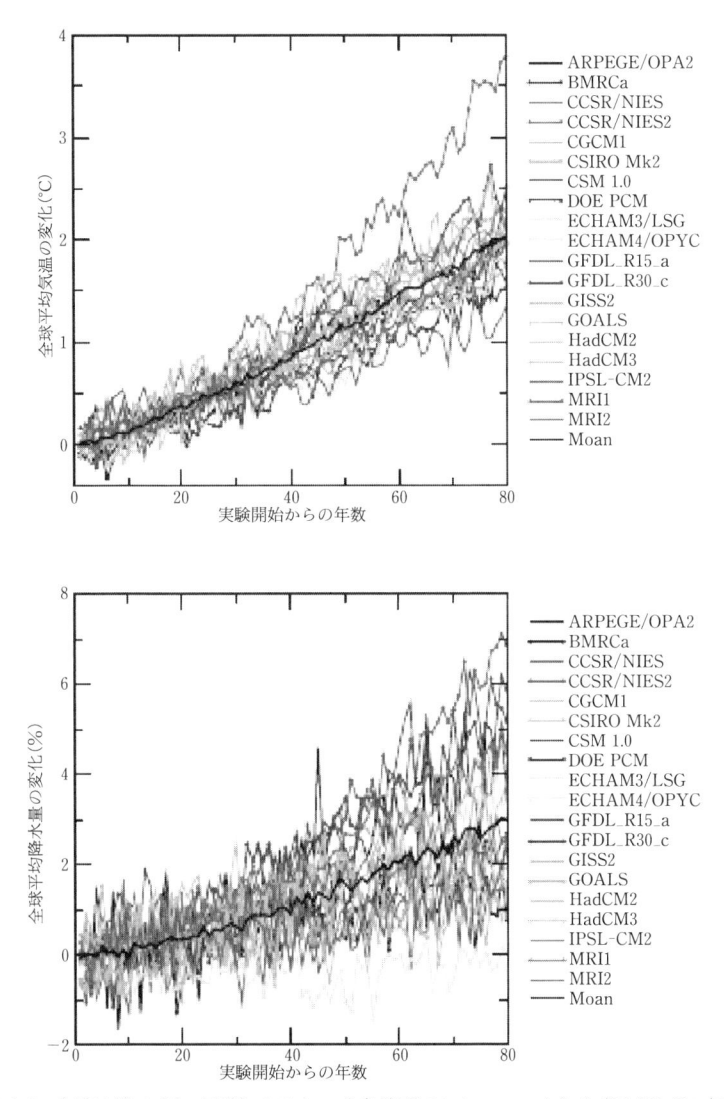

図5-1-5　年率1%でCO_2が増加するという条件下でシミュレートした(CMIPラン)19の気候モデルによる全球平均地表気温(上)と降水量(下)の予測(IPCC, 2001)

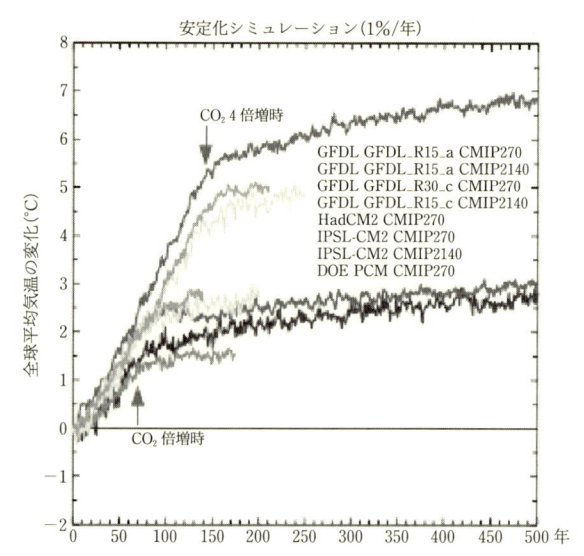

図 5-1-6 年率1%でCO_2を増加させ，2倍および4倍になった時点で安定化した場合の全球平均地表気温のシミュレーション（IPCC, 2001）。矢印が安定化時点（上向きは2倍で70年後，下向きは4倍で140年後）

性のためである．現在，人類は約8GT（ギガトン）のCO_2を排出しているが，将来，エネルギー消費がそのまま増えて，2100年には30GT近く放出するシナリオでも，逆に21世紀半ばからは放出量が減少に転じ2100年には5GTくらいに少なくなるシナリオでも，大気中のCO_2濃度は増加し続ける．したがって，他の要因がなければ，21世紀に温暖化は止まらないであろう．ただし，CO_2の排出を抑制することで温暖化のスピードを遅くすることは可能である．

5-1-3　温暖化の地域パターン

二酸化炭素などの温室効果気体は地表面から放射される赤外放射を吸収し下方に再放射することによって地表面（海面と陸地の両方を表わす言葉として使用する）を暖めている．したがって温室効果気体の増加による放射強制はほぼ全球一様に起こる．産業革命以降（1750年以降）現在までの温室効果気体の増加による放射強制は約2.5 W/m^{2}に相当する．太陽からの放射は地表面平

均で約 240 W/m² であるから，約 1%増加したわけである。内訳は二酸化炭素の寄与が最も多く 1.5 W/m² 程度である。

　一方，人類は工場や自動車から亜硫酸ガスなどを放出している。亜硫酸ガスは大気中で硫酸エアロゾルとなる。また，燃焼起源の煤などのエアロゾルも放出している。硫酸エアロゾルは負の放射強制をもち，煤は正の放射強制をもつが，トータルとしては負の放射強制をもち，大きさは－0.5 W/m² 程度と見積もられている。また，エアロゾルは雲の凝結核となり雲量増大・雲の持続時間増大を引き起こしその結果，負の放射強制を引き起こすと考えられているが，この雲の間接効果についてはまだ信頼度が低い。エアロゾルは短寿命であり，その影響は比較的ローカルであると考えられる。

　温室効果気体の影響がエアロゾルの影響より大きいために，全体として人為的影響による放射強制は全球ほぼ一様であるが，地表気温の応答は一様ではない。多数の気候モデルによる 21 世紀の後半の昇温量の平均の地理的分布を図 5-1-7 に示してある。図 5-1-7 の上と下の違いは気候モデルに与える大気中の CO_2 増加シナリオの違いであり，A2 の方が CO_2 増加が大きく，B2 は抑制的なシナリオである。両者は大きさは A2 の方が大きいがパターンはよく似ている。北半球高緯度で昇温が大きく，また陸地の方が海洋より昇温する傾向にある。よくみると北大西洋北部や南極海では昇温が小さい。

　気温の応答が一様ではない原因はいくつかあるが，まず，第一にアイス-アルベド・フィードバックが重要である。雪や海氷のアルベド（日射反射率）は雪のない地面や海氷のない海面に比べて格段に高い。海面は 10%以下，新雪は 90%程度である。そのため地表面が温暖化して雪や氷が解けると地表面アルベドが減少する。アルベドが減少すれば地表面での日射の吸収が増えて地表面温度がさらに上昇する。このようにアイス-アルベド・フィードバックによって温室効果ガスによる温暖化強制が増幅される。

　第二の要因は大気の成層効果である。冬季の高緯度では地表付近の方が気温が低い逆転層が発達する。赤外放射が上から暖めると地表面と逆転層内は暖まるが，その上空は暖まらない。大気の下層のみを暖めるので同じ放射強制でも気温変化は大きい。一方，熱帯では地表付近が温められれば対流雲により熱は上空まで運ばれる。そのため対流圏全体を暖めることになる。成層

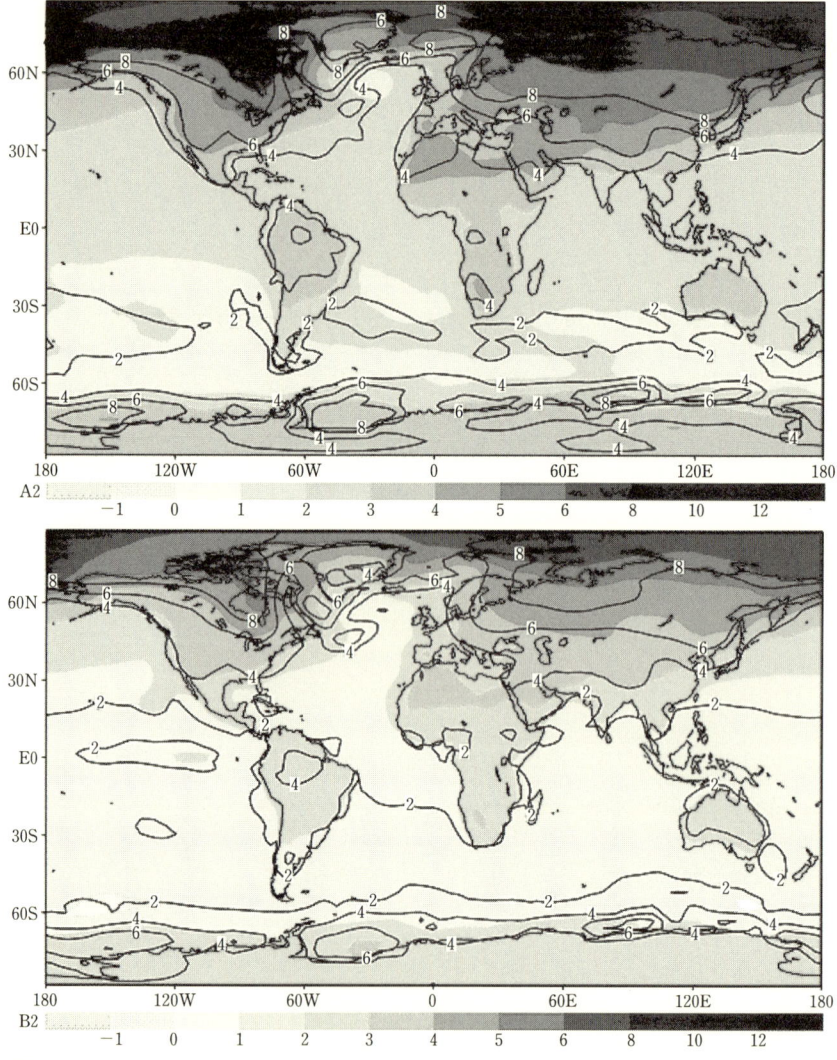

図 5-1-7 (上) A2 シナリオによる CO_2 増加を想定した多くの気候モデルによる年平均地表気温の昇温量。2071～2100 年の 30 年平均と 1961～1990 年の 30 年平均の差。(下) 上と同じで B2 シナリオによるもの。濃淡が平均昇温量(単位は°C), 等値線はばらつきの範囲(単位は°C)を示す(上下共に IPCC, 2001)。口絵 1 参照

効果によって冬季・高緯度の温暖化が大きくなる。また，成層効果は日変化にも影響を与える。夜間の方が日中よりも成層が安定であるため，夜間の方が地表気温の上昇が大きい。そのため，夜間最低気温の上昇が日中最高気温の上昇を上回り，気温の日較差が縮小する傾向が起こると予測されている。これまでの観測データでも夜間最低気温(特に冬季)の上昇が顕著で日較差は縮小している。

　第三は海陸の熱容量の違いである。大陸は海に比べて暖まりやすく冷めやすい。温室効果ガスが徐々に増えていく状況下では大陸の方が早く暖まる。海洋の表層100 mほどの混合層ではよくかき混ぜられており，放射強制により混合層全体を暖めねばならない。北大西洋熱塩循環の沈み込みが起こっている北大西洋北部では海底まで対流が起こっており放射強制による温暖化はきわめて起こりにくい。さらに，温暖化すると北大西洋熱塩循環が弱くなると多くのモデルが予想しており，海洋循環によって運ばれる熱輸送が減少する。それが極端になり熱塩循環が停止すれば，映画"Day after Tommorrow"のように氷河期になるかもしれない。しかし幸いなことに，ほとんどの気候モデルによる温暖化予測は熱塩循環の弱化を示しているものの，極端な寒冷化は予測していない。しかし，北大西洋の温暖化は他の領域に比べると弱いのは多くのモデル結果で共通している。また，同様な沈み込み帯である南極海でも温暖化の程度は小さい。

　おおまかには上記のことから北半球高緯度で温暖化が顕著であるなどの温暖化予測にみられる温暖化の地域的な差異(図5-1-7)は理解できる。図5-1-8は温暖化した時の東西平均した昇温量の緯度・高度分布であるが，対流圏は全体に温暖化するが高緯度，特に北半球の地表付近で昇温が大きいことがわかる。熱帯の対流圏上層で昇温が大きい。これは対流活動によって熱が上層に運ばれるためであり，このため熱帯では成層は安定化する。さらに成層圏では寒冷化するが，これについては後ほど述べる。

5-1-4　水循環の予測

　降水量の予測は気温の予測に比べてはるかに難しい。降水現象は局地性が強く，また気候モデルは水平分解能が現実の降水を引き起こす対流雲を分解

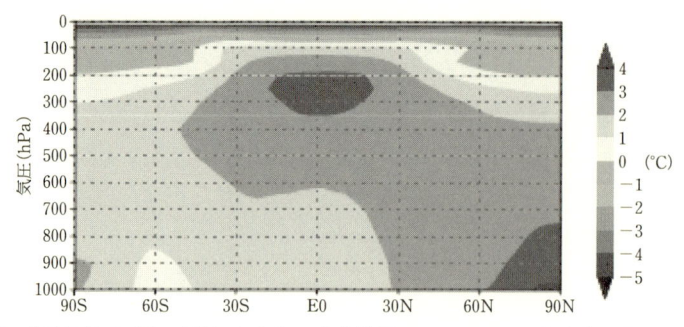

図 5-1-8　年率 1% で CO_2 が増加するという条件下でシミュレートした(CMIP ラン)多数の気候モデルによる CO_2 倍増時の東西平均・年平均気温の昇温量の緯度・高度分布 (IPCC, 2001)。口絵 2 参照

できるほど細かくないためである。しかし，大気中に含まれる水蒸気量は気温と共に指数関数的に増大する。したがって温暖化すると大気中の水蒸気量は増大すると予測される。そのため雨をもたらす擾乱が変わらなければ降水量は増大する。気候モデルによる温暖化予測によると，熱帯域の多雨地帯では降水量が増加する。特に熱帯北太平洋の熱帯収束帯(ITCZ)での降水量増加は顕著である。また，南北両半球の高緯度でも降水量が増加する。前述の気温効果が顕著なためと思われる。一方，亜熱帯から中緯度では地域によって増大するところと減少するところがある。もともと雨量の少ない亜熱帯高圧帯下の地域では一般に降水は減少する。地中海〜中央アジアや中南米・アメリカ中南部などである。夏のアジアモンスーン域では増大する傾向が予測されている。特に，華中から日本にかけて梅雨期の降水量は増大すると予測されている。おおまかにいうと，雨がよく降る地域ではより降水量が増し，降らないところでは降らなくなる傾向にあるということである。また，年平均降水量が増大しない地域であっても，豪雨は増大する傾向にある。これは，大雨が降る時は温度効果によって日降水量が大きくなるということである (Emori and Brown, 2005)。一方，年平均降水量は増大しないので，降水頻度は減少し無降水日が長くなる。このことは洪水と干ばつと両方の危険性が増大するといえよう。

　温暖化すると蒸発量も増大する。地表面での正味の水のインプットは「降

水量-蒸発量」の正味降水量であり，これが河川・地下水の流量を支配する。水資源問題としては正味降水量が問題となる。温暖化予測によると正味降水量の減少域は降水量の減少域より広く，中南部ヨーロッパ〜中央アジアの地域や米国中南部では干ばつの頻発が予測されている。農業用灌漑のため水資源の不足となっている地域(たとえば，アラル海が干上がりつつある中央アジアや農業に多量の地下水を使用してる米国中南部)では水資源問題がより深刻になる可能性が高い。5-2-4項で20世紀後半に深刻な干ばつに襲われたサヘルについて述べる。

5-1-5 成層圏の寒冷化

地上から高度が上がると共に一般には気温は減少するが，ある高度から上で減少は緩やかになりやがて上昇に転ずる。その高度を対流圏界面と呼ぶ。対流圏界面の高度は熱帯では約 16 km，中高緯度では 8〜10 km である。さらに上にいくと 50 km 付近に気温の極大がある。対流圏界面から 50 km 付近の気温の極大高度までの領域を成層圏という。成層圏では紫外線によってオゾン(O_3)がつくられている。オゾンは酸素分子(O_2)が短波長の紫外線によって解離され酸素原子(O)ができ，それと O_2 が反応してできる。またオゾンは紫外線を吸収して大気は加熱される。そのため暖かい成層圏ができている。

成層圏では，おもにオゾンによる紫外線吸収による加熱と二酸化炭素などの温室効果ガスによる赤外線の放射による冷却がバランスしている。成層圏大気は地表面や対流圏からの赤外放射を一部吸収する一方，吸収率と同じ射出率で上下に放射している。その結果，正味では赤外放射で冷却している。対流圏大気でも事情は同じで大気は赤外放射で冷却しているのであるが，二酸化炭素の増加は地表面を暖め，地表面からの乱流熱輸送と対流による凝結加熱によって対流圏は暖まるのである。成層圏は対流が届かないため，おおむね，放射バランスの状態にある。

成層圏では二酸化炭素が増加すると赤外冷却効果が強まり寒冷化する。また，オゾンが減少すれば，紫外線加熱が減少するので寒冷化する。二酸化炭素など温室効果気体は増加し，オゾンは減少しているので，成層圏は寒冷化

しているはずであり，現実に1970年代以降，約1°C寒冷化しており，地表気温や対流圏の温暖化より顕著である．フロンの規制で成層圏のオゾン層は今後徐々に回復していくと予測されているが温室効果ガスは増大し続けるので成層圏の寒冷化は今後も進行すると予測される(図5-1-8)．また，対流圏は温暖化し成層圏は寒冷化するので対流圏界面高度は上昇している．

5-2　地球温暖化と自然変動・異常気象

5-2-1　極端な現象・異常気象

　天気は日々変動し，年々にも変動する．平均気温はあくまで長年の平均であり，日々の気温は平均気温を中心とした分布をする．平均気温が上昇し，変動幅が変わらなければ，これまでに経験したことのないような熱波の頻度は増え，寒波の頻度は減少する．変動幅も増大すれば，寒波の頻度はそれほど減少しないが，熱波の頻度は極端に増える．気温の変動度が増加するかどうかは不確実であるが，温暖化すれば熱波の頻度と強度が増大する可能性はきわめて高い．特に，大都市ではヒートアイランド現象とあいまって熱波に対する警戒が必要である．

　降水量に関しては温暖化すると前述のように世界全体としては増大するが地域によっては減少するところもある．一方，温暖化すると降水量の変動性は増加する傾向であり，極端な豪雨や干ばつの頻度が増加すると予測されている．注意すべきことは，多くの気候モデルの予測によると，温暖化するとほとんどの地域で豪雨(極端な短時間降水量)が増加することである．年平均降水量が減少する地域においても豪雨は増加する地域が多い．日本においても20世紀中に年平均降水量は僅かに減少しているが(図5-1-4)，豪雨は増加している．梅雨をよく再現するためには高分解能のモデルが必要であるが，地球シミュレータを使い高分解能気候モデルで温暖化実験を行なった結果，梅雨期には日本の南の北太平洋高気圧と北のオホーツク海高気圧が両方共強まり，梅雨前線が活発になるとの予測が得られている(Kimoto, 2005)．また，温暖化予測実験の結果を境界条件にして非常に細かい分解能の領域非静力学モデルで東アジア域のシミュレーションを行ない，特に西日本の梅雨期の降水

量が増加するという予測結果もある(Yoshizaki et al., 2005)。これらの結果から，梅雨期の降水量は増加し豪雨が起こりやすくなると予想されるので警戒が必要であろう。

5-2-2 台　風

　台風は最大風速が 17 m/s(34 ノット：1 ノットは 0.5144 m/s)以上の西部北太平洋域(100〜180°E)の熱帯低気圧の名称である。東部北太平洋や北大西洋では同様の強度の熱帯低気圧をトロピカルサイクロンと呼び，最大風速 33 m/s(64 ノット)以上のものをハリケーンと呼ぶ。ここではそれらの熱帯低気圧を総称して台風と呼ぶことにする。台風は一様な暖かい海洋大気上で積雲対流による水蒸気の凝結熱をエンジンとして発達する低気圧であり前線をもたず温帯低気圧とはその構造と成因で区別される。台風は海面水温が 26°C 以上の海洋上で発生・発達し，水平スケールは温帯低気圧より小さい。

　温暖化にともなって台風はどうなるであろうか。台風を熱機関とみた理論によれば台風の可能な最大風速の 2 乗(エネルギー)は海面温度(高温熱源)と台風の上端の温度(低温熱源)の差に比例する(Emanuel, 1999)。このような考えによれば，温暖化にともない海面水温が上昇すれば，台風の可能な最大風速は増加すると考えられる。

　一方，気候モデルで熱帯低気圧を精度よく表現するには高分解能モデルが必要である。そのような高分解能モデルの予測によれば，台風の頻度の増加は予測されていないが，台風の強度は増加すると予測する結果が多い。最大風速で 5〜10%，降水強度で 20〜30% の増加が予測されている。

　最近の台風の頻度や強度の解析によれば，数・頻度は増加していないが，最近 30 年では熱帯の海面水温の上昇と歩調を合わせて，全球の台風の総エネルギーや極端に強い台風の数は増加している(Emanuel, 2005; Webster et al., 2005)。これは台風に関しても温暖化の影響が現われ始めたと考えることができる。このように温暖化すると台風は強まる可能性が高く，今まで経験したことのないような豪雨・強風が起こる可能性が高いので，温暖化を考慮した防災対策が望まれる。

5-2-3 気候変動パターンと温暖化
(1) エルニーニョ

エルニーニョEl Niño は中東部赤道太平洋の海面水温が上昇する現象で数年に一度程度の頻度で起こる。エルニーニョが起こると，通常西部熱帯太平洋域にある活発な対流活動域は東へと移動する。熱帯太平洋域の低気圧中心も東へ移り貿易風は弱まる。熱帯太平洋大気の東西気圧変動を南方振動 Southern Oscillation というが，この南方振動とエルニーニョは1つの現象の2つの側面であり，合わせて ENSO と呼ぶ。エルニーニョと逆に西部赤道太平洋域で海面水温が高く，対流活動が活発で太平洋域の貿易風も強い状態をラニーニャという。ENSO という言葉を使う場合は，エルニーニョは ENSO の暖かい位相，ラニーニャは冷たい位相に対応する。

さて，ENSO は大気海洋相互作用によって起こる気候システムに内在的な変動であるが，温暖化した世界ではどうなるであろうか。多くのモデルは平均場としてはエルニーニョ的になると予想されているが，それほど確かではない。しかし，20 世紀後半には赤道東部の海洋熱容量が増大しエルニーニョ的特徴がみられている。また ENSO の振幅に関しても強くなるか弱くなるかに関するコンセンサスは得られていない。

(2) テレコネクション

大気循環の内部変動にはある地点の気圧偏差が正であると別の地点の気圧偏差が負になるような変動がある。これをテレコネクションといい，多くのテレコネクションパターンが知られている(Wallace and Gutzler, 1981)。テレコネクションは気圧場のシーソーのような変動である。シーソーの片方が上がると，もう一方は下がる。右側が上がった状態と下がった状態のどちらもほぼ安定である。これをレジームということもある。レジームまたはテレコネクションは，多くの場合，平均場と移動性低気圧など擾乱の正の相互作用によって形成されている。

気候システムの内部変動としてレジームが存在する気候システムに温暖化という外力が働くとどうなるであろうか。レジームが現われる簡単な非線形気候システムを考えると，外力がそれほど強くなければ，レジームのパターンは変化せず，各々のレジームに存在する頻度が変わる(Palmer, 1999)。シー

ソーは大気内部力学によって自動的に変動しているのであるが，そのシーソーの片方に弱い力を加えれば，そちらが下がることが多くなるというわけである。このような観点から温暖化するとテレコネクションはどうなるかに興味がもたれている。

(3) 太平洋・北米(PNA)パターン

太平洋・北米 Pacific/North America(PNA)パターンは，北太平洋のアリューシャン低気圧が深い時，北米・カナダで気圧偏差が正となり，アメリカ東岸沖で負となるパターンである。大気内部変動であるが，ENSOの影響を強く受け，エルニーニョの時にアリューシャン低気圧が発達しやすい (PNAが正)。これはエルニーニョの時に赤道太平洋中東部で対流活動が活発となり，それにより太平洋の亜熱帯上層の高気圧が強まり，そこからロスビー波が伝播していくと考えられている。温暖化するとアリューシャン低気圧が強まる位相になると予測されており，近年もその傾向があるが，長周期変動もあるので確定的なことはいえない。

(4) 北大西洋振動

北大西洋振動 North Atlantic Oscillation(NAO)は北大西洋のアイスランド低気圧と亜熱帯北大西洋のアゾレス高気圧との間のシーソー的変動である(たとえば，Hurrell et al., 2003)。アイスランド低気圧が深くアゾレス高気圧が強い時をNAOが正の状態といい，逆を負の状態という。両活動中心のシーソー的変動が卓越している。NAOは冬から春に特に卓越する変動である。NAOが正の時は気圧傾度から容易に想像できるように西風が強まり，大西洋からの暖かい西風が強まるため北欧を中心にヨーロッパでは暖かくなる。NAOは最近30年ほど正のトレンドがあり，その原因については，北大西洋における長周期変動とかインド洋の温暖化トレンドなど諸説ある。温暖化すると正のトレンドになるシミュレーション結果が多い。

5-2-4 サヘルの干ばつ

1970年代から1980年代にかけてアフリカのサヘル地方は深刻な干ばつに襲われた。サヘルとはサハラ砂漠と熱帯雨林帯の間，10〜20°Nに広がる半乾燥地帯である。長引く干ばつの原因として当初，ヒツジやヤギの過放牧が

考えられた。過放牧によって草がなくなってしまうと，高いアルベド(日射の反射率)と植物からの蒸散の減少により，降水量が減少すると考えられた。干ばつは人為的な原因によるものだという説である。

ここで砂漠のアルベド効果について説明しておこう。サハラ砂漠は降水量がごく少ないので植生がほとんどない。そのため，地表面のアルベドは高い。砂漠や砂浜は草地や森より明るいことから実感できるであろう。日射の反射率が高いことに加え，水蒸気が少なく，地表面からの赤外放射はほとんど宇宙空間へ向かって逃げてしまう。したがって，日射(太陽放射)と赤外放射(地球放射)を合わせた正味の放射バランスでサハラ砂漠域は負になっている。つまり冷源になっている。暑い砂漠というイメージからは意外かもしれない。サハラ砂漠は放射的には冷源になっているので下降流が卓越する。下降流によって大気は暖められてバランスをとっている。砂漠の高いアルベドが乾燥を強めている。ここで，もし，サハラの南のサヘルでアルベドが高くなれば，より下降流が強くなり降水量が減るのではないかと推測される。サヘル域でアルベドを変えた実験をしてみると確かに降水量が減る(Charney, 1975)ので，サヘルの干ばつの過放牧原因説は有力となった。

一方，アフリカの赤道域には対流活動の活発な熱帯収束帯ITCZがある。熱帯収束帯では上昇し，その北側では下降する。このようにしてつくられた亜熱帯高圧帯にサハラ砂漠は位置している。ITCZは夏には北半球側へ冬には南半球側へ太陽にしたがって移動する。サヘルではITCZが北上した夏が雨季である。ITCZの南北変位は大西洋やインド洋の海面水温の変動に影響を受ける。赤道より南で海面水温が平年より高く，北側で低ければ(大西洋ではこのような赤道反対称タイプの変動が卓越することは知られている)，ITCZの北上は阻害され，サヘルで干ばつをもたらすのではないかと考えられる。実際，サヘルの干ばつと大西洋の海面水温との間にはよい相関がある。また海面水温を与えた大気大循環モデルによる数値実験でも肯定的な結果が得られる。海面水温変動は大気-海洋結合システムによって起こる内部変動である。これが海面水温原因説である(Folland et al., 1986)。いわば自然変動説である。

最近の20世紀再現実験の成果によれば，人為強制によってサヘルの干ばつがおおむね再現されている(Biasutti and Giannini, 2006)。使われた気候モデ

ルには植物の年々変動プロセスは含まれておらず過放牧を与えているわけではない．すなわち，過放牧以外の人為的強制によって，サヘルの干ばつは増大している．人為的強制の内，硫酸エアロゾルは冷却効果をもち北半球で大きい．そのため，硫酸エアロゾルは効果的に赤道反対称な大西洋の海面水温偏差をつくる．一方，将来の温暖化実験でもサヘルの干ばつは激化するという研究もある(Held et al., 2005)．温室効果ガスと硫酸エアロゾルの両方とも海面水温変動を強制し，サヘルの干ばつトレンドを引き起こす．ただし，観測された変動はモデルのアンサンブル平均(これが強制による応答を表わす)よりは大きい．したがって，自然変動と人為的強制が重なっていると考えられる．この考えでは，1980年代のような干ばつの激化，その後の回復は自然変動であるが，20世紀後半の干ばつの長期トレンドは人為的に引き起こされたものである．ただし，30年前に唱えられたように過放牧というローカルな影響よりは，工場や自動車からの亜硫酸ガスの排出や二酸化炭素の放出などのグローバルな人為的影響が大きいということである．

5-3　極域圏の気候変動

　極域は温暖化の影響が最も顕著に現われる地域であり，特に北極域はそうである．北半球の山岳氷河やグリーンランド氷床は，融解・流出の増加が降雪の増加を上回りその質量が減少すると予想されている．また，北半球の海氷・積雪面積は既に減少を始めているが21世紀にはさらに減少し続けると予測されている．
　極域の気候変動を考える場合にはCO_2増加による温暖化に加えてオゾン層破壊の影響も大きい．特に，南極の春季(10〜11月)にはオゾンホールが顕著に現われており，回復は21世紀半ばになると予測されている．下部成層圏のオゾン変動は対流圏にも影響を及ぼすことが最近明らかになってきた．対流圏から成層圏まで背の高い構造をもった北極振動・南極振動を通して，成層圏変動が対流圏へ影響を及ぼすと考えられる．そこで，北極域での卓越変動パターンである北極振動について詳しく述べる．

北 極 振 動

北半球冬季の月平均海面気圧偏差(偏差とは気候値からのずれ)の最も卓越するパターンを主成分分析で統計的に調べてみると，北極域で負偏差の時，中緯度で正偏差となる変動モードが最も卓越するパターンとなる(Thompson and Wallace, 1998)。因に，二番目に卓越するパターンは「太平洋・北米(PNA)パターン」(5-2-3節参照)である。最も卓越する北極域と中緯度域のシーソー的変動を「北極振動 Arctic Oscillation(AO)」という。各年各月の実際の気圧偏差と北極振動パターンとの類似度を表わす指標が北極振動指数 AO index である。慣習上，北極の気圧偏差が負で中緯度が正の場合を指数が正とする。規格化した北極振動指数が1の時の海面気圧偏差パターン(図5-3-1)をみる

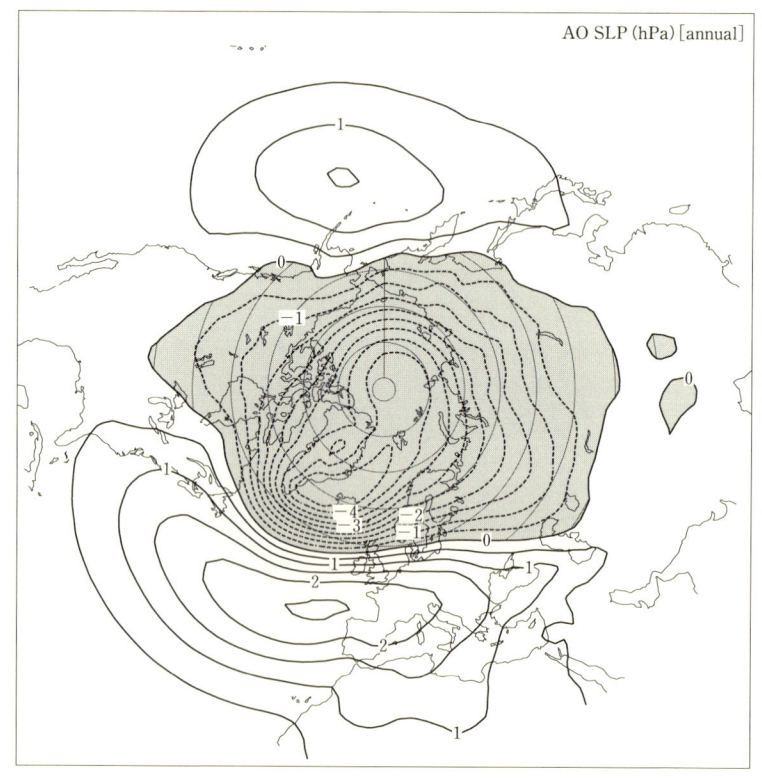

図5-3-1 北極振動にともなう海面気圧偏差(山崎，2004)。等値線間隔は0.5 hPa。負の領域に陰影

と北極域で負偏差，中緯度で正偏差であるが，特に北大西洋域で偏差が大きい。冬のアイスランド付近にはアイスランド低気圧が北大西洋中部のアゾレス諸島付近にはアゾレス高気圧が気候学的に存在する。北極振動にともない両者が共に強まったり弱まったりする。この大西洋域の変動は「北大西洋振動(NAO)」(5-2-3項参照)と呼ばれ欧米では古くから注目されていた。北極振動というネーミングは北大西洋振動を意識したものであろう。北極振動は大西洋だけでなく太平洋にも正偏差があり，これはアリューシャン低気圧の強さの変動を示している。また負偏差はアイスランド域だけでなく北極域全体に広がっている。北極振動は北大西洋振動をその一部に含む半球規模の変動である。

　北極振動は全体的にみると北極で負，中緯度で正であり環状のパターンである。それゆえ「北半球環状モード Northern Hemisphere Annular Mode (NAM)」とも呼ばれ，この名前の方が実態をより正確に表わしている。「振動」というと特定の周期があるようなイメージであるが，北極振動は特定の周期はなく2週間程度の持続性があるだけである。ただし，一冬平均として正の年も負の年もある。また，「環状」と訳した英語はannularでありこの言葉には円筒状という意味がある。実際，北極振動は成層圏まで同じ符号の偏差をともない円筒状の偏差パターンである。さらに南半球にも同様なモードが存在し，「南半球環状モード Southern Hemisphere Annular Mode(SAM)」または「南極振動 Antarctic Oscillation(AAO)」と呼ばれる。南半球環状モードの方がより環状度が強い。これは海陸分布や大規模山岳分布が南半球ではより環状であるためである。ここでは一般によく知られている「北極振動」ということにするが，特定の周期をもつ振動ではないことに注意していただきたい。

　北極振動指数の最近30年の時系列には，10年程度の変動に重なって増加する傾向がみられる(図5-3-2)。NAO index も同様である。近年の北半球冬季の地表気温の温暖化傾向の半分は北極振動で説明できる。北極海の海氷面積の長期変動や減少トレンドも冬のAO/NAOの変動とよい関係がある(Rigor et al., 2002)。AO index が正の時は北極域の低気圧性循環が強化されて，北極域の海氷は北極海から流出し海氷面積の減少をもたらす。ただし，最近

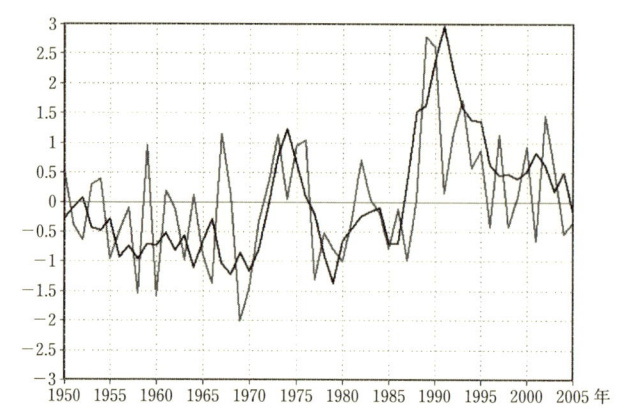

図 5-3-2 米国 NOAA/CPC(気候予測センター)による冬季(1, 2, 3 月平均)の北極振動指数(http://www.cdc.noaa.gov/ClimateIndices/)。1950〜2000 年の平均値からの偏差を規格化。濃い比較的滑らかな線は 5 年移動平均

10 年は AO index は減少傾向にあるが北極海の海氷面積は減少し続けており，大気循環の変動だけでは説明できず気温の上昇による融解が重要であると考えられている。

最近の AO/NAO index の増加傾向自身は CO_2 など温室効果気体の増加によるもの(いわゆる地球温暖化)であろうか，それとも単なる自然変動なのだろうか。気候モデルによる CO_2 増加実験によると北極振動は正になるという結果が得られており，前者の可能性が高い。すなわち，CO_2 の増加によって北極振動が正になりユーラシア大陸を中心に温暖化が大きくなっていると考えられている。その際，成層圏を充分表現したモデルでは CO_2 増大にともない北極振動が正に変化するが，成層圏の表現が不充分なモデルでは変化しないという結果(Shindell et al., 1999)が報告されている。

一方，熱帯の海面水温，特に太平洋・インド洋での上昇が NAO の正のトレンドをもたらしたという研究もあり，なぜ北極振動が正のトレンドをもつか，そのメカニズムについては，まだ決着がついていない。

北極振動に関する最初の論文がでたころは 1960 年代以降，北極振動に正のトレンドがみられたが，図 5-3-2 の最近の AO インデックスをみると正のトレンドは小休止し，かえって減少しているようにみえる。2005 年 12 月

〜2006年1月初旬には北極振動指数が大きな負となり，日本では寒冬・豪雪となったことは記憶に新しい．今後どうなるか注目に値する．

また，南極振動も正のトレンドをもっているが，これは温暖化の影響以上にオゾンホールの影響が大きい．

5-4　地球温暖化と極域海洋海氷の役割

我々は，二酸化炭素の増加にともなう地球温暖化がどのようになるか，その将来予測をしたい．北極・南極には雪氷があるため，温暖化の顕著な影響を示すであろう．あるいは極域が地球全体の気候を支配している可能性もある．将来予測のためには，地球をコンピュータの上でモデル化することに加えて，過去の変動をみることも役に立つはずだ．

まず北極圏が温暖化に働く仕組みをみよう．雪氷が減少すると地表面は太陽放射を吸収し，さらに温暖化することは，正のフィードバックとしてよく知られている．北極海にはシベリアの大河を通じて淡水が流れ込む．北極海からグリーンランド海に流出する海氷と海面近くの低塩分水が，大西洋に淡水を運ぶ．この量が増えると北大西洋深層水の形成量が減り，地球規模の海洋循環である全球コンベヤベルトが弱まる．氷期には北米大陸に巨大な氷床が発達し，シベリアの降水も減少して大河は今よりずっと弱かったが，これからの温暖化ではそれほどの変化はないだろう．南極大陸の氷床が解けると海水準は数十m上昇するが，これから数百年の温暖化ではそのようなことは起きず，おもな変化は南極底層水の形成量が減少することだろう．それ以外にも大気循環が変わることや，極域では雲の増加が温暖化に働く効果もあり，現実に起きているいろいろな現象を予測モデルに取り込まなければ正確な将来予測はできない．

5-4-1　氷期間氷期変動

10万年程度の周期で考えると，現在は暖かい間氷期である．全世界の海洋循環を決めているのは，グリーンランド海で沈み込む北大西洋深層水NADWだ．この水塊は海洋表層が大気で冷やされ，海氷生成にともなう塩

分排出の効果も加えて密度を増し，海底に沈む。そこから大西洋を南に流れ，南大洋を東に進んでから，太平洋で北に向かう。北太平洋亜寒帯域で湧き上がると，表層をインドネシア諸島の間からインド洋，大西洋へと戻っていく。これは全球コンベヤベルトと呼ばれており，一巡するのに2000年もかかる(Broecker et al., 1985)。南極大陸周辺ではNADWより高い密度をもつ底層水ができる。これは大量に存在するが，単位時間あたりの形成量は少ない。

はじめにでも述べたように，北極海へはシベリアと北米の河川から淡水が流入しており，それはグリーンランド海に流れ出す。その増加は表層水を軽くし，全球コンベヤベルトを弱める役割をもっている。最終氷期に蓄積した大量の氷床が，その直後，約1万5000年前の新ドリアスの期間に融解し，北大西洋に流入して，コンベヤベルトを停止させた。同様な停止が，温暖化によって起こるだろうか。

氷期にどうなっていたのか，現在と比べよう。氷期，新ドリアス期，間氷期における，北極海と北大西洋の海洋循環の模式図を図5-4-1に示す。高緯度海域が海氷で覆われていたので降水量が少なく，北極海へ流入する河川流量も少なかった。コンベヤベルトは現在と同様に回っていたが，主要な深層

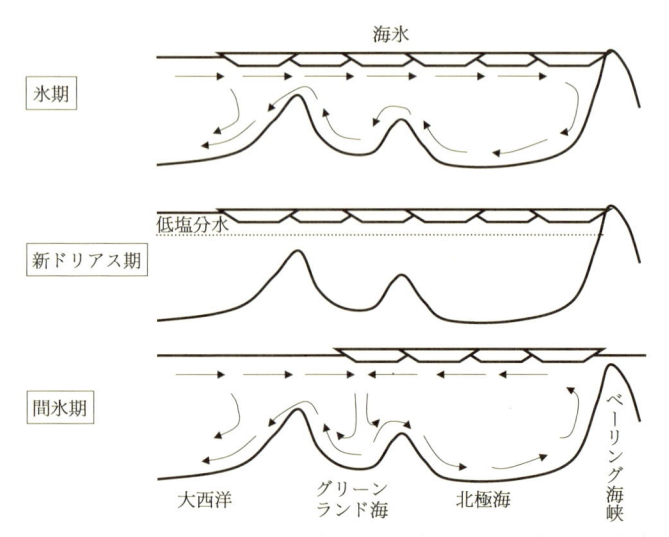

図5-4-1 氷期，新ドリアス期，間氷期の北極海と大西洋の熱塩循環概念図

水は現在よりも低緯度で形成されていた。大西洋から北極海へ氷点まで冷やされた海水が流入し，そこでさらに海氷ができる。そのため海水の塩分が高まり，海氷の一部はグリーンランド海に流出する。その量は北極海への淡水供給量を上回っただろう。そのため大西洋からの流入水よりも高塩分となった海水が，海底近くを通って大西洋に帰っていく。海水による塩分フラックスの点からみると，北極海が北大西洋にもつ役割は現在と逆になっていた。

5-4-2　20世紀からの変動

　最近30年は地球全体の平均気温が上昇している。北極海では特に夏季の海氷面積が減少し，日本の面積の3倍もの海面が露出してしまった。一方，南極周辺の海氷はほとんど減っていない。しかし，これらが人為起源の温暖化を示しているかどうか，説は定まっていない。全球コンベヤベルトの駆動力となるグリーンランド海におけるNADW形成量は，1970年ごろから減少しており，それは現在まで続いている(Schlosser et al., 1991)。

　北極域の大気循環場は，ボーフォート海上空に高気圧がある地表面近くを除くと，極渦と呼ばれる反時計回り循環，すなわち西風が吹いている。変動場は北極振動と名づけられ，極渦が10年程度の周期で強度を変動させている。時間変動を主成分分析EOFし，第一成分の時間変動を図5-4-2に示す。3年の移動平均をかけると，残った変動には10年周期がめだつ。

　北極海の海氷は1年中存在し，冬季はほぼ完全に海氷に覆われる。しかし夏季は部分的に海氷が解ける。20世紀初頭は沿岸から海氷分布を観測し，20世紀中期には航空機が使われるようになった。衛星観測データを利用している1970年以降は，高い精度で北極海の海氷分布がわかっている。

　Wang and Ikeda(2000)は解析された海氷面積から海域毎に時系列をとり，大気変動と比較した。図5-4-2に示したボーフォート・チャクチ海，シベリア・ラプテフ海，カラ・バレンツ海の3海域における冬と夏の海氷面積をみてみると，海氷分布の時系列は10年程度の周期の変動をもち，特に70年以降は顕著である。さらに長期の変動に関しては，60年代に寒冷な時期があり，40年代は温暖だった。この気温変動が海氷の多寡と連動している。10年周期変動については，極渦が強い正の北極振動を基準にすると，海氷寡少

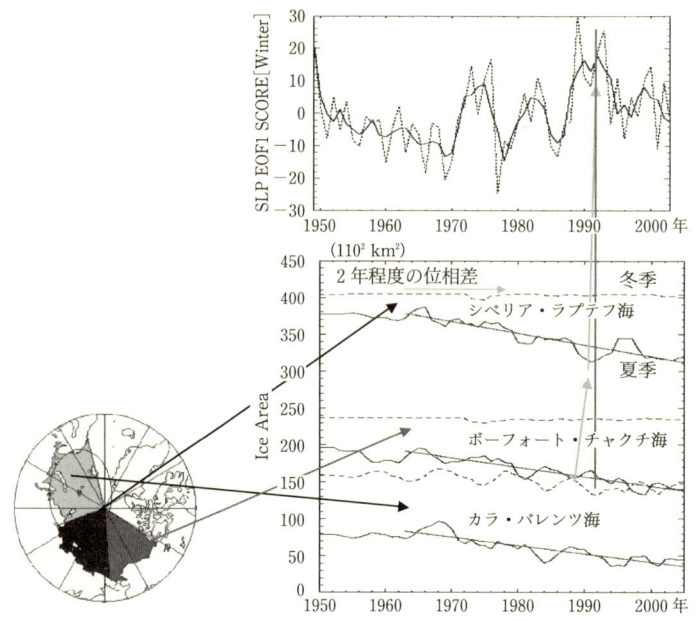

図 5-4-2　北極振動と海氷。シベリア陸棚の海氷が2年程度の位相差で、北極振動に先行する。(上)冬季の北極振動の年変動。正(負)は極渦が強い(弱い)場合に対応している。(下)ボーフォート・チャクチ海、シベリア・ラプテフ海、カラ・バレンツ海の3海域における冬と夏の観測された海氷面積。双方に3年移動平均をほどこしてある。

時期がボーフォート・チャクチ海では3年前、シベリア・ラプテフ海では1年前、カラ・バレンツ海では1年後に起きる。海氷変動の伝播は、カナダからシベリアにかけて西向きに、そしてカラ・バレンツ海まで4年で達する。

　北極海はデータを採取するのが非常に困難であるため、海洋構造に関しては、これまで観測に基づいた確認はされていなかった。しかし、最近公開された旧ソ連の海洋化学データを解析することによって、海洋変動を見出すことが可能になった。太平洋側のカナダ海盆では、極渦の強弱に対応して時計回りのボーフォート循環が衰退・発達し、北極海表層水が鉛直方向に縮小・伸長していた(Ikeda et al., 2005)。Polyakov and Johnson(2000)は Hibler 海氷モデルと海洋大循環モデルを結合した北極海モデルを大気データによって駆動し、観測された海氷分布の変動を再現した。また正の北極振動に対応してフラム海峡通過流量が増加することもわかった。海洋循環の大気への応答が

重要であることは後で示そう。

5-4-3 極域温暖化のメカニズム

北極海の海氷減少に対する第一の説明は地球温暖化である。Vinnikov et al.(1999)は海氷面積の減少が温暖化モデル実験でよく再現されているので，海氷減少は温暖化の結果であり，モデルによる将来予測も信頼できるとした。海氷が減少すると太陽放射を吸収するという正のフィードバックを調べるために，観測された海氷減少によって増加する海洋への熱フラックスを見積もってみる。海氷面積減少部分のアルベド減少によって，夏の太陽放射が氷に反射されずに海面で吸収される成分をとると，近年の状態を30年前と比較した増加分は北極海全体で年間平均 $5\ W/m^2$ となる。

海氷減少の第二の説明は大気循環の変化である。気温上昇にともなって北極大気中の反時計回り極渦が強化している(図5-4-2)。極渦が強化すると，北極海の循環が変わり，北極海とグリーンランド海の海水交換を増加させる (Polyakov and Johnson, 2000)。より高温の大西洋水が北極海にはいるので，この成分を見積もると30年前に比べて $1\ W/m^2$ 程度の増加であり，海氷減少の主要因とはならないことがわかる。しかし表層水に蓄えられる熱は冬にほとんど大気へ放出してしまうが，200m程度にある塩分躍層以深に蓄えられる熱は長期間影響を与え続けるので，その効果は無視できないだろう。

第三の原因として雲に注目しよう。ソ連時代の北極海ステーションで集めたデータによると(Ikeda et al., 2003)，秋，冬，春の快晴は30年間で20%減り，それは雲量3〜7の場合に変わった。快晴が減少すると，雲からの下向き長波放射が増えるので，海氷面への熱フラックスが増加する。全天雲の場合に $100\ W/m^2$ の増加となるとすると，快晴の減少した効果は，30年前より年間 $5\ W/m^2$ の熱フラックス増加となる。これは海氷面積の減少にともなう熱フラックス増加と同程度である。

5-4-4 温暖化進行による極域の変化

さらに地球温暖化が進んで，海氷がもっと解け出すとコンベヤベルトが停止するだろうか。新ドリアス期に解け出した氷床は，現在の海氷に比べ100

倍以上の体積をもっていた。これが1000年の間に解け出すと仮定すると，北極海海氷が100年間で解ける場合の10倍の淡水フラックスをもたらす。この比較から，海氷融解だけではコンベヤベルトを止めるには力不足であろうと想像される。

　では温暖化による冷却の弱化が加わったらどうだろうか。これについて，気候モデルによる温暖化実験の結果は，二酸化炭素の倍増では不充分だが，4倍増だと停止すると予想した(Manabe and Stouffer, 1988)。しかし停止は一時的で，その後200から300年経つと，コンベヤベルトは再び回りだす。実は新ドリアス期に停止したコンベヤベルトも再始動しており，温暖化しても一時的な停止にとどまることが予想される。ここで鍵になるプロセスはロシア河川の流入量であろう。この増加が大西洋での蒸発と降水の差を上回ると，北大西洋の塩分が低下する。温暖化でどの程度まで降水量分布が変化するか，信頼にたるモデル予測を待たなければならない。

　秋から春にかけて海氷が減ると，より多くの水蒸気が放出され，雲が増えるだろう。その結果がさらに海洋を冷えにくくし，海氷を減らすという正のフィードバックを生む。きっかけが気温上昇であるか，風の変化であるか，雲の増加であるかにかかわらず，大気循環，雲形成，海氷分布，さらに海洋循環が複雑な相互作用をすることによって，極域の温暖化が決められるので，さらなる研究を必要とする。

　さらに海氷分布が大気循環に影響することも充分考えられる。すなわち海氷が減ると冬季は海洋から大気に熱が与えられ，また水蒸気も増加して雲をつくるので，これらが海面近くの大気を暖め，海氷をさらに減らす傾向をもつ。その結果として大気循環が変わり，海氷海洋にフィードバックする可能性もある。一方，北極大気は安定しており，海面状態が大気の力学過程にまで影響を与えにくいともいわれている。しかしバレンツ海や夏季のシベリア陸棚では，海面からの熱フラックスが充分上空まで影響を与える可能性がある。また北太平洋と北大西洋の中緯度の大気変動が北極域に影響を与え，北極海からの海水流出変動が大西洋に及び，それが中緯度大気にフィードバックすることも想定される。これらのメカニズムを究明することが求められている。

温暖化によって海水面が上昇するといわれる。北極海の氷は浮かんでいるので，解けても海面上昇には寄与しない。100年で数十cmの上昇が起きると予測されているが，それは海水が膨張するためだ。南極大陸の氷床が解けるとしても，温暖化で水蒸気量が増え，降雪も増えるので，海面はむしろ下降するかもしれない。1000年規模でみると，無視できないのはグリーンランドの氷床が解ける影響だ。陸域の雪氷の融解については，5-5節に詳しく述べられているので，参照してほしい。

5-5　地球温暖化と陸域雪氷の役割，および海水準上昇

　地球上の気候システムにおいて，寒冷であるため水が氷として存在する地域は雪氷・寒冷圏と呼ばれる。雪氷・寒冷圏は氷床，棚氷，氷帽，氷河，海氷，湖氷，河川氷，地下氷，雪からなっている。氷床は大陸規模の面積(5万km^{2}以上)をもっており，陸上に形成されている。一方，棚氷は隣接した氷床から氷が張り出して形成された浮氷でできており，ほとんどは大きな湾岸地形に支えられているので安定である。なだらかな地形上に広がった面積5万km^{2}以下のものは氷帽(英語ではice capと呼ばれ，冠か帽子のようにみえる)と呼ばれ，山岳地帯の渓谷などの地形に囲まれたものは氷河と呼ばれる。棚氷とは対照的に，海上に浮漂している海氷は海水がその場で凍ることによって形成され，湖氷と河川氷も海氷と同様，それぞれ湖と河川の水が直接凍ったものである。地下氷は一年中土壌が凍った状態にある永久凍土として存在する。雪は水が氷の結晶として降ってくるものであり，地表に積もった積雪は氷よりもはるかに小さい密度をもつ。

　この節では陸氷と定義されている氷床，氷帽，氷河に焦点をあてて話を進める。一般的な特徴として，これらの氷体はその下にある地面によって支えられながら，重力作用によってゆっくりと流動する。この流動は氷が自重で薄くなり水平面状に広がる現象を引き起こし，標高の高い(より内陸の)地域での積雪による涵養が，低地の(氷河周縁部での)融解や崩壊とバランスを保っている。この動的平衡のバランスが崩れてしまうと，氷体は成長または縮小する。

5-5-1　現在の地球上の陸氷

　現在地球上に存在する圧倒的に巨大な氷体は，総体積 25.7×10^6 km^3 の南極氷床である．隣接する棚氷(Ross 棚氷，Filchner-Rønne 棚氷，Amery 棚氷など)は 0.58×10^6 km^3 であり，それらを加えると，南極氷床全体の氷の量は海面上昇 61.1 m に相当する．氷床の面積は 12.4×10^6 km^2，棚氷の面積は 1.1×10^6 km^2 であり，氷の平均の厚さは約 2 km である．さらに，最も高い氷床の表面高度は海面から 4.2 km あり，東南極の中央では年平均表面気温は -60°C まで下がる．因に，地球上で観測された最低表面気温はロシアが管轄するボストーク基地の -89.2°C である．気温が大変低いために氷床表面は基本的に融解せず，氷の損失はおもに氷山分離(カービング)，つまり南極海への氷山の流出によるものである．

　南極氷床と比較すると，現在世界で 2 番目のグリーンランド氷床はずっと規模が小さい．氷床の体積は 2.85×10^6 km^3 で，これは海面上昇にすると 7.2 m であり，面積は 1.71×10^6 km^2 である．大きな湾がないため，氷床は沿岸部から直接海に流出しており，棚氷が存在していないことは注目すべきである．南極氷床との重要な相違点は，グリーンランド氷床では表面気温が高く，そのため氷床の周縁部では氷が夏の間にかなり融解することだ．そのため，グリーンランド氷床の氷の損失は融解と氷山分離がほぼ半分ずつを占めている．

　16 万以上の氷河と約 70 の氷帽の総体積は 0.18×10^6 km^3 であり，表面積は 0.68×10^6 km^2 である．そして，これらの合計の海面上昇は 0.5 m と見積もられている．

5-5-2　過去へのいざない

　第三紀の初期，地球の気候は全体として熱帯から温帯のようであり，雪氷・寒冷圏はまったく存在しなかったと考えられている．しかしながら，第三紀の気候は除々に寒冷化に向かっていった．南極大陸は現在の南極点付近へと移動し，漸新世の初め(約 3000 万年前)に南極氷床は小さな氷帽から始まった．その後，氷帽は鮮新世の時代まで成長と縮小を何度も繰り返し，ついには南極大陸のほぼ全域を占めるまでになった．グリーンランド氷床は鮮

新世の後期までまったく形成されていなかったが，約200万年前に鮮新世氷期が始まると急速に成長していった。

　鮮新世は約1万年前まで続き，氷期間氷期サイクルとして知られる氷床の前進(氷期)と後退(間氷期)を繰り返した．現在では広く受け入れられているミランコビッチ仮説によると，このサイクルの起こるおもな原因は，太陽に対する地球の軌道要素の周期的な変化である．この軌道の要素は地球の離心率，地軸の傾き，歳差運動であり，これらは地球上に降り注ぐ日射の季節的な，また緯度的な分布に影響する．これと共に，複合的な正と負のフィードバック(大気中のCO_2の量，アルベド，氷床力学など)の影響も加わることによって氷期間氷期サイクルが引き起こされる．約100万年前までは4万1000年周期(地軸の傾き)が優勢であったが，それ以降は10万年周期(離心率)が支配的になっている．

　2万1000年前の最終氷期極大期では，氷床は北米，グリーンランド，ヨーロッパアルプス，スカンジナビアとイギリスを含む北ヨーロッパ，ユーラシア北西部，パタゴニア，南極大陸などの地域の大部分を覆っていた．さらに，赤道下のアンデス，ハワイのマウナケア，ニュージーランド，タスマニア，東アフリカや中央アフリカのいくつかの山脈，そしてアトラス山脈にも氷河が存在していた．これらの氷体にたくさんの水が蓄えられていたため，海水準は今よりも120〜130 m も低かった．したがって北海道はサハリンと陸続きになり，東シベリアとアラスカの間のベーリング海峡は陸地として両大陸をつないでおり，グレートブリテン島はヨーロッパ大陸の一部となっていた．この後，氷はしだいに解けて後退し，約1万年前に最終氷期は終わりを告げて，完新世へと変遷し，間氷期の氷床・氷河の状態へと移行していった．

5-5-3　地球温暖化による陸氷融解と海水準上昇

　今日存在している氷床，氷帽，氷河は，この地球温暖化が進行すると，これから数十年，数百年の間にどのような運命をたどるのであろうか．まず最初に，より小規模な氷体ほど，気候(氷体の表面気温や降水量など)の変化にすばやく反応するということに注目をすべきである．そのため，大きな体積をも

つ南極やグリーンランドの氷床と比べ，小規模な氷河や氷帽ははるかに地球温暖化の影響を受けやすい。しかしながら，氷河と氷帽の海面上昇への寄与は 0.5 m が限度であるのに対し，この 2 つの氷床の寄与はおおよそ 70 m にまでなるということを忘れてはならない。

　20 世紀に観測された世界的な海面上昇は 1～2 mm/年であった。モデル計算によると，この内 0.2～0.4 mm/年は氷河と氷帽の融解が原因であり，0～0.1 mm/年が近年のグリーンランド氷床の融解によることを示唆している。それとは対照的に，南極氷床の海面上昇への寄与は最近の計算では 0～-0.2 mm/年であり，むしろ海面低下に働くと見積もられている。この驚くべき結果は，南極大陸のきわめて低い気温では，氷表面の融解は顕著に増加できず，一方で地球温暖化の結果増加した降水量が南極氷床の上にさらに雪を堆積させるという事実に基づくものである。実際の観測データによると，南極氷床とグリーンランド氷床の現時点での増減のバランスはまだはっきりとはわかっていないが，その一方で世界各国の氷河は著しい縮小の傾向を示している（図 5-5-1）。

　IPCC（第 3 次評価報告書 2001 年ワーキンググループ I，第 11 章）の 1990～2100 年の間の気候変動予測によると，地球平均の表面気温上昇幅は，1.4～5.8°Cであり，海面上昇は 0.09～0.88 m (0.8～8 mm/yr) である。これらの値の不確かさは温暖化ガス排出シナリオの将来予測がもつ不確かさ，およびモデル計算自体の不確定さによるものである。標準的な温暖化ガス排出シナリオである IS92a では，海面上昇は 0.11～0.77 m の範囲で見積もられており，氷河，氷帽からの寄与はその内の 0.01～0.23 m，グリーンランド氷床の寄与は-0.02～0.09 m，そして南極氷床からの寄与は-0.17～0.02 m である。その他には温暖化にともなった海水膨張が大きく，また永久凍土の融解なども含まれている。このことからも明らかなように，陸氷の内で，海面上昇の最大の原因は氷河，氷帽によるものである。氷河，氷帽の融解による海面上昇への寄与の上限 (0.23 m) は，この 2 つの総体積に相当する海面上昇 (0.5 m) のほぼ半分であることに注目してもらいたい。これは，規模の小さい氷河が特に温暖化に対して敏感であり，多くの氷河が 21 世紀の終わりまでに消滅してしまうだろうということを示している。それとは反対に，大きな氷床は温暖

第5章 地球温暖化にともなう大気・海洋の応答と役割　109

図 5-5-1　アラスカ，McCarty 氷河は 1909 年から 2004 年にかけて後退
（上：1909 年に Ulysses Sherman Grant，下：2004 年に Bruce F. Molnia によって撮られた写真。米国地質調査所公式ホームページより）

化によって受ける影響がずっと小さく，グリーンランド氷床の正の寄与（氷の融解とその流出による海面上昇）は，南極氷床の負の寄与（降水量の増加による海面低下）によって実際にはほぼ相殺されるだろうと推測されている。

5-5-4　1000年規模の変化

　もっと長期間の変化に注目しよう。もし地球温暖化が続けば，氷河と氷帽の縮小は止めることができず，これらの氷の大部分は2，3世紀の内に失われてしまうであろう。グリーンランド氷床もまた，このような長期の温暖化ではやはり，最終的に著しく縮小をすることになるだろう。例を挙げると，約1000年もの間，グリーンランド氷床で現在よりも8°C温暖化した気候が続いたならば，海面上昇への寄与は6mになると見積もられ，氷床の大部分は解けてなくなってしまっていると予想される。さらなる将来予測の例として，氷床モデルSICOPOLISによるシミュレーションの結果を図5-5-2に示す。南極氷床全体への温暖化の影響はある程度限られているものの，温暖化が進むにしたがって，融解と氷の流出が降水量の増加を上回ることになるだろう。南極氷床の体積が巨大であることから，その融解水の海面上昇への寄与は1000年以内に2〜3mにもなる可能性がある。

　南極氷床内部の流動がまだあまり解明されておらず，このことが特に南極での温暖化の影響の予測を不確かなものにしている。氷床に隣接する棚氷の崩壊，および氷流や溢流氷河の加速は，氷床の海へ向かう速度を上昇させるかもしれない。それに加えて，氷床全体の不安定性にもつながる可能性がある。この危険性は特に，南極大陸の西半分にあたる氷床について心配されてきた。これは6mの海面上昇に相当する。このような氷床流動による不安定性は今後数世紀の間は起こりそうもないと予想されているものの，その力学プロセスが充分にわかっていないため，信頼のおけるはっきりとした予測をすることは現在難しい。

5-5-5　地球規模のフィードバック

　雪氷・寒冷圏は地球の気候システムにとって不可欠な存在であり，その状態の変化が他の気候圏にもたらすフィードバックは避けられないであろう。

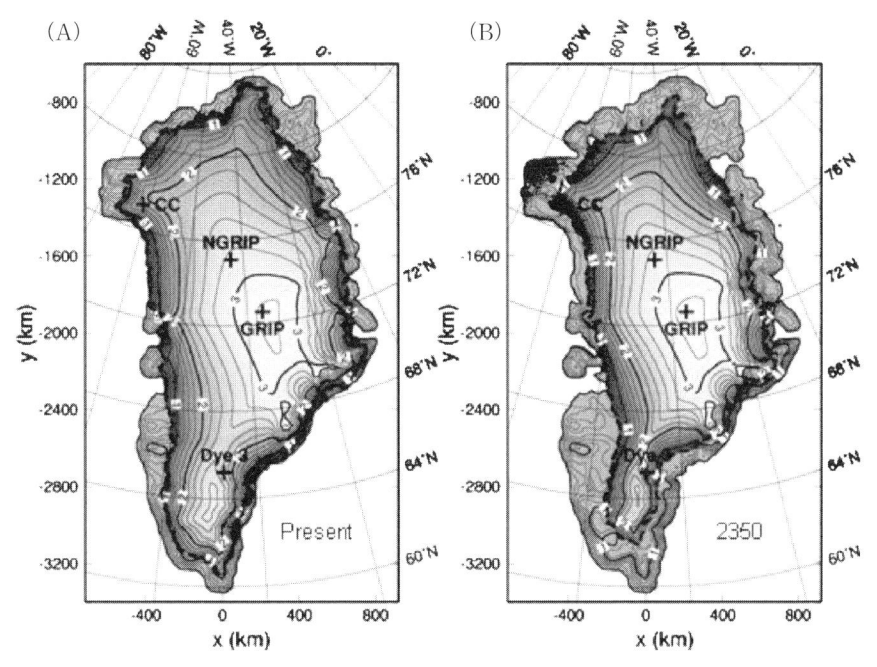

図 5-5-2 　(A) 1990 年のグリーンランド氷床。(B) 温室効果ガス排出シナリオ WRE において，大気 CO_2 濃度を 1000 ppm としてシミュレーションした 2350 年のグリーンランド氷床。等高線の間隔は 200 m おきであり，単位は km a.s.l.。氷の体積の減少は海面上昇にして約 1.8 m に相当する。

小規模の氷河や氷帽にともなうフィードバックは，アルベドや水文学的変化による局地的なものに限られるが，氷床の縮小は地球規模での気候に影響を及ぼし得る。21 世紀の間に予見できる最も重大な問題は，グリーンランド氷床の融解によって生じる淡水の，北大西洋に流入する量が増加することである。降水量の増加と共に，この融解水の流入は北大西洋の表層水の塩分濃度と密度を減少させ，北大西洋深層水(NADW)の形成を妨げる。北大西洋深層水はメキシコ湾流とその下流の北大西洋海流を強めることに大変重要な役割を果たしている。そのため，この暖かい表層流は弱まってしまうか，場合によっては完全に流れを止めてしまうことも起こり得る。もし本当にそうなると，ヨーロッパの気候にも，そして地球規模の海洋循環(全球コンベヤベルト)の弱化による熱移動の全球的なパターンにも，深刻な影響を及ぼす可能

性がある。

　長期の時間スケールを考えると，グリーンランドの氷に覆われていない陸地の露出によるアルベドの低下は，表面気温の上昇と正のフィードバックをもつ。それはグリーンランド氷床の致命的な崩壊を一層加速させることにつながる。さらにグリーンランド氷床の大きな地勢的変化は，大気中の定常ロスビー波のパターンを変え，大気循環を乱してしまう。これは北極圏や亜寒帯において，複雑なパターンをもつ地域的な気候変化を起こす可能性があり，その詳細な評価をすることは難しい。

この5-5節は大津聖子氏によって英語から日本語に翻訳されたものである。

[引用文献]
[5-1　大気の温暖化予測/5-2　地球温暖化と自然変動・異常気象/5-3　極域圏の気候変動]
Biasutti, M. and Giannini, A. 2006. Robust Sahel drying in response to late 20th century forcings. Geophys. Res. Lett., 33, L11706, doi: 10.1029/2006GL026067.
Charney, J.G. 1975. Dynamics of deserts and drought in the Sahel. Quart. J. Roy. Met. Soc., 101: 193–202.
Emanuel, K. 1999. Thermodynamic control of hurricane intensity, Nature, 401: 665–669.
Emanuel, K. 2005. Increasing destructiveness of tropical cyclones over the past 30 years. Nature, 436: 686–688.
Emori, S. and Brown, S.J. 2005. Dynamic and thermodynamic changes in mean and extreme precipitation under5 changed climate. Geophys. Res. Lett., 32, L17706, doi: 10.1029/2005GL023272.
Folland, N.P., Palmer, T.N. and Parker, D.E. 1986. Sahel rainfall and worldwide sea surface temperatures, 1901–1985. Nature, 312: 602–607.
Held, I.M., Delworth, T.L., Lu, J., Findell, K.L. and Knutson, T.R. 2005. Simulation of Sahel drought in the 20th and 21st centuries. Proc. Natl. Acad. Sci. U.S.A., 102, 17, 891–17, 896, doi: 10.1073/pnas. 050957102.
Hurrell, J.W., Kushnir, Y., Ottersen, G. and Visbeck, M. (Eds). 2003. The North Atlantic oscillation: climate significance and environmental impact. AGU, Geophysical Monograph 134, 279 pp.
IPCC. 2001. Cliamte change 2001: The scientific basis. In "Contribution of working group I to the third assessment report of the intergovernmental panel on climate change" (eds. Houghton, J.T., Ding, Y., Griggs, D.J., Noguer, M., van der Linden, P. J., Dai, X., Maskell, K. and Jhonson C.A.), 881 pp. Cambridge University Press, Cambridge, United Kingdom and New York, NY, USA.
Kimoto, M. 2005. Simulated change of the east Asian circulation under global warming scenario. Geophys. Res. Lett., 32, L16701, doi: 10.1029/2005GL023383.

Palmer, T.N. 1999. A nonlinear dynamical perspective on climate prediction. J. Climate, 12: 575-591.
Rigor, I.G., Wallace, J.M. and Colony, R.L. 2002. Response of sea ice to the Arctic Oscillation. J. Climate, 15: 2648-2663.
Shindell, D.T., Miller, R.L., Schmidt, G.A. and Pandolfo, L. 1999. Simulation of recent northern winter climate trends by greenhouse gas forcing. Nature, 399: 452-455.
Thompson, D.W.J. and Wallace, J.M. 1998. The Arctic Oscillation signature in the wintertime geopotential height and temperature fields. Geophys. Res. Lett., 25: 1297-1300.
Wallace, J.M. and Gutzler, D.S. 1981 Teleconnections in the geopotential height field during the Northern Hemisphere winter. Mon. Wea. Rev., 109: 784-812.
Webster, P.J., Holland, G.J., Curry, J.A. and Chang, H.-R. 2005. Changes in tropical cyclone number, duration, and intensity in a warming environment. Science, 309: 1844-1846.
山崎孝治. 2004. 北極振動. 気象研究ノート 第206号. 181 pp. 日本気象学会.
Yoshizaki, M., Muroi, C., Kanada, S., Wakazuki, Y., Yasunaga, K., Hashimoto, A., Kato, T., Kurihara, K., Noda, A. and Kusunoki, S. 2005. Changes of Baiu (Mei-yu) frontal activity in the global warming climate simulated by a non-hydrostatic regional model. SOLA, 1, 025-028, doi: 10.2151/sola. 2005-008.

[5-4 地球温暖化と極域海洋海氷の役割]

Broecker, W.S., Peteet, D.M. and Rind, D. 1985. Does the ocean-atmosphere system have more than one stable modes of operation? Nature, 315: 21-26.
Ikeda, M., Wang, J. and Makshtas, A. 2003. Importance of clouds to the decaying trend in the Arctic ice cover. J. Meteorol. Soc. Japan, 81: 179-189.
Ikeda, M., Colony, R., Yamaguchi, H. and Ikeda, T. 2005. Decadal variability in the Arctic Ocean shown in hydrochemical data. Geophys. Res. Lett., 32, 21, L21605, doi: 10. 1029/2005GL023908.
Manabe, S. and Stouffer, R.J. 1998. Two stable equilibria of a coupled ocean-atmosphere model. J. Climate, 1: 841-866.
Polyakov, I.V. and Johnson, M.A. 2000. Arctic decadal and interdecadal variability, Geophys. Res. Lett., 27: 4097-4100.
Schlosser, P., Bonisch, G., Rhein, M. and Bayer, R. 1991. Reduction of deepwater formation in the Greenland Sea during the 1980s: evidence from tracer data. Science, 251: 1054.
Vinnikov, K. and 8 others. 1999. Global warming and Northern Hemisphere sea ice extent. Science, 286: 1934-1937.
Wang, J. and Ikeda, M. 2000. Arctic oscillation and Arctic sea ice oscillation. Geophys. Res. Lett., 27: 1287-1290.

第6章 地球温暖化にともなう陸上生態系の変化

北海道大学大学院環境科学院/露崎史朗

6-1 生態系

　生態系 ecosystem とは，あるまとまりのある空間を占める全生物個体と，それを取り巻く環境をさす。生態系は，生物が生息する環境から，大きく陸上生態系(または陸域生態系 terrestrial ecosystem)と海洋生態系(海域生態系 oceanic ecosystem)の2つに区分される。本章では，陸上生態系を扱うので，「生態系」といえば，断りのない限り「陸上生態系」を意味する。

　生態系を構成する基本単位に個体群 population という概念がある。個体群とは，理想的には，あるまとまりのある空間を占める同種で，互いに遺伝情報の交流が可能な集団を意味する。しかし，野外では多くの種がある程度は連続的に分布しているため，まとまりの範囲を厳密に定めることは困難なことが多い。そこで，「札幌藻岩山におけるススキ個体群」や「釧路春採湖におけるカエル個体群」のように，おおむね「まとまりのある範囲」と認識できる範囲内で，その種の全個体をさして個体群と呼ぶことも多い。ただし，まとまりのある空間範囲は，「食う‐食われるの関係」や「食物網 food web (食物連鎖は同意)」を調べることで認識できることもある。

　群集 community とは，その生態系中の生物の部分をさす時に用いられる言葉である。したがって，その生態系中の複数個体群の集まりと考えてもよい。

　群集は本来，動物・植物・菌類などの全生物をさすわけだが，調査研究時

には，植物のみとか，動物のみとか，特定の生物単位のみを対象とすることもあり，その際には，対象生物群の名をとって，動物群集，植物群集 plant community，菌類群集のように呼ぶ。植物群集は，群落や植生 vegetation と呼ばれることもあり，ほぼ同義語として用いられていることが多い。

　生物圏 biosphere とは，多くの生物が生存可能な地球上の部分をさし，大気圏，水圏，岩石圏と区分する場合に用いている。

　生態系の分け方は，地球規模から地域規模まで，その規模(スケール)に応じてさまざまな区分方法があるが(Box 6-1-1)，最も大規模，すなわち，地球規模での生態系区分は，おもに植物によりなされ，バイオーム biome と呼ばれる(図6-2-1)。バイオームの代表的なものとしては，熱帯林，サバンナ，草原，砂漠，ツンドラが挙げられることが多い。バイオームが形成される要因，すなわち，地球レベルでの生態系分布 distribution は，温度と降水量の2つの組み合せ，あるいは，それらに光を加えた3つの組み合せで，おおむね説明できる。

　バイオマス biomass とは，「エネルギーとして利用される生物資源」を意味する。植物では，エネルギーは，光合成により獲得され，生物中に蓄えられたエネルギーのことなので，おおまかには光合成により増えた生物量から呼吸や死亡などにより消費あるいは消失したエネルギー量を引いたものとなる。バイオームの分布は，樹木バイオマスの分布とも大きく関連する。樹木は，多量の水を必要とするため降水量の少ないところでは森林は発達しない(図6-2-1)。温度についても，極地に向かうにつれて温度が低下するため，それにともない低温に弱い植物は生育できない。森林を構成する樹木は，低温では水供給が困難になることや，光合成活性が落ちることなどのために，光合成効率が落ち，森林は成立しづらい(Woodward, 1987)。ただし，落葉樹林よりも針葉樹林(タイガ)が，より極地に成立する要因については，低温耐性の面からは明瞭な説明はなされていない。

　本章では，これらの植物群集と生態系の分布の規定要因について，地球レベルをはじめとする比較的大規模な見方と，より小さな規模(地域スケール)の2つの側面から紹介する。次いで，これらの植物群集が，おもに地球温暖化にともなう変化予測について，その予測方法と，それをもとに予測された結

> [Box 6-1-1] 植物群集(植生)の3識別基準
>
> **フローラ**(植物相 flora)：
> 　ある地域における全植物種のこと。アジア，日本，北海道，札幌市，北海道大学キャンパスのフローラとさまざまなスケールで用いる。動物ではファウナ(動物相 fauna)という。
>
> **相観** physiognomy：
> 　ある植物群集をみた時の外観的な構造のことで，生活形や密度で決まる。みた感じで「ここは森だ」とか「ここは草原だ」という程度の意味と捉えてもよい。
>
> **環境勾配** environmental gradient：
> 　ある環境要因を取り上げた時に，その環境がある方向性をもって変化することをさす。土壌水分勾配といえば，土壌の乾いたところから湿ったところ(方向は逆でもよいが)へ向かっての変化を意味する。
>
> 植物群集の識別パターン。群集識別は，フローラ，相観，環境勾配の組み合せにより行なわれる。"草原"は，樹木を欠き草本植物が優占する相観である。フローラをみれば，同じ草原でも，ヨシ・ガマなどが多い湿生草原と，そうではない乾生草原のように別な植物群集として認識できる。また，これらの植物群集は，ある環境勾配上に配置され，この例では，土壌水分勾配にそって草原と森林が分かれている。

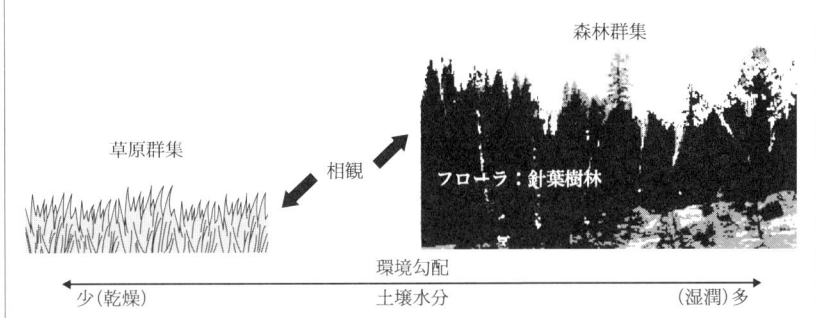

果と問題点について概説する。

6-2　陸上生態系変動を知るための空間的・時間的規模

　生態系区分が，地球レベルから地域レベルまで，さまざまなレベルで行なわれることから知ることができるように，生態系変動予測に際して必要な情報を得るには規模を考慮する必要がある(図6-2-2)。ここでは，種の分布を

例として挙げているが，規模依存性環境要因については，生態系や群集の分布についても同様のことがいえる．

ヨツバゴケ Tetraphis pellucida は，地球レベルでは，北半球の温帯から寒帯にかけて分布しており，この規模では気候レベルでの温度要因が最も分布に関与していると考えられる．この種の分布をより小さな規模でみてみると，大陸レベルでは，本種は新大陸の東岸にのみ分布しており，北アメリカ大陸全体の山脈分布などの地形を考慮せねばならない．より小さな規模になり，

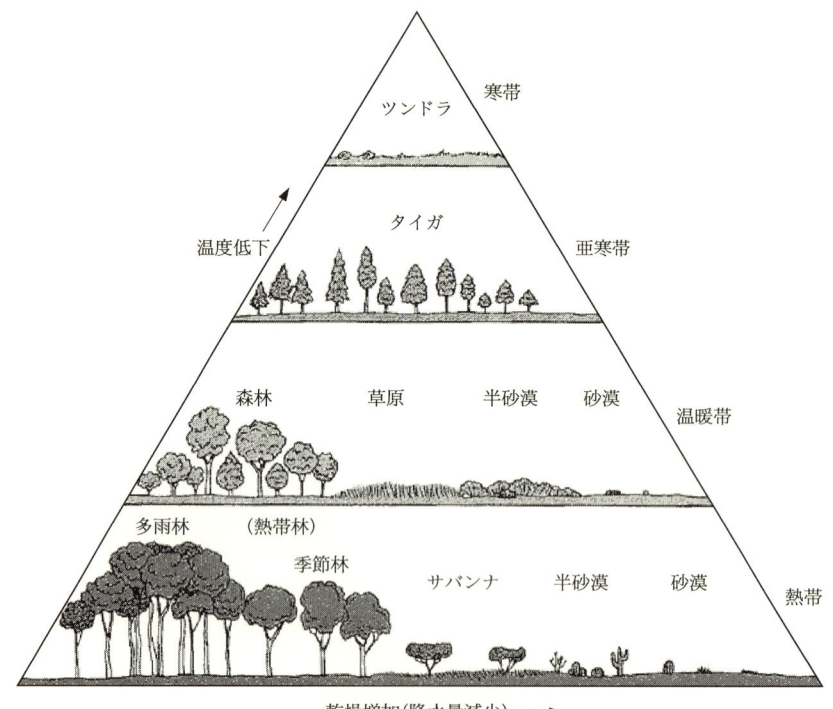

図 6-2-1 温度と降水量の勾配にそったバイオームの分布（Mader, 2000 を改変）．横軸が降水量の変化，縦軸が温度の変化を示す．たとえば，温度の高い地域（三角形の底辺）である熱帯では，降水量が多いところから少ないところに向かって，バイオームは，多雨林，季節林，サバンナ，半砂漠，砂漠と変化する．同様に，温暖帯でも，降水量が充分であれば森林が発達するが，降水量の低下にともない，徐々に樹木が減少していく．ツンドラは低温で樹木の定着できないところであれば降水量にかかわらず発達する．一方，砂漠は温度にかかわらず降水量がきわめて低いため多くの植物が定着できない地域に分布する．

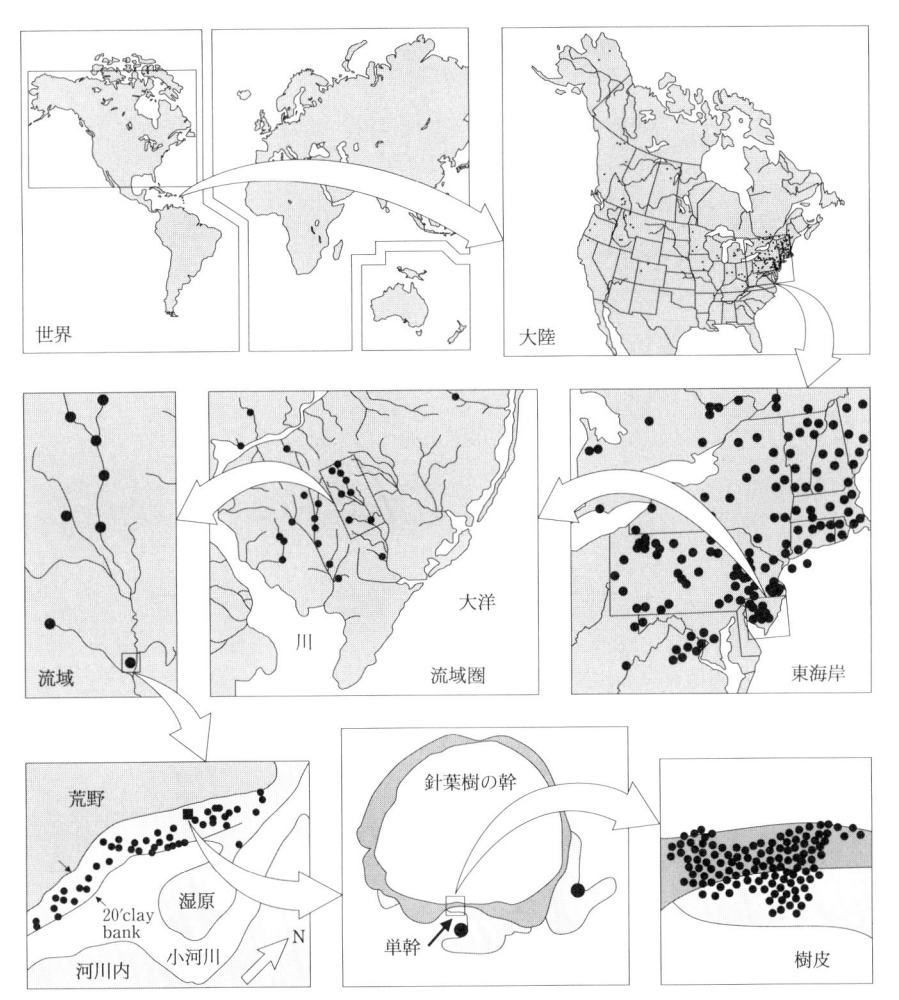

図 6-2-2 コケ類の一種(ヨツバゴケ *Tetraphis pellucida*)の地理的分布を解析する際にみることのできる規模の階層性(Forman, 1964 をもとに Krebs, 2000 が改変)。黒丸がヨツバゴケの分布しているところを表わす。何が地理的分布を制限しているのかという問いに対する答えは，個々の木の株から大陸レベルまでの規模を解析した時には，異なる解答となるだろう。なお，各規模の名称は，原書では「クラスター」とされているものを「流域」としたように，原書と異なるので注意のこと。

1本1本の河川がみえてくる流域規模になると，河川付近にのみこの種が分布しており，土壌水分や氾濫の範囲など河川からの距離に関連する環境要因が，分布を決める要因であることが推定される。さらに規模を小さくして，1本の河川をみてみると，この種は流れがあたりやすい方に集中して分布しており，流水特性を知る必要があることがわかる。この場合の，最も小さな規模では，1本の木のなかでの環境の違いをみていることになり，樹幹流 stemflow と呼ばれる樹幹にそって流れる雨水の流れや，その水の溜まりやすい場所などが分布を決める要因となる。ヨツバゴケの分布は，大雑把には，規模が小さくなるにつれ，分布を規定する主要因が，温度から水に関連するものに変化しており，最も小さな規模では，コケの仮根を発達させやすい生息地となる。このように，生物分布を規定する要因は，規模により抽出しているものが異なるため，規模依存性環境要因 scale-dependent environmental factor といわれる。

　温暖化にともなう生態系変動研究においても，規模ごとに温暖化に関与して変化する主環境は異なるはずで，それぞれの規模における測定項目などには配慮が必要である。規模依存的な環境変化は，景観保護への応用などの景観生態学といわれる分野で重要視されている。

　種や生態系の分布は，空間規模と同様に，時間規模上における変化にも関係している(露崎, 2004)。ヨツバゴケを例にすれば(図6-2-2)，この種は北半球のみに部分しており，地史的レベルでの気候変動や大陸移動などと，現在の分布が関連する。徐々に規模を小さくし，河川規模になると，河川水の流れ方と，それに関連した積雪量，年間降水量，夏季平均気温などが植物の分布に関係し，これらは年，あるいは季節程度の時間規模となる。さらに樹幹流は，1日のなかでの降水パターン，最高気温，最低湿度などが関係し，週・日あるいはそれよりも短い時間規模が対応している。このように，空間規模と時間規模には対応関係があり，大まかには空間規模が大きくなると，それに呼応して大きな時間規模が関連する。

　時間軸については，植物の応答は2つに分けて考えられることが多い。すなわち，植物の応答には，短い期間で起こる反応である短期応答と，年単位の時間を必要する長期応答があり，これを分けて考えねばならない。環境の

変化に対する，光合成速度や呼吸速度などの変化は，環境変化に即座に応答した短期応答であり，それらの累積した結果である生産力の変化や生態系の移動などは，長期応答となる。温暖化により，短期的には光合成速度の上昇がみられても，それが必ずしも長期的な生産力の上昇につながるとはいえないこともある。

6-3 環境と植物群集の測定

　生態系変動を知る上では，その対象となる生態系が有する構造と機能を，さまざまな空間規模で質的かつ量的に把握する必要がある。次に，その構造と機能が時間軸上でどう変化をするかを知る必要がある。具体的には，ある環境に存在する群集中の個々の生物の質と量を測定する。次いで，時間が経つにつれ，環境が変化すると生物がどのように変化するかを数値で見積もらなければならない。最も実証的な方法は，調査区を設けて行なう追跡調査である(露崎，2004)。しかし，小規模での測定は，現地での追跡調査を精度よく行なえるが，大規模になればなるほど直接測定は不可能となる。そこで，地球レベルでの生態系の構造と機能を測定するには，地球レベルで情報を取得し解析できるリモートセンシング(リモセン remote sensing)の技術が必須となっている。

　人工衛星に搭載されたさまざまな波長センサによる地上情報の取得のことを，狭義でのリモートセンシングという。なお，人工衛星や気球のようにセンサや発信装置を搭載しているものをプラットフォーム platform と呼ぶ。センサは，地上からのいろいろな情報をおもに波長特性として感知する部分のことである。衛星プラットフォームは，通常は複数のセンサを搭載しており，それらのセンサ属性を組み合せ地上からのさまざまな情報を得ることで，さまざまな分野への応用が試みられている。リモセンで得られたデータの解析には，地理情報システム Geographic Information System (GIS) がよく使われている。

6-4 植生指数

植物の葉は，光合成を行なうに際し，可視光(380〜760 nm)の範囲ではクロロフィル吸収バンドと呼ぶ青色(400〜500 nm)と赤色(620〜690 nm，以降は吸収バンド)をよく利用するため，これらの波長はよく吸収される(Box 6-4-1)。その一方，可視光の範囲では550 nm付近の緑色，可視光外では720〜1200 nm

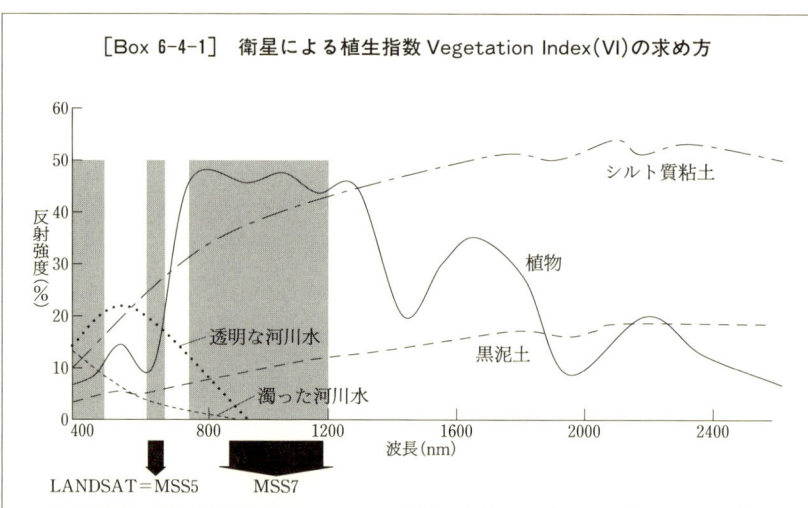

[Box 6-4-1] 衛星による植生指数 Vegetation Index(VI)の求め方

各地上面の反射特性(秋山ら，1996を改変)。実線が，地上面が緑，つまり自然界では植物の葉で覆われる部分の反射パターン。植物が存在すると，620〜690 nmの波長が吸収され，720〜1200 nmの波長は反射される。この特性を利用し植生指数を求める。LANDSATでは，MSS5センサの600〜700 nm域とMSS7センサの800〜1100 nm域の反射値を利用するが，他衛星センサでは，測定波長や精度などが異なるため，比較には注意が必要である。VIは，いくつかの式が考案されたが，すべて吸収バンドと放射バンドの反射量の比あるいは差をとることで，植生量を見積もる。いずれの式も値は，吸収波長反射が少なければ大きくなり，放射波長反射が少なければ大きくなる。NDVIは，値が−1〜+1の範囲を取り扱いやすくよく利用され，正規化植生指数，あるいは単に植生指数と呼ばれることが多い。以下には，LANDSAT MSSセンサでの4式を示しておく。

相対植生指数 Relative VI, RVI＝MSS7 / MSS5
差分植生指数 Difference VI, DVI＝MSS7−MSS5
荷重植生指数 Weighted Difference VI, DVI_w＝2.40×MSS7−MSS5
正規化植生指数 Normalized Difference VI, NDVI＝(MSS7−MSS5) / (MSS7＋MSS5)

の波長は，光合成にあまり利用されないため，よく反射(反射バンド)される。この光合成に利用される光の波長の特性から，光合成をさかんに行なっている葉は緑にみえている。

　植物が多いところでは，吸収バンドと反射バンドの吸収率の比あるいは差が大きくなる。この原理を利用して，地上面を覆う植物量を推定するのが，植生指数 vegetation index(VI)である(Box 6-4-1)。植生指数は，自然界では，おおむねそのセンサ解像度でみた際の1つの区画(LANDSAT MSSセンサなら1区画が80×80 m)のなかにある葉量に相当すると見なしてよい。なお，地上観測による植生指数測定は，衛星による植生指数測定の精度の補正や確認のためにも重要である。

　これと，植生指数の季節変動とを組み合せることにより，バイオームの分布を知ることができる。たとえば，一年中植生指数が低い生態系は砂漠，夏に植生指数が高く冬低くなる生態系は季節性のある森林あるいは草原，一年中植生指数が高い生態系は常緑樹林と識別できる。植生指数による生態系区分の結果と，環境との対応関係はおおむね図6-2-1に示した結果と一致している。

　植生指数は，リモセンにおける，最も基礎的なデータともいえ，植生指数をもとに一次生産力推定がなされている。また，リモセンによる測定は植生指数ばかりでなく，さまざまな応用が試みられつつある。たとえば，光化学作用反射率 Photochemical Reflectance Index(PRI)の測定がある。植物は，キサントフィルサイクルというエポキシ化‐脱エポキシ化により余剰な熱を消費することで，強光阻害を回避する機構を有している。エポキシ化‐脱エポキシ化の際には，吸収帯を10 nmほど波長がシフトするためセンサで測定することができる。特に，531 nmの反射係数で指標化したものをPRIと呼んでいる。同様に，各生態系における光合成有効放射吸収率 Fraction of Photosynthetically Active Radiation(FPAR)というクロロフィル吸収波長域の反射率を測定する試みがなされている。FPARは，その生態系の二酸化炭素の取り込み量や蒸発散量に関連する。さらに，生態系レベルでの呼吸量へのリモセンによる測定が試みられつつある。

6-5　一次生産力

植物は，二酸化炭素を吸収し，光合成により炭水化物を生産することから生産者 producer と呼ばれる。生産者は，それを捕食することにより生活する他種の栄養源となるため，極端にいえば生産者なくして生態系は成立し得ない。その基となる光合成の式は

$$12\, H_2O(水) + 6\, CO_2(二酸化炭素) \longrightarrow C_6H_{12}O_6(炭水化物)$$
$$+ 6\, O_2 + 6\, H_2O \qquad [6\text{-}5\text{-}1]$$

となる(図6-5-1)。陸上植物では，二酸化炭素はすべて空気中から摂取され，その二酸化炭素と根から吸収された水の合成により，炭水化物を生成する。その過程で，再び水が合成される。そのため，この式は，短く

$$6\, HO_2 + 6\, CO_2 \longrightarrow C_6H_{12}O_6 + 6\, O_2$$

とも表わせるが，[6-5-1]式の右辺の $6\, H_2O$ は光合成の過程でつくられる水の分である。そのため，水が発生しないという誤解を与えないため，光合成式は[6-5-1]式のように書かれることが多い。換言すれば，陸上植物が成長し体重を増やすには，空気中の炭素を必要とする。これが，一時生産力を求める際の基礎となる。なお，6 mol の二酸化炭素は，標準温度，標準気圧下で 134.4 L となる。

生態系の一次生産力推定(Box 6-5-1)を行なうには，二酸化炭素の固定量を知ることが，第一の条件となる。つまり，その生態系の年間あたりの光合成量を求めねばならない。衛星観測レベルでの一次生産力推定は，以下のように行なわれる。光合成に利用される面積あたりの年間光エネルギー量は，光合成有効放射吸収量 Absorbed Photosynthetically Active Radiation(APAR，ジュール/単位面積/年)と呼ばれ，その APAR と一次生産力(NPP)の間には，

$$NPP = (APAR) \cdot \varepsilon \qquad (6\text{-}5\text{-}1)$$

の関係が各生態系で成り立つことが知られている。ここで，ε は平均光利用効率 average light utilization efficiency(グラム炭素/J)といわれ，入射光エネルギー1 J あたり光合成で固定された炭素量である。次に，植生指数は APAR と相関があることが知られている。これらの2点から，植生指数測定値をも

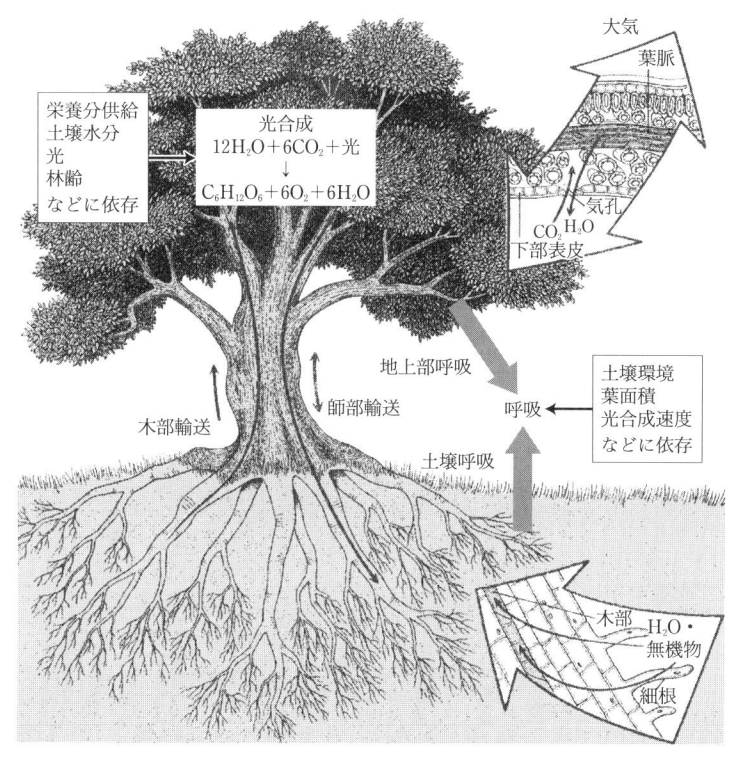

第6章 地球温暖化にともなう陸上生態系の変化　125

図 6-5-1 一次生産に関連する光合成の模式 (Mader, 2000；Chapin and Ruess, 2001 をもとに作成)。ほとんどの陸上植物は，二酸化炭素は大気中から，水は土壌部から獲得する。したがって，生物による大気中二酸化炭素量の変化を知る上では，生態系による二酸化炭素吸収量あるいは放出量を推定しなければならない。その最初の段階として，二酸化炭素と水から糖を合成する光合成がある。

とに APAR を求め，ε を実測すれば，NPP＝(APAR)・ε 式の右辺から純一次生産力推定ができる。このようにして得られた各バイオームにおける単位面積あたりの純一次生産力と，リモートセンシングによる各バイオーム面積を掛け合わせることにより，各バイオームの純一次生産力がわかる(表6-5-1)。

　それらの総和が，地球レベルにおける純一次生産力になる。さらに，これに要するエネルギー量や炭素量を計算すれば，エネルギーや炭素の吸収量，あるいは放出量を見積もることができる。

[Box 6-5-1] 生産力に関連するキーワード間の関係

総一次生産力 Gross Primary Productivity (GPP):
　ある生態系あるいは面積内の単位時間あたりに光合成により固定されるエネルギー（あるいは炭素）の量。

純一次生産力 Net Primary Productivity (NPP):
　GPP−[植物の成長・維持呼吸による消費]。実際の測定では，単位時間あたりの成長量に被食および枯死・排出により減少量分を加えた値となる。

総生態系生産力 Net Ecosystem Production (NEP):
　NPP−[生態系内での消費・分解呼吸による消費]。

総バイオーム生産力 Net Biome Production (NBP):
　NEP−[生態系内での撹乱（火災・流亡など）による損失]。

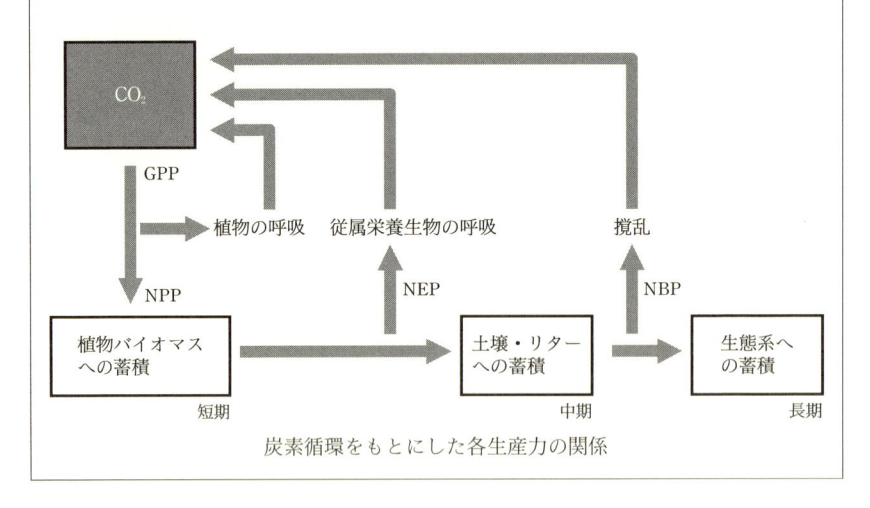

炭素循環をもとにした各生産力の関係

6-6 物質循環と炭素循環

　物質循環 material cycle (biogeochemical cycle) は，ある生態系における全物質の移動過程をさし，生物はこの移動過程の一部を担っている。たとえば，植物が枯死すれば，一部は土壌中へ一部は微生物の栄養分として移動する。物質循環をエネルギーの移動から捉えれば，エネルギー循環と呼ぶ。また，炭素部分の循環は炭素循環 carbon cycle，窒素部分の循環は窒素循環 nitrogen cycle と呼ぶ。他にも，リン循環やイオウ循環など，個々の物質に着目した

表6-5-1 衛星データからCASA-VGPMモデルで推定されたおもな陸上生態系の純一次生産力(Field et al., 1998を改変)。陸上における植生指数は1982〜1990年のデータをもとにしている(海洋一次生産力については第4章)。1 Pg(ペタグラム)は10^{15} g, 10^9 t^3 である。

群集型	バイオーム全体の一次生産力(Pg)
海洋	48.5
陸上	
熱帯多雨林	17.8
サバンナ	16.8
多年生草本草原	2.4
ツンドラ	0.8
砂漠	0.5
耕作地	8.0
その他	10.1
陸上合計	56.4
地球全体合計	104.9

さまざまな循環がある。

　生物のエネルギー取り込みは，まず植物による二酸化炭素固定，すなわち，光合成によって行なわれ，次に消費者 consumer である動物に食われるなどで食物網により移動するので，生物部分での物質循環は，おおむね炭素循環と一致することが多い。ただし，物質循環は，大気から土壌への直接の物質の移動などを含むため，生態系レベルでみた時には炭素循環と異なる部分もある。

　物質および炭素の，ある生態系内での移動は，植物による光合成によりつくられた炭水化物を出発点としている(Box 6-5-1)。その意味でも，植物の一次生産と，それにともなう二酸化炭素の移動量を知ることは，温暖化にともなう生態系変動を予測する上では必須となる。

6-7 大スケールでの生態系応答予測

　生物個体の出生から死亡までの過程を生活史 life history という。植物の生活史では，親個体が種子を生産し，その種子が発芽成長し親個体となり，そ

して種子を生産するという環をなすため生活環 life cycle ということもある。

　温度は，植物の生活史の，発芽，成長，開花，結実など，全ステージに関与しているといっても過言ではない。日本中部・北部でのサクラ(ソメイヨシノ)の開花日(y，3月1日のyを1とする)は，

$$y = 8.88 + 5.726(\phi - 35°) - 0.162(\lambda - 135°) + 1.606\,h$$
$$(\phi = 緯度,\ \lambda = 経度,\ h = 海抜(m)/100) \qquad (6\text{-}7\text{-}1)$$

という式で予測される。これまでは，この開花予測はおおむね的中し，緯度，経度，海抜はすべて温度と関連する変量であり，その意味で温度による開花予測は正しかった(近年成り立たないことが多い)。多くの種子は，それ以下の温度になると発芽しない最低温度があり，逆に，ある温度以上になっても発芽しない最高温度がある。この最低温度と最高温度の間に発芽最適温度 optimal temperature の存在する種が多い。サクラの開花予測や温度依存性の種子発芽は，温度のみで，おおむね現象を予測することができる。しかしながら，多くの種や生態系の分布は1要因で決まることは珍しい(図6-2-1)。生態系は，さまざまな種から構成され，それぞれの種が個々の環境への応答を異にするため，複数要因の抽出が必要である(図6-7-1)。

　温暖化にともなう陸上生態系変動の最悪のシナリオは，今ある陸地が海水面下に没し消滅してしまうことである(第5章)。インド洋にあるモルジブ共和国は現在でも最高標高が1.5m程度であり，海面が1m上昇すると，ほとんどの土地が海面下となるので，このような地域が陸上であり続けた場合の生態系変動予測は無意味なことなのかもしれない。しかし，海面に没することはない陸上部が存在することと，そのような劇変は回避できるシナリオがあると信じ，陸上が存在している範囲での生態系変動予測方法を紹介しておく。

　生態系変動を長期的なマクロ規模で考慮する際の基本は，温度と降水の変化パターンを知ることである(図6-2-1)。合州国東海岸で，現在より大気中二酸化炭素量が倍になると仮定し，種数とバイオーム分布の変動予測を行なった(Iverson adn Prasad, 2001)。二酸化炭素量は倍になると仮定された時に，温度や降水量の変化予測が異なる5つのシナリオを元に，生態系変動は同じモデルにより予測した。すると，いずれのシナリオでも，現在に比べて，バ

第6章 地球温暖化にともなう陸上生態系の変化　129

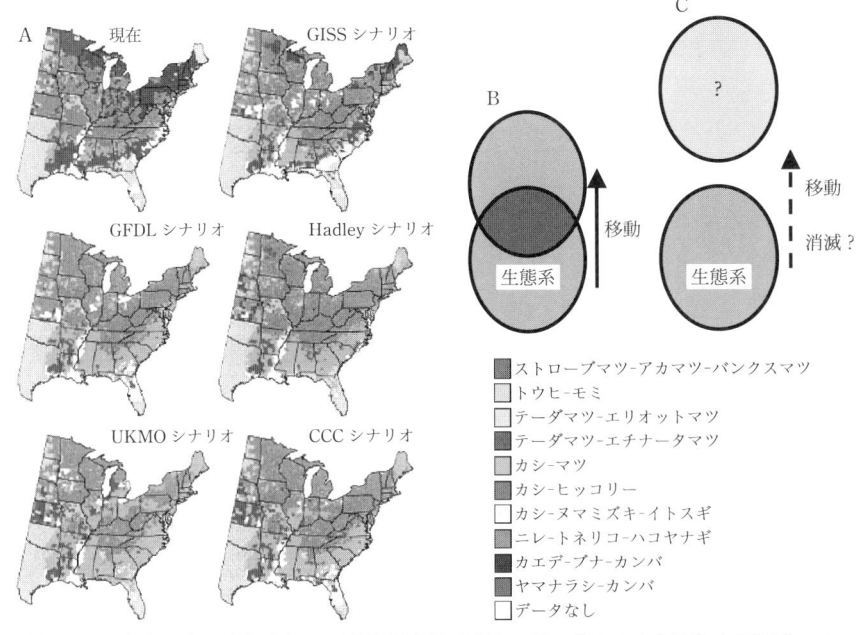

図6-7-1　(A)現在の森林分布と二酸化炭素量が現在の倍に増えたと仮定した温暖化にともなう環境変動の5つのシナリオ(GFDL, UKMO, GISS, Hadley, CCC)をもとにした生態系変動予測(Iverson and Prasad, 2001)。(B)温暖化速度より植物の分布移動速度が速い場合には，おおむね現在の分布パターンより予測ができる。(C)温暖化に植物の分布移動が追いつかない場合には，崩壊や新生態系の発生が起こり得る。つまり，予測不可能の事態となる。

イオーム分布はおおむね北上する傾向にはあるが，シナリオが異なれば大きく予測結果は異なるのが現状であった(図6-7-1)。このように，生態系変動予測では，生態系の環境変動への応答を調べるばかりでなく，環境変動側のシナリオの精度をより高める必要があることがわかる。

さらに，規模が小さくなれば，温度・降水以外の環境要因が生態系に与える影響も考慮せねばならない(図6-2-2)。米国東海岸に限られた範囲内で実施された，このモデルでは温暖化にともなう台風増加・大型化や山火事増加などは考慮されていない。しかし，合州国東海岸は2005年秋に，超大型台風(ハリケーン)の襲来を受けている。台風や山火事に対する各種の耐性の強弱などを考慮することが，既にこの規模でも必要であると思われる。

6-8　温暖化へのフィードバック(地域スケール)

　地域スケールをはじめとする小規模視野での生態系変動は，おもに室内実験と野外実験によって調べられている。それらの規模での生態系変動の研究結果を積み重ねることにより，グローバルスケールでの生態系変動を知ることができる。しかし，室内・室外実験ともに，多くの人為による不自然な結果(アーティファクト artifact)を生じやすい。そこで，野外における温暖化に対する生態系応答の研究は，まず方法論の改善が積極的になされている(表6-8-1)。これらの方法すべてについて，方法上の長所と短所があり，今後も改良の余地が残されている。

　大事なことは，これらの得られた結果がアーティファクトであるから意味がないと片付けるのではなく，これらの結果からでも確実にいえる事象を見出すことである。

6-8-1　温暖化と生活型

　温暖化にともない生態系分布パターンが変化することにより，生態系が放出，あるいは吸収する二酸化炭素量をはじめとする物質循環量が変化する。生態系の二酸化炭素吸収量が減少すれば，それまで吸収できた分の二酸化炭素は大気中に残るので，温暖化は加速されることになる。このように，温暖化という環境変動が生態系を変えれば，変えられた生態系が環境に作用する部分も変化する，フィードバックがみられる。この，環境－生態系間フィードバックは，温暖化ばかりではなく，多くの生態系の変化を知る上で重要である。

　ここでは，温度上昇にともなう植物成長の変化，そしてそれにともなう土壌水分の変化について触れる。土壌水分変化は，おもに土壌表面からの蒸発 evaporation と，植物中を経由し気孔から大気中へ放出される蒸散 transpiration という2つの過程によりなされる。蒸発と蒸散を合わせて蒸発散 evapotranspiration と呼び，地表面から大気中へ失われる水蒸気の総量となる。植物が光合成をさかんに行なえば行なうほど，より多くの水分を必要とする

表 6-8-1　野外における温暖化実験方法(Shaver et al., 2000)

方法	温暖化の原理	長所	短所
野外温室	温室による温度上昇(赤外線再放射エネルギーの反射と移流エネルギーによる損失減少)	簡便 低費用(電源不要)	意図した温度制御はかなり困難 光，風，湿度，降水量などが変化する人為による不自然な結果を生みやすい
受動的オープントップチャンバーOpen-Top Chamber(OTC)	温室上部を開けたものと思ってよい。原理は同じ	同上	温度制御は同上 温度操作範囲きわめて狭い
能動的 OTC	能動的 OTC に加え温度上昇用の電熱線などを敷設	正確な気温制御可能 CO_2 制御を同時に行なうこともある	大気特性，大気湿度，蒸発散量が変化してしまう
能動的土壌温暖化	電気抵抗線を土壌中に埋め温度上昇	正確な土壌温度変化の制御可能 温室や OTC との組み合せも可能	土壌水分も共に変化 地上部温度に影響しない
赤外線加熱	赤外線放射量を増加させ温暖化	エネルギー入力量を正確に制御可能 エネルギー収支上は温暖化の直接的な模擬実験となる	温度上昇は放熱量のみで決まる 移流エネルギーによる変化なし
移植実験	植物，土壌，あるいは土壌と植物両方をより暖かいあるいは寒いところに移植	比較的自然な温度勾配上での比較が可能	撹乱の影響。複数の環境変化が起こるため，観察された応答を特異的な原因に帰結することが困難

　ため，蒸散量は増す。したがって，植物成長のよい生態系ほど，土壌中の水分をより多く使うことになる。蒸散が降水量を上回れば，光合成量を減らすか，土壌中から水を降水量以上に獲得せねばならない。土壌中からより多くの水を獲得すると，結果として，土壌の乾燥化が起こる。

　土壌中の水と植物成長の関係を知る上では，植物の生活型と種属性を知っておく必要があろう(Box 6-8-1)。高木は，最も多くの土壌水分を必要とする生活型であり，そのため，温暖かつ湿潤な気候のところにより多く分布する。一方，一年生植物は砂漠などの乾燥地や撹乱初期に多く，短い期間で種子生産を完了させられるため，僅かな降雨の時期を有効に使え，さらに，極端に

［Box 6-8-1］ 植物の生活型 life form と種属性 species attributes

　生物の生活様式を類型化したものを生活型といい，外部形態，生育様式，休眠芽の特徴などによりさまざまな区分がなされている。草本は，広葉草本 forbs と，それ以外(graminoids → 禾本，イネ型草本などと訳)に分けられることも多い。Klinka et al.(1989)は，種子植物は，針葉樹，広葉樹，常緑低木，落葉低木，禾本，広葉草本，寄生・腐生植物，に分けている。生活型に加え，より広く各種の他の特性(毒性・雑草性・生息地・稀少性・光合成特性など)を加え分類する場合に種属性という。

　生育様式をもとにした生活型区分とラウンキエ Raunkiaer の生活系区分との対応関係。ラウンキエの生活型区分は，生育不適期における休眠芽の位置によりなされる。

生育様式	ラウンキエ	おもな生育環境
草本 herbs：幹に相当する部分が肥大成長しない植物。		
一年生草本 annuals：一年内に枯死する。	一年生植物	乾燥(砂漠)・撹乱地
二年生草本(越年生草本) biennials：葉をつけたまま劣悪な時期を越し，その後に種子形成し枯死する。		
多年生草本 perennials：生育終了までに地下茎などに栄養分を回し，次の生育期間開始時におもにその地下部栄養分で生育する。	地表植物 半地中植物 地中植物	寒冷・乾燥 寒冷・湿潤 寒冷・湿潤
木本 trees：木部をつくり幹が肥大成長する植物。		
低木 shrubs(scrubs)：幹と枝の区別が明瞭とならず，普通は樹高が数 m 程度にまでしかならない木本。	低木	寒冷・乾燥
高木 trees(arbors)：幹と枝の区別が明瞭で，低木より大きくなる木本。	高木	温暖・湿潤

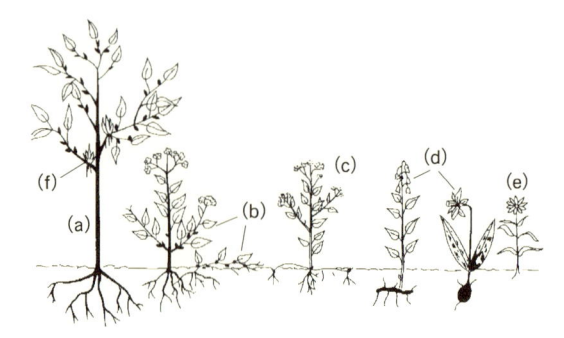

生活型区分の例(Mackenzie et al., 1998 を一部改変)。環境の劣悪な時期をやり過ごす器官を黒く塗りつぶしてある。他にラウンキエの生活型では，水生植物などの区分がある。(a)高木，(b)低木，(c)半地中植物，(d)地中植物，(e)一年生植物，(f)着生植物

水が少ない時期には土壌中で発芽せずに休眠 dormancy し，水分欠乏期をやり過ごすこともできる。ただし，一年生植物は，繁殖を成功させるには，一度発芽すると短期間の内に種子生産を完了させねばならない側面もある。

また，生活型や種属性を用いて，出現する種を類型化することで，異なる種からなる生態系間での構造と機能を比較することが可能となる(Tsuyuzaki and del Moral, 1995)。バイオームは，ある意味，生活型により生態系を区分したものともいえる。

赤外線ヒータを用い大気を加熱することで大気温度を上昇させ(表6-8-1)，環境変化と植物成長の関係を調べる実験が，ロッキー山脈の亜高山帯でなされた(Dunne et al., 2004)。実験区と対照区(無処理区)共に，斜面の上部と下部に，それぞれ数箇所ずつ設置された。この調査地は1991年に設置され，現在まで調査が継続されている。処理前には，ヤマヨモギ(キク科)が優占する草地であった。実験から2年経過した段階で，斜面上部・下部共に広葉草本のバイオマスが増加したが，斜面下部の方でのバイオマス増加が顕著であった。また，バイオマスが大きく増加した種は斜面上部・下部で異なり，上部ではヤマヨモギが，下部ではキジムシロ属に近い種(バラ科)であった。斜面全体で，融雪は1週間早まり，夏季の土壌水分は大きく減少していた。これは，斜面下部の方が，地形的に土壌水分が蓄積しやすいにもかかわらず，植物の成長がよかったため，より多くの土壌水分を消費したためと考えられている。すなわち，斜面下部では，温暖化によりバイオマス増加が顕著であり，その結果，より多くの土壌水分が植物に利用されていたため，土壌水分の低下が大きかった。

一方，カリフォルニアの一年生草本の優占する草地で，赤外線ヒータによる温暖化および二酸化炭素暴露による二酸化炭素濃度上昇を行なった実験では，亜高山の多年生草本が優占する草地と異なり，温暖化を促進すると夏には土壌水分が上昇した(Zavaleta et al., 2003)。草地上の植生指数(NDVI)の季節変化を測定すると，実験区では一年生草本の植生指数の増加は対照区(無処理区)に比べて早い，すなわち，成長が早くなっていた。また，夏になると，実験区では植生指数が対照区より早く減少しており，植物が枯れ出すのが早くなることがわかった。つまり，実験区の植物は，より早く成長し，種子生

産を完了し枯死した。そのため，夏には植物の土壌中の水分利用が減る，つまり，一年生植物による蒸散量が減ったため，土壌水分が無処理区に比べて高くなった。

　これらの2つの実験を比較すると，土壌水分は，温暖化により多年生草本が優占している草地では減少し，一年生草本が優占する草地では減少するとは限らないという違いが示された。この土壌水分変動の違いは，植物群集の構造によってもたらされたものである。このように，生物群集は，環境が変化すると変化し，次いで，生物群集の変化にともない環境が変化する。そして，さらに環境変化が生態系側に還元される，というように循環しながら変動する。この，循環は，時として，温暖化を加速することにもなるので注意が必要である。さらに，生態系の応答は，その生態系の優占植物の生活型により，同じ刺激を与えても異なり，また環境の応答も異なるため，今後，さまざまな生態系における比較研究が必要となる。

6-8-2 生態系のメタン放出

　温暖化が進めば，極地周辺に多く分布している1年を通じて融解しない部分のある永久凍土 permafrost が，融解するようになり減少する。永久凍土の存在は，ツンドラ生態系を支える重要な環境要因であり，永久凍土の減少は，ツンドラ生態系の変貌を意味する。そればかりではなく，永久凍土中には，大量のメタンが蓄積されている。これらのメタンが温暖化にともなう凍土融解により大気中に放出されれば，二酸化炭素の次に主要な温室ガスであるメタンの大気中での量は飛躍的に増えることになる。

　メタン量の変化については，湿原動態を知ることも重要である。なぜならば，湿原は，自然生態系のなかで，主要なメタン放出源である。湿原中には，嫌気性細菌であるメタン生成菌が生息し，この菌の特性がメタン放出量を決める鍵となる。温暖化により，これらの細菌の活動が活発になれば，メタン放出量は増加する。周極地の湿原は，ツンドラに含まれる生態系も多く，その意味でも極地周辺の生態系の動向は注目されねばならない。

　これまで，湿原におけるメタン生成量を規定する要因としては，水温・気温などの物理要因や水中の溶存酸素量，酸化還元電位，電気伝導度などの化

学要因がよく調べられ，おもな要因であると考えられてきた．しかし，同じ地域における近接した生態系でもメタンの放出量は異なり，今後，生物要因を詳しく調べる必要がある(Tsuyuzaki et al., 2001)．

陸上植物，さらに群集は，メタンの大きな放出源となっているという報告が，マックスプランク研究所からなされた(Keppler et al., 2006)．メタンは，成層圏のオゾン量および水蒸気量にも影響している．これまで，自然界では，メタン発生は嫌気的状態でメタン生成菌などにより生物学的過程で生じると考えられていた．この研究では，好気的条件下では，温度と日射が高いと陸上植物が多量のメタンを生成することを示した．このことは，熱帯などで植林による森林化は，メタン放出源を増加させることを意味し，京都議定書の考え方(第8章)を改める必要があるかもしれない．

6-8-3　生態系の地下部

アラスカにおけるツンドラおよび北方林における谷地坊主 tussock が発達した湿原で，肥料付加による植物群集の変化が20年以上の期間にわたり調べられている(Mack et al., 2004)．温度上昇にともない土壌中の有機物の分解速度が早まるため，土壌有機物分解による土壌栄養分の増加が起こる．肥料付加は，それを模倣し，人工的に土壌栄養を高める目的で行なわれる．本来，ツンドラは低温のため有機物の分解が遅いため土壌中の窒素およびリンに乏しい．土壌有機物の分解速度が早まり，これらの分解された栄養分が，今まで以上に供給されれば，生態系の変化は劇的なものとなると予測される．実験では，施肥により地上部の年間一次生産力は，種組成を変えながら，対照区と比べて約2倍となった．しかし，そのため地下部からの栄養分吸収量が増し，肥料付加を行なったにもかかわらず，地下部の炭素および窒素の蓄積量は減少した．つまり，土壌栄養供給量が増しても，それ以上に植物が土壌中の栄養分を利用するようになることを示唆している．このことは，地下部における栄養動態をより明らかにせねば，地上部の動態を充分に予測することはできないことを示している．

さらに，地下部における呼吸量の推定は，測定法上の問題から大きな誤差を含んでいた．スウェーデンの北方林において，確度の高い呼吸量測定実験

が行なわれた。その結果，土壌呼吸による二酸化炭素放出量の内，少なくとも50%が，植物根および，その根につく菌根菌によりなされていることが明らかとなった(Chapin et al., 2001)。

　地上部の調査は，地下部の調査に比べれば手法も確立され，個体識別などによる非破壊的な追跡も可能であることから，長期的な生態学的研究もさかんで，かなりの情報が蓄積している。しかし，地下部の生態系動態に関する情報は少なく，また誤差も大きいといわざるを得ない。同位体による追跡実験など非破壊的かつ高精度の調査法の確立が待たれている。地下部の精細な測定結果を得ることで，一次生産力などの値が，今後変更されることになるだろう。

6-9　メタ解析

　温暖化実験は，似たような方法を用いて行なっても，対象が異なる生態系であるなどの理由から，生態系と土壌水分の関係でみたように，同じ結果を得るとは限らない。このような場合に，多くの研究間の比較は，全体的な傾向を知る上で有効な方法である。近年，複数の研究事例の情報を統合し，全体的な傾向を抽出する統計手法であるメタ解析 meta-analysis による一般化の試みが進んでいる。メタ解析は，通常，既存の文献が増えれば増えるほど，信頼性が増すので，今後，メタ解析の重要性は増すものと思われる。

　アラスカの谷地坊主の発達した草地とスウェーデンのヒースというおもにツツジ科低木の優占する植物群集における温暖化実験に関連する文献をもとにしたメタ解析がある(van Wijk et al., 2003)。それによると，温暖化にともない両調査地域で共通にみられる変化として，各生活形での地上部バイオマスの変化が挙げられる。すなわち，両地域で，落葉性木本(低木を含む)とイネやスゲなどの禾本植物の地上部バイオマスは増加したが(図6-9-1)，コケ類と地衣類の地上部バイオマスは減少した。しかし，より詳細に分析すると，アラスカでは落葉性低木であるナナカンバのバイオマス増加が著しく，他生活型の種の定着を減少させた。一方，スウェーデンでは維管束植物のバイオマス増加は，他の種への負の影響はみられなかった。このように，生態系が

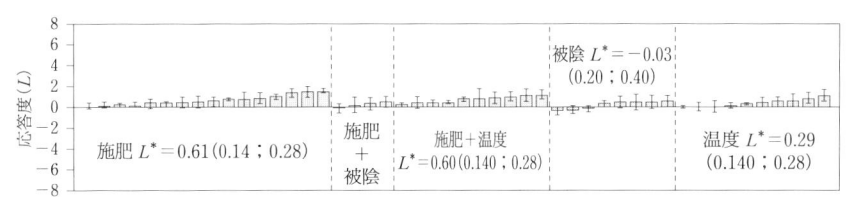

第6章 地球温暖化にともなう陸上生態系の変化　137

図6-9-1　温暖化，施肥，被陰実験における維管束植物のバイオマスの変化(van Wijk et al., 2003を改変)。図中のTはアラスカ，Aはスウェーデンで行なわれた実験であることを示す。応答度responsiveness(L)は，$L = \ln(X_e/X_c)$とした。ここで，Xは実験区(e)および対照区(c)において得られた特性値であり，実験により変化がない場合には0を，減少すればマイナスを，増加すれば正の値をとる。図の場合は，バイオマスを特性値とし，応答度の低い結果から順に並べている。破線で区切られた間が，それぞれ同じ処理による異なる実験の結果である。ここでは，各研究で得た結果を効果サイズeffect sizeを考慮し標準化するためにLの荷重平均値(L^*)を計算し，その値が有意に0から離れている場合について，そのL^*値とカッコ内に標準誤差と90%信頼限界を示している。統計的検定法についてはGurevitch et al.(2001)を参照されたい。

異なれば，バイオマス増加傾向は共通ではあるが，その変化の中身が異なることがわかる。今後，より多くのさまざまな生態系での温暖化への応答様式を比較する必要があることが指摘されている。

　温暖化にともなう陸上生態系の変化について，グローバルスケールと地域スケールという2つの側面からのアプローチを紹介した。両アプローチは，まず全体の変動をより大きな目で把握しようとするトップダウンtop-down的なものと，個々の事象を把握し，それをつなぎ合わせていこうとするボトムアップbottom-up的なものと言い換えることもできる。温暖化問題ばかりでなく，すべての生態学領域において，両アプローチの接点が見出された時に，その生態系の変動機構が明らかになるといえよう。

　温暖化が生態系に与える影響とそのフィードバックの概要のなかでも，基礎的な考え方として，将来，大きく変化することはないと思われる部分に焦点を絞って概説してきた。当然ながら，細かい数字などは，今後観測精度とモデル精度の向上につれ修正されていくことだろう。しかし，ここで紹介した原理が否定されることは，温暖化予測そのものが根本から否定されることにもなる。そのような研究が今後発展する可能性も否定はできないが，ある

意味，それが現在の研究状況でもある。

[参考文献]
秋山 侃・福原道一・斎藤元也・深山一弥．1996．カラー解説．農業リモートセンシング―環境と資源の定量的解析．養賢堂．
Chapin, III, F.S. and Ruess, R.W. 2001. The roots of the matter. Nature, 411: 749-751.
Dunne, J.A., Saleska, S.R., Fischer, M.L. and Harte J. 2004. Integrating experimental and gradient methods in ecological climate change research. Ecology, 85: 904-916.
Field, C.B., Behrenfeld, M.J., Randerson, J.T. and Falkowski, P. 1998. Primary production of the biosphere: Integrating terrestrial and oceanic components. Science, 281: 237-240.
Forman, R.T.T. 1964. Growth under controlled conditions to explain the hierarchical distributions of a moss, *Tetraphis pellucida*. Ecological Monographs, 34: 1-25 (Krebs, C.J. 2001. Ecology, (4th ed.). Benjamin Cummings, San Francisco より)
Gurevitch, J., Curtis, P.S. and Jones, M.H. 2001. Meta-analysis in ecology. Advances in Ecological Research, 32: 199-247.
Iverson, L.R. and Prasad, A.M. 2001. Potential changes in tree species richness and forest community types following climate change. Ecosystems, 4: 186-199.
Keppler, F., Hamilton, J.T.G., Bra1, M. and Röckmann, T.T. 2006. Methane emissions from terrestrial plants under aerobic conditions. Nature, 439: 187-191.
Klinka, K., Krajina, V.J., Ceska, A. and Scagel, A.M. 1989. Indicator plants of caostal British Columbia. UBC Press, Vancouver.
Krebs, C.J. 2000. Ecology (5th ed.). Benjamin Cummings, San Francisco.
Mack, M.C., Schuur, F.A.G., Bret-Haratre, M.S., Shaver, G.R. and Chapin, III, F.S. 2004. Ecosystem carbon storage in arctic tundra reduced by long-term nutrient fertilization. Nature, 431: 440-443.
Mackenzie, A., Ball, A.S. and Virdee, S.R. 1998. Instant notes in ecology. 321 pp. Bios Scientific Publications, Oxford, UK.
Mader, S.S. 2000. Biology. Evolution, diversity, and the environment (7th ed.). WCB, Dubuque, Iowa.
Shaver, G.R., Canadell, J., Chapin, III F.S., Gurevitch, J., Harte, J., Henry, G., Ineson, P., Jonasson, S., Melillo, J., Pitelka, L. and Rustad, L. 2000. Global warming and terrestrial ecosystems: A conceptual framework for analysis. BioScience, 50: 871-882.
露崎史朗．2004．群集・景観パターンと動態．植物生態学(甲山隆司編)，pp. 296-322．朝倉書店．
Tsuyuzaki, S. and del Moral, R. 1995. Species attributes in the early stages of volcanic succession. Journal of Vegetation Science, 6: 517-522.
Tsuyuzaki, S., Nakayama, T., Kuniyoshi, S. and Fukuda, M. 2001. Methane flux and vegetation types in grassy marshlands near Kolyma River, northern Siberia. Soil Biology and Biochemistry, 33: 1419-1423.
van Wijk, M.T., Clemmensen, K.E., Shaver, G.R., Williams, M., Callaghan, T.V., Chapin, III, F.S., Cornelissen, J.H.C., Gough, L., Hobbie, S.E., Jonasson, S., Lee, J.A., Michelsen, A., Press, M.C., Richardson, S.J. and Rueth, H. 2003. Long-term eco-

system level experiments at Toolik Lake, Alaska, and at Abisko, Northern Sweden: generalizations and differences in ecosystem and plant type response to global change. Global Change Biology, 10: 105-123.

Woodward, F.I. 1987. Climate and plant distribution. Cambridge University Press, Cambridge.［内嶋善兵衛(訳)．1993．植物分布と環境変化．古今書院．］

Zavaleta, E.S., Thomas, B.D., Chiariello, N.R., Asner, G.P., Shaw, M.R. and Field, C. B. 2003. Plants reserve warming effect on ecosystem water balance. Proceedings of National Academic Sciences, USA, 100: 9892-9893.

第7章 地球温暖化にともなう海洋物質循環・生態系の変化

北海道大学大学院環境科学院/鈴木光次・渡辺豊，
北海道大学大学院水産科学研究院/岸道郎，東京大学海洋研究所/津田敦

7-1 地球温暖化による海洋物質循環過程の変化

7-1-1 はじめに

　大気中の二酸化炭素濃度上昇にともない，どの程度海洋が二酸化炭素を吸収しているのかという研究はここ10年余りさかんに行なわれてきており，今後も重要な研究課題であることは間違いない。ただ，これまでの研究の基本は，産業革命以降，ここ200年程度は海洋循環と生物活動が長期的時間スケールの上では定常状態であったという暗黙の前提の上に成り立っていた。本来，地球自身がもっているミランコビッチサイクルに代表されるような変動周期や温室効果にともなう大気・海洋間の熱交換量などの変動・変化は，その程度は別としても，この時間スケールの上でも起こり得る可能性があることは皆が意識しているはずであるが，これまで地球環境問題研究がその域まで達していなかったといえる。しかし，21世紀を迎え，ここ数年の間に海洋の変動・変化の検出が可能になる程度に大気海洋のさまざまな時系列データが整備されたことなどによって，海洋の気候変動・変化に関する研究は急速に進みつつある。

　北太平洋についてその例を挙げると，東部北太平洋の海洋定点観測点

Papa(50°N, 140°W)における過去60年間の冬季混合層の減少(Freeland et al., 1997)や，親潮海域・オホーツク・日本海などの西部北太平洋での過去30年間の亜表層での溶存酸素(DO)や生物による新生産量 new production の減少などの報告(Ono et al., 2001, 2002; Andreev and Kusakabe, 2001; Andreev and Watanabe, 2002; Watanabe et al., 2003)が最近になって次々と提出されてきた．しかし，これらの研究は海洋内部で何らかの変動・変化が起こりつつあることは示しているものの，この変動・変化がどの程度広域的に起こっているのか，また，それらが起こる原因が海洋循環の変動なのかあるいは生物活動の変動によるものなのかなど物質循環変動の様相は明らかではない．

　ここでは，これまでに北太平洋で行なわれた海洋循環変化や生物活動変化の指標となる化学時系列データの結果を用いて，北太平洋の広範囲において海洋物質循環に何が起こっているのかをその可能性について述べよう．

7-1-2 海洋の水塊形成量の減少の可能性——海洋循環変動の証拠

　海洋環境が広い範囲で変動しているかどうかは，同一観測地点での数十年にわたる物理・化学・生物データの蓄積があれば，その検出が可能かもしれない．しかし，これまで海洋定点観測ではこれらのデータセットがそろったものはあるものの，太平洋を横断するような広範囲にわたる定観測線で物理・化学・生物データがそろったものはなかった．そこで，過去に高精度かつ詳細に観測された同一の観測点を探して，過去にも測定されている酸素消費量(AOU：飽和酸素濃度から観測された酸素濃度を差し引いた値)と化学トレーサー・クロロフルオロカーボン類(CFCs)による水塊の年齢を再度観測して，これらの結果を過去の値と比較してみた(図7-1-1)．ここでは過去1980年と2000年の期間の差として比較した．

　その結果，水深を水の密度でみると，27.4 σ_θ 以浅(水深約1000 m)では，過去20年間に等密度面の深さはそれほど変わらないにもかかわらず，AOUが有意に増加していた．また本来，表層から潜り込む中深層水の水塊形成量が一定ならば，増加するはずもない水塊の年齢も見かけ上約30％近くも増加していた．北太平洋の気候を決める重要な中深層水の1つには，北太平洋中層水 NPIW がある．この水が形成される亜寒帯海域では，AOU 増加は実

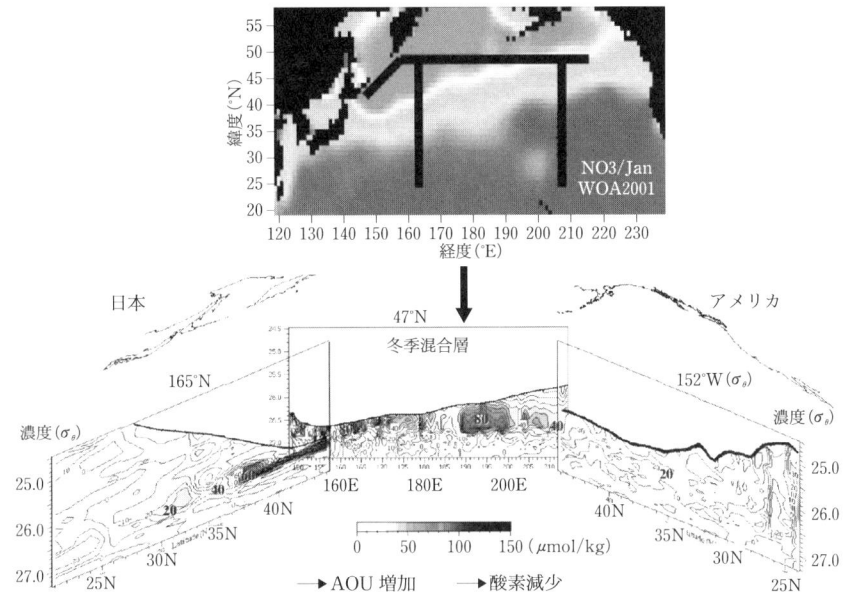

図 7-1-1 1980〜2000 年における北太平洋の見かけ上の酸素消費量(AOU)の差 (Watanabe et al., 2001; Emerson et al., 2001, 2004). 地図は冬季表層硝酸塩濃度 (Conkright et al., 2002 上に断面図の観測線を示したもの)。暖色系が濃度増加大

に 40 μmol kg^{-1} を超えるレベルまでに達していた。

　この AOU を増加させる原因としてはおもに 2 つが考えられる。その 1 つは，中深層水の水塊形成量(NPIW)の減少である。海洋表層の生物生産がほぼ一定の条件のもとでは，観測された化学トレーサーによる水塊の年齢増加と AOU の水柱の全増加が充分バランスしていることから，この水塊形成量減少の可能性は高いことが推定される。もう 1 つの可能性は海洋表層での生物生産の増加である。中深層水の水塊形成量が減少しないものとすると，海洋表層から海洋内部へ運ばれる有機物量が，ここで観測された AOU の増加を説明するためには，気候値(Berger et al., 1987)から 10 倍以上の生物生産量が増加する必要がある。過去数十年で生物生産が 2 倍になったとの報告すらもこれまでにされておらず，この可能性は低いであろう。もちろん，水塊形成量減少にともない，栄養塩の減少などで生物への影響があることは間違いない。そのことについては後で説明する。

7-1-3 海洋環境変化の傾向とその変動周期

これまでに述べた AOU の増加や水塊年齢の増加などの物質循環変動は，北太平洋の広範囲にわたり著しいものであることがわかってきたが，これらのデータは過去 20 年の間に同一観測線で行なわれた，たった 2 回の観測のスナップショットの比較でしかない。この 2 つのスナップショットの間ではどのような変動・変化が起こっているのであろうか。そこで今度は，溶存酸素について北太平洋全体でのその変動傾向を調べ，そのメカニズムを含めた詳細をみてみよう。

その結果，北太平洋ではどこでも密度 27.4 σ_θ まで DO が周期性をともないながら減少しているのがみられる(図7-1-2)。すなわち，AOU が周期性をもって増加しているのである。北太平洋西部と東部ではおよそ水深 1000 m，日本海では水深 3500 m までその周期が達していた。この DO の減少傾向

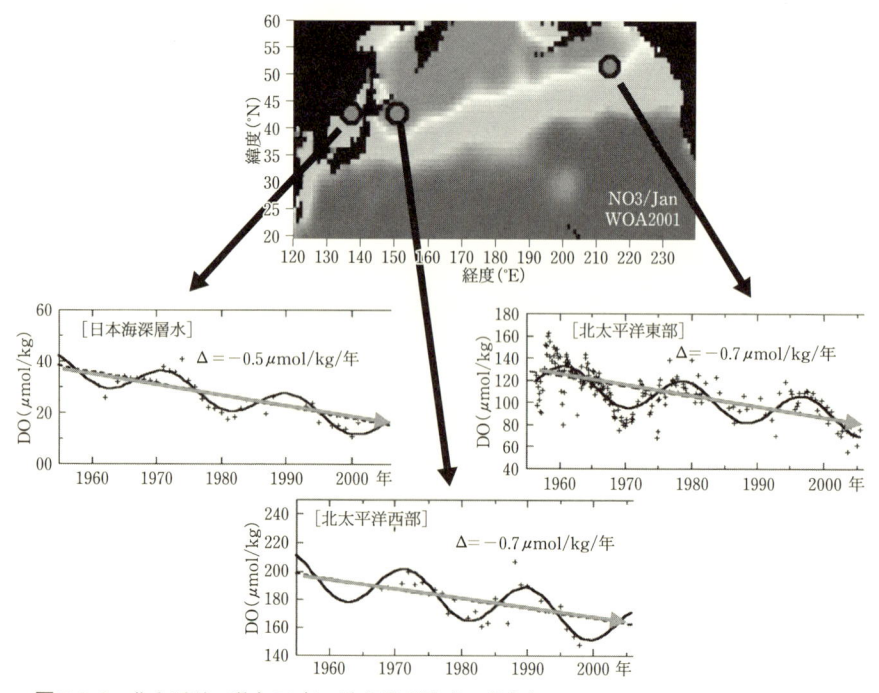

図7-1-2　北太平洋の過去 50 年の溶存酸素濃度の変化(Watanabe et al., 2003；Watanabe, 2006)。口絵 3 参照

(AOUの増加傾向)はNPIWが形成される亜寒帯海域では，毎年最大0.7 μmol kg^{-1} も減少し，またこれらの周期変動は20年であることがみてとれる．この減少傾向を生物活動の増加から説明しようとすると，2～5倍の増加が必要であり，やはりそのような報告は今までにない．これらのことは，北太平洋中層水と日本海深層水の水塊の形成機構がまったく独立であるにもかかわらず，また，太平洋の東西で距離がかなりあるにもかかわらず，27.4 σ_θ までの表層から潜り込む水塊が物理的な変動・変化を受けて，20年周期の摂動をともないながら，その形成量が減少している可能性が高いことを示していることになる．

ここで大気と海洋の相互過程を考えてみよう．北太平洋における海面気圧偏差の時間変化(NPI)(Minobe, 1999)とDOの変動周期を比較すると，NPIが低気圧性の時に海水のDOは減少し，高気圧性の時にDOが増加している．水塊の形成機構が完全に独立な西部北太平洋海域と日本海の変動周期が共に同期していることと，北太平洋の東西で変動周期が逆位相であることを考え合わせると，大気が海洋内部の変動・変化を支配していることがわかる．その結果，地球固有の摂動として20年の周期性が現われるのである．一方，大気中の二酸化炭素濃度増加による地球温暖化の効果が水塊の形成量減少を引き起こし，その結果，溶存酸素の直線的な減少傾向を表わしている可能性が高いことがわかってきた．

7-1-4　生物活動の減少の可能性——生物活動変動の証拠

表層から潜り込む水塊の形成量の減少ほどには，生物活動変化の著しい増加・減少がみられないにせよ，このような大気‐海洋の変動・変化に対して，やはり生物活動は変化していないのであろうか．そこで，生物活動の指標となる植物プランクトン中のクロロフィルa濃度に注目してみよう．まず，表層以下に存在するクロロフィルaの最大濃度の深度CSMDに着目した．図7-1-3は137°E線と175°E線上における10°ごとにまとめたCSMDの過去30年間の時系列である．両海域でCSMDは年々その深度を増加させ，平均0.5 m year^{-1} にもなる．冬場においても夏場と同様な状況になる．このことは水塊の形成量減少にともない下層からの栄養塩供給が減少したため

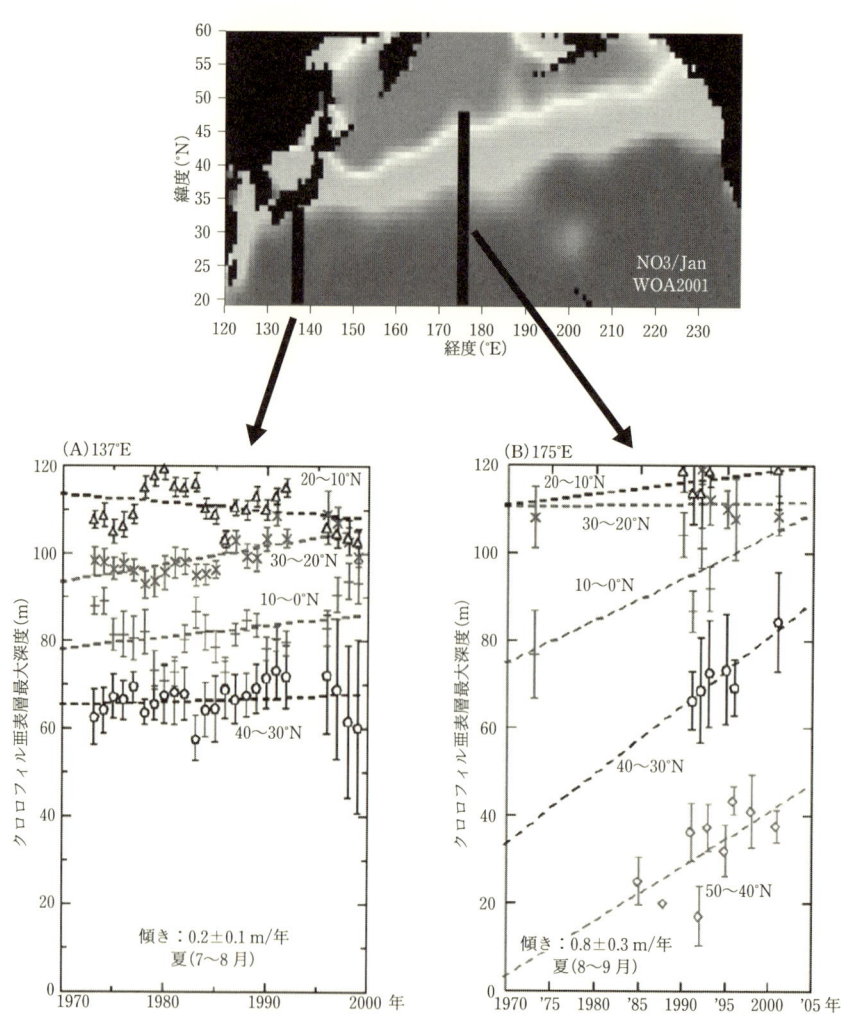

図 7-1-3　北太平洋におけるクロロフィル a の亜表層最大濃度深度 (CSMD) (渡辺ら, 2003)。口絵 4 参照

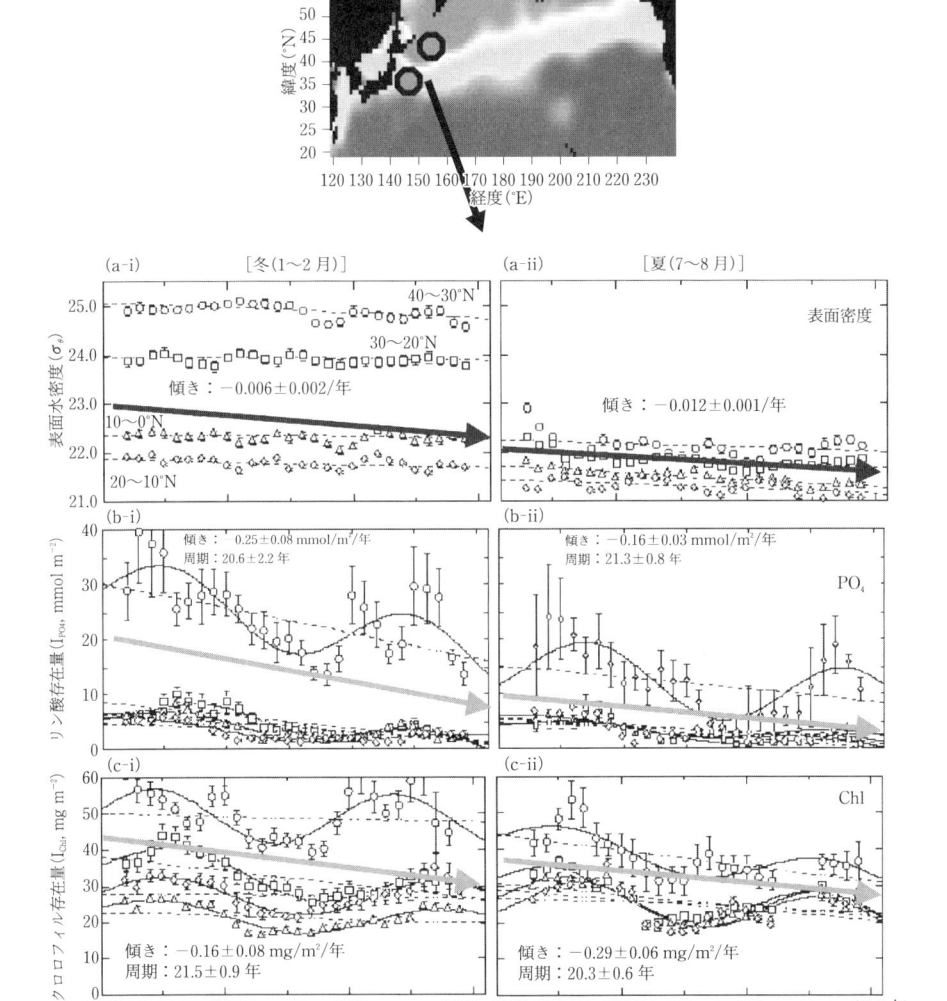

図7-1-4 北太平洋における表面密度，リン酸濃度（PO_4），クロロフィルa（Chl）の変化（Watanabe et al., 2005）。口絵5参照

に，光制限よりも栄養塩制限が強くなり，栄養塩を求めて植物プランクトンが下層に移動していることを示唆しているのかもしれない。

さらに，クロロフィルaについてみると，生物活動が増加して亜表層のDOを減少させるどころか，その存在量自体が減少している(図7-1-4)。冬場と夏場のリン酸濃度の差から求めた新生産量も同様に減少しており，これらのことは表層の植物プランクトン生物活動が減少方向へ向かっていることを示唆している。また，生物活動は減少傾向だけではなく，DOと同様に，20年周期の摂動ももっていることがわかる(図7-1-4)。そして，やはり，この周期もほぼNPIと同期して変動しているようである。このことにより，大気-海洋間の相互作用による水塊形成量の減少の結果，少なくとも北太平洋では生物活動が20年周期をともないながら減少していることが明らかになってきた。

7-1-5 おわりに

植物プランクトンの生物量が減少しているだけでなく，その生物種の構成が変化していることが最近わかってきた。その変化は，二酸化炭素を効率よく海洋内へ固定する珪藻という大型サイズの植物プランクトンから，二酸化炭素の固定効率が低い小型サイズの植物プランクトンへ移りつつあるということを意味している(Karl et al., 2001；Ishida et al., 2006)。ここ数年，珪藻の海として知られるベーリング海で，小型の植物プランクトンであるココリスが増殖しているのもこのことと多いに関係あるのかもしれない。ココリスが増殖すると，海洋への二酸化炭素固定量が減るばかりか，むしろ，海洋から大気へと二酸化炭素が放出される結果になる。そして，温暖化がさらに加速するフィードバック機構がかかるのかもしれない。一方，これらの小型植物プランクトンはDMS(ジメチルサルファイド)を生成する。実際，DMSの大気への放出量が増加していることも報告されている(Watanabe et al., 2006)これが大気中に放出されると，速やかに酸化されて雲核を形成すると考えられている。小型植物プランクトンの増加は，雲核を増加させる結果となり太陽の反射率(アルベド)の増加をもたらし，温暖化を減速させる可能性がある。果たして，一方的に温暖化が加速される方向に向かうのか，減速する方向に向か

うのか，今後の研究展開に期待することにしよう．

7-2 地球温暖化による海洋生態系の変化

　地球規模での気候変化と有史以降の人間活動(特に漁業)によって，海洋生態系の生産力構造や生物多様性を含めた生態系の構造や機能が変化してきた．特に20世紀以降の海洋生態系の変化は劇的であり，鯨類，海獣類，大型魚類などの長命な高次生物の激減，マイワシ，ニシンなどの爆発的盛衰，短命な小型魚類・イカ類の増加など，生態系の多様性の減少と単純化，そして温暖化にともなう寒冷生態系の縮小などが懸念されている．図7-2-1は，Froese and Pauly(2003)による最近50年間の世界の漁業のトレンドであるが(統計のとり方に問題がないとはいえない)，ここ30年で多くの魚種が開発され尽くしていることを示している．

　従来の資源管理は種個体群の資源管理が主流であったが，生態系全体の多様性と保全を考慮した複数種資源管理や，生態系に基づく資源管理 ecosystem-based management へと世界的に移行しつつある．生態系に基づく資源管理は，温暖化などの気候変化と漁業を含む人間活動に応答する海洋生態系保全をめざして，ノルウェー(バレンツ海)，アメリカ(ベーリング海・アラスカ湾)で研究プロジェクトが開始し(2006年現在)，太平洋を囲む国々ではカナ

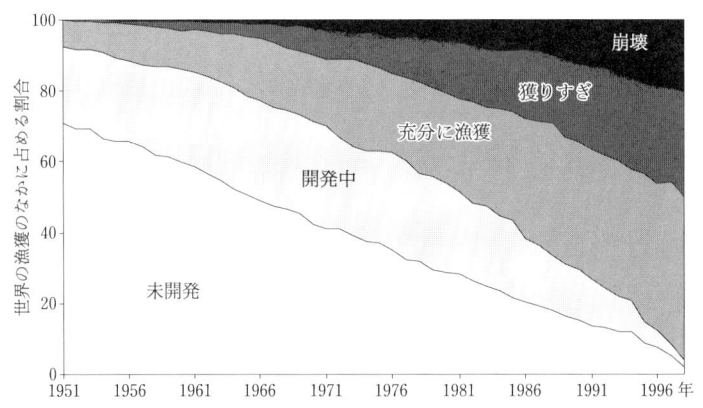

図7-2-1　Froese and Pauly(2003)による最近50年間の世界の漁業のトレンド

ダ，中国，ロシア，韓国も研究を立案中である．さらに，GLOBEC(Global Ocean Ecosystem Dynamics＝IGBPのコアプロジェクト)，北大西洋海洋科学会議ICESや北太平洋海洋科学機構PICESでもこれらのプロジェクトの支援が進められている．日本においても200海里内の水産資源管理への適用が検討されている．海洋生態系の変遷と現状を的確に捉え，その将来予測のためには生態系に基づく水産資源管理のための多様なモデル解析が必要である(ここでいう「モデル」は必ずしも数学的なモデルとは限らない)．このためには，気象，海象，生産力，現存量，鍵種生物の生活史を通した栄養動態，再生産‐加入に連動する資源変動などの各指標，指数，など摘出，試算が不可欠である．図7-2-2はPDO指数 Pacific Decadal Oscillation Index，大型動物プランクトンである，かい足類 Copepods のアノマリ(平均値からのずれ．この図はそれを分散で標準化したもの)，シロザケの生残率のアノマリを表わしている．この図からわかることは，PDOなどのように10年から30年の周期の海洋表層の水温変動がプランクトンの増減，サケの稚魚の生残に密接に関係しているということである．図7-2-3は Sakurai et al.(2000)による20世紀における日本・韓国のスルメイカ漁獲量の経年変化と寒冷・温暖レジームとの関係を表わしている．この図から日本海の水温が温暖な年代はスルメイカの漁獲量が多いことがわかり，これは Sakurai et al.(2000)によれば産卵場の水温構造の違いによる．図7-2-4は Klyashtorin(2001)による氷のデータから予想される過去400年の気温のアノマリと，日本のマイワシの漁獲量が多かったと思われる年代を表わしている．気温が高かった時期とマイワシの豊漁期がほとんど一致していることがわかる．以上のように数十年スケールで起こっている気候変動と生物活動は密接に関係しているらしいことが最近の研究で急速にはっきりわかってきた．このことは地球温暖化によって海水温や気温が変化した場合，海の生物はそれに反応して変化するであろうことを示唆している．ただし，温暖化はじわじわと50年，100年かけて一方的に起こり，これに数十年周期の変動が乗っているのである(図7-2-5参照)．そうすると，現在の寒冷年が将来の温暖年と同じ水温となる可能性がある．この場合，現在寒冷年で起こっている現象が将来に外挿されるという保証はなく，また，温暖年で起こる現象は，現在や過去の経験からはまったく予想されないのである．こ

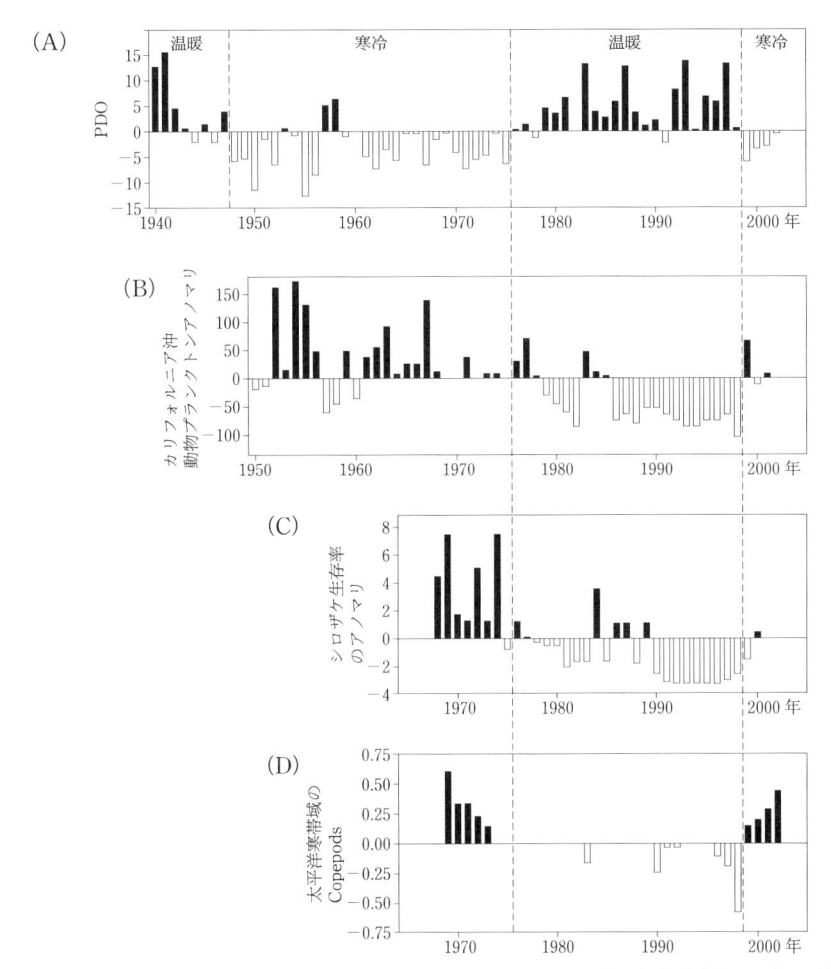

図7-2-2 さまざまな指数の時系列(Peterson and Schwing, 2003)。(A)夏季(5〜9月の平均値)のPDO指数，(B)CalCOFI動物プランクトンの年平均からのずれ(anomaly)，(C)シロザケの生残率，(D)冷水種コペポダのアノマリ

のような温暖化後の海洋生態系の予想を現在の知識を用いて行なうのはきわめて危険であるといわざるを得ない。物理現象の予測は「状態方程式」や「運動方程式」が正しい式なのである程度正しく予想される(もっとも，その境界条件である地球の地面の変化の様子を正しく予測することは難しいであろう)が，生態系モデルは現在の経験に基づいて定式化されているので，現在とはまった

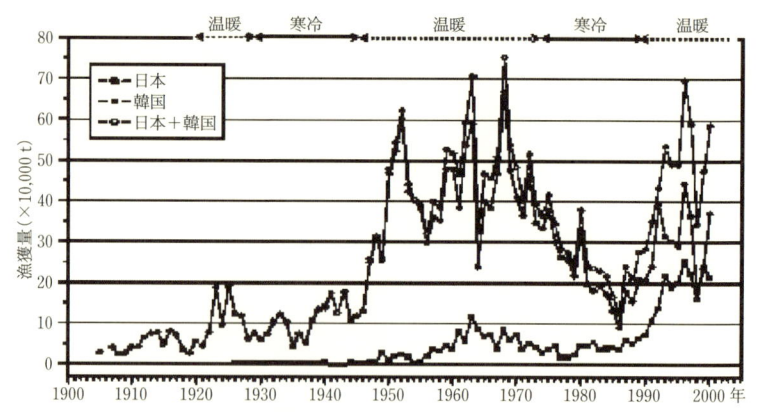

図7-2-3 20世紀における日本・韓国のスルメイカ漁獲量の経年変化と寒冷・温暖レジームとの関係(Sakurai et al., 2000)

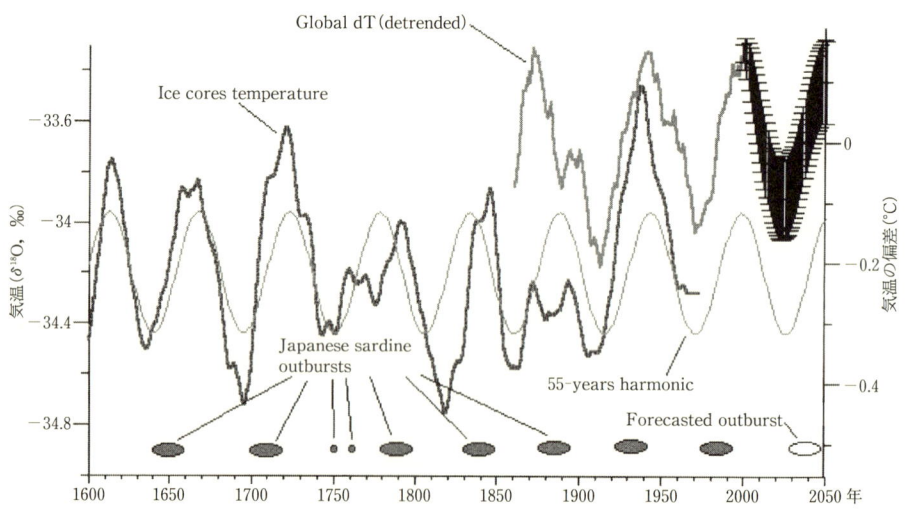

図7-2-4 氷のデータから予想される過去400年の気温のアノマリ(1800年以降は実測値による)と，日本のマイワシの漁獲量が多かったと思われる古文書などによる年代(グラフの下の楕円)(Klyashtorin, 2001)

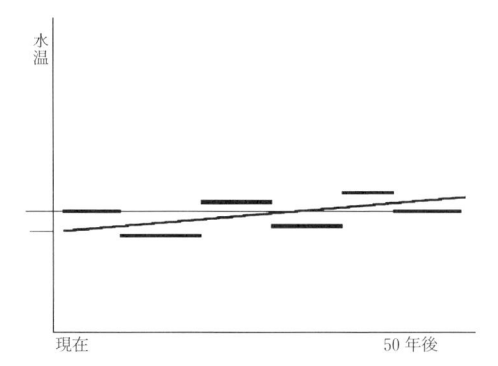

図 7-2-5 温暖化は一定の方向で起こり，それに数十年周期の変動が乗っている（イメージ図）

く違う状態における変化を予測することは困難である。

しかし，手をこまねいているわけにもいかないので，過去の変化がなぜ起こったのかを考察し将来予測に役立てる試みは数多く行なわれている。その研究をいくつか紹介して本節を終えたい。

生態系モデルを使って環境が変化した時にプランクトンが増えるか減るかを計算機を使って予測する際には，たとえば，生物の間の喰う喰われるの関係を式で表わすことになる。大切なのは，「式」で表わした生態系(ここでいう「生態系」とは生物同士のつながりにとどまらず，それをとりまく気温などの環境をすべて含んで「生態系」と呼ぶことにする)が地球全体の生物のふるまいを隈なく網羅するかどうかではなくて，我々が知りたい生物の変化が，その「式」で見当をつけられるかどうか，にある。図 7-2-6 は PICES(North Pacific Marine Science Organization＝北太平洋海洋科学機構)でつくられた「北太平洋の低次生産モデル NEMURO(North Pacific Ecosystem Model for Understanding Regional Oceanography)と呼ばれている「生態系モデル」である。実際の海で硝酸や珪酸のような栄養分は存在するけれども，「植物プランクトン」なんていう生物は存在しない(つまり陸上の生物を「木」「草」などと種類分けしているのと同じなわけで)。だからこれは実際の海洋の生態系を「正確に」記述したものではない。では，この「モデル」は何のためにつくられたのか？　このモデルを使って「ある特定の種類のプランクトンが増えるか減るか」などという予測

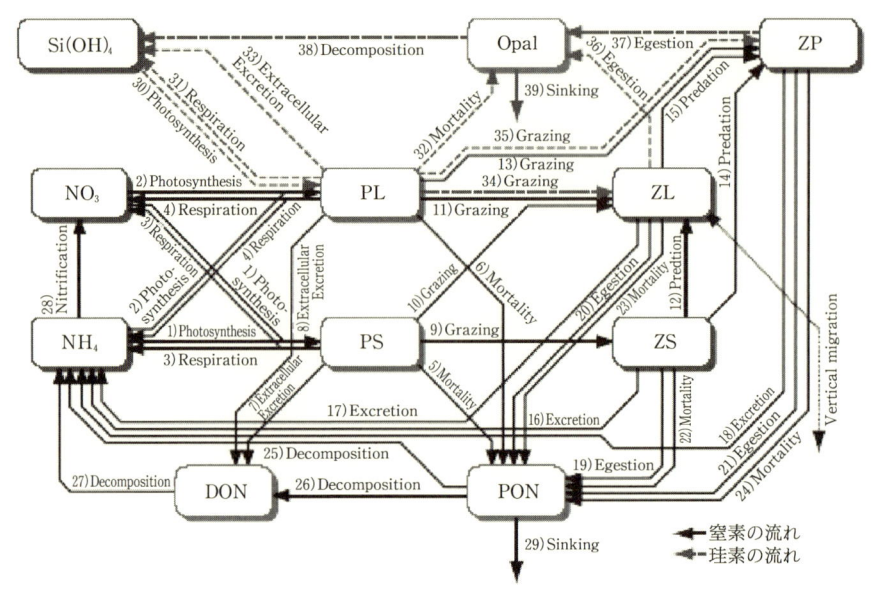

図 7-2-6　NEMURO のフローチャート

をするつもりでつくったのではなく，太平洋全体の低次生産の動態を研究したい，物理環境の変化によって低次生物の生産がどう変わるかを考察したいという目的なので，こういったモデルができあがったのである。「気候変動が起きた場合に北太平洋の生物生産が増えるか減るか，そして，それにともなって魚が増えるか減るか」を予測するために使うモデルとして(Kishi et al., 2006)作成当時は考えたのである。しかし，現在は鉄による光合成制限が考慮されていない NEMURO では気候変動と生物生産を議論するのは不充分である，と考えられている。したがって鉄制限を加えたモデルも現在は作成されている。NEMRUO を用いた論文は，Aita-N. et al.(2003)，Fujii et al. (2002)，Ito et al.(2004)，Kishi et al.(2004)，Kuroda and Kishi(2003)，Smith et al.(2004)，Yamanaka et al.(2004)，Yoshie et al.(2003)などがあり，2007 年には Ecological Modelling 誌が特集号を発表した。これらのなかで，Aita-N. et al.(2003, 2006)が，NEMURO を物理の三次元 Global Model に取り込んで最近 50 年分にわたって計算をした。まず，NEMURO では植物プ

ランクトンが珪藻(図7-2-6のPL)と小さい鞭毛藻など(PS)に分けられていること，copepod(ZL)が季節的に鉛直移動することが特徴で，珪藻が卓越する場所では動物プランクトンの鉛直移動が効果的に働いていて，鉛直移動していない時に比べて一次生産を大きくする効果があることがわかった．そして1975年のレジームシフトの前後で北太平洋の一次生産が大きく異なること，それはおもに物理的要因で決まること，などを示している．Fujii et al. (2002)，Yoshie et al.(2003)，Yamanaka et al.(2004)はNEMUROに炭素循環を加えたモデルを作成し，Station KNOT (Kyodo North Pacific Ocean Time Series; 44°N, 155°E)，A-7(北海道区水産研究所の観測点)での炭素循環に焦点をあてた鉛直一次元モデルを作成し，観測結果とよい符合をみせた．これはKishi et al.(2004)が北太平洋の鉛直フラックスを表現するのに，NEMUROは非常によい結果を得ることができる，ということとも併せて，NEMUROが北太平洋の生態系モデルとして優れていることを証明している論文でもある．Smith et al.(2004)はNEMUROに微生物の循環を加え，微生物の循環を加えることによってALOHAのような熱帯域の生態系にも適用できることを示した．Kuroda and Kishi(2003)はパラメータの同定にデータアシミレーションを用いている．またIto et al.(2004)はNEMUROで得られたプランクトンの量を餌として，サンマの成長を生物エネルギーモデルを用いて計算し，非常によい結果を得ている．

さて，海の流れが1週間後，2週間後にどうなるか，そして水温がどのように変化するか，が仮にわかったとして，海のなかにすむ生物がどこに何匹いるか，を予想するモデルはつくれるであろうか？　イカを考えてみよう．イカは海水が流れれば一緒に流されると同時に自分でも泳ぐ．そして，「なぜ，どこに向かって泳ぐのか？」は誰が知っているのであろうか？　イカがどこに向かって泳いでいくか？　は誰かがイカを押してニュートンの「運動の法則」にしたがって運動するのではなくて，自分で意志をもって泳ぐわけだから，「イカの意志」がどのように決定されるのかを，知らないとたぶん予測ができないわけである．そしてその意志が機械的に決定されるものならば(たとえば「必ず水温が高い方に向かって泳ぐ」「必ずプランクトンがたくさんいる方に向かって泳ぐ」のように)，気象庁ががんばって天気予報の精度が上がったよう

に，水産庁の予報だってあたるようになるであろう（つまり水温が上がるか下がるかを予測すればいいのだから，そんなに難しいことではない）。それがあたれば漁師の皆さんはそこに行ってイカを獲るから海からイカはいなくなってしまうであろう。そうはなっては困るので正確に予想することはできないようになっている。では，まったく予想はできないかというと，たぶん，そうではない。電車に乗った時，ドアをはいってどちらに行くか考えてみよう。これは利き足の関係で左に行く人の割合が多いことが統計的にわかっているらしい。正確な数字は知らないから，仮に右へ行く人の割合が40％左が60％としよう。100人いれば60人くらいは左へ行くということである。でも，たとえば筆者が，ある日，右へ行くか左へ行くかは，その日に美人が右手に座っている，とか怖いニイチャンが左に立っているとか，読みたい吊り広告が左に吊り下がっている，とかそのような都合で決まるのである。つまり「個々の生物の意志」は予測することは難しいのである。したがって筆者たちがつくっているコンピュータのなかの生態系のモデルというのは，このような個々の事情は無視している（無視しないモデルをつくっている人もいるので念のため）。60％と40％のような関係を用いて式をつくって，ああなるこうなる，と予想しようとしている。たとえばプランクトンが日光にあたって光合成をする，ということを式に表わすとすると，光が強くなればたくさん光合成をして酸素をだし，そして養分をつくって増えていく，という過程を定量化する。プランクトン1個1個はもしかしたら魚に食われるとか，船の縁についてしまうとか，そんな事件に巻き込まれるかもしれないのであるが，そんなことは確率の問題として，たとえば「全体の10％が1日に死んでしまう」というような関係を式に記述するわけである。

　そのようにして，地球が温暖化すればどうなるか？　を予測する試みは今まさに進んでいる。いくつかの説を紹介しよう。

　①温暖化すると季節風が強くなると，気象学者が予測している。そうすると，冬季に北太平洋の海洋表層で水がよくまざるようになる。また，冬季の北太平洋の低気圧が強いと北太平洋では深層の養分に富んだ水が深層から上層に上昇してくる割合が多くなる。そこで，季節風が強くなることは北太平洋の表層の養分を豊富にするセンスに働くことになる。ま

た水温が上昇すれば植物プランクトンは光合成をさかんにするようになる。これは春になって日光が充分にあたり，水温が暖かくなってきた時に植物プランクトンが増える(春季増殖という)割合が大きくなることを意味している(Hashioka and Yamanaka, 2006)。

②カリフォルニア沖の「沿岸湧昇」も強くなることが予想されている。これもプランクトンを増やし，浮き魚を増やすかもしれない。

③暖冬になれば冬季に海面が冷えにくくなる。この「冬季混合」が暖冬になると小さくなる。小さくなると養分が海面に補給されにくくなるので植物プランクトンの春季増殖が小さくなる(Hashioka and Yamanaka, 2006)。すると餌が少なくなって浮き魚も生残率が悪くなるかもしれない。

④北西の季節風が強い年は太平洋マイワシの卵稚仔の生残が悪いことも知られている(Kasai et al., 1992)ので，季節風が強くなればイワシ資源は減るかもしれない。でも，イワシが減ればカタクチが増えることも知られている!?

⑤水温が高くなればサケの生息域が狭まってサケの資源量が減るのではないか。水温の温暖化の速度はサケの適応のスピードを超えているかどうかわからない。少なくとも気温の温暖化のスピードは植物の適応のスピードよりは速いことがいくつかの例で知られている。サケはどうか？ サケに限らず，海洋の生物が，鍋のなかのカエルと同じように適応する可能性があれば，予測は不可能に近い。ただ，場合によってはうそかもしれなくても，やってみる，言ってみることも必要である。ただし，自分で自分のクビを締めることにならないように自省しなくては。

7-3 海洋鉄散布実験

7-3-1 実験の経緯

海に鉄を撒いたらどうなる？ これはあまりにも荒唐無稽な問いに思える。実際には，ある特定の海域に鉄を加えると植物プランクトンが増殖する。植物プランクトンが増殖することによって，連鎖反応的にいろいろなことが起

こる。なぜそんなことが起こるのか，順を追って説明しよう。

(1) HNLC 海域と鉄

植物プランクトンが増えるための栄養塩である硝酸の全海洋における分布をみてみると太陽光が充分にある夏季においても硝酸が枯渇せず充分に余っており，かつ植物プランクトンの生物量の指標であるクロロフィル濃度が低い海域がある(図7-3-1)。常に栄養塩が供給される沿岸域や湧昇域は栄養塩濃度が高くクロロフィル濃度も当然高くなる。しかし南大洋(南極海)，赤道湧昇域，亜寒帯太平洋の3海域は，硝酸が枯渇することなく季節を通じて高濃度に保たれ，かつ植物プランクトンが生物量を増すこともない高栄養塩低クロロフィル High Nitrate Low Chlorophyll(HNLC)海域と呼ばれる。

一般に，HNLC海域以外では，植物プランクトンを培養すると，ごく普通の栄養塩存在比では窒素Nが初めに枯渇して，その増殖が終わる。窒素制限は海洋の広い地域に認められることからも，海洋表層で栄養塩が豊富にあるにもかかわらず，植物プランクトンが期待されるほど増殖しないのは特

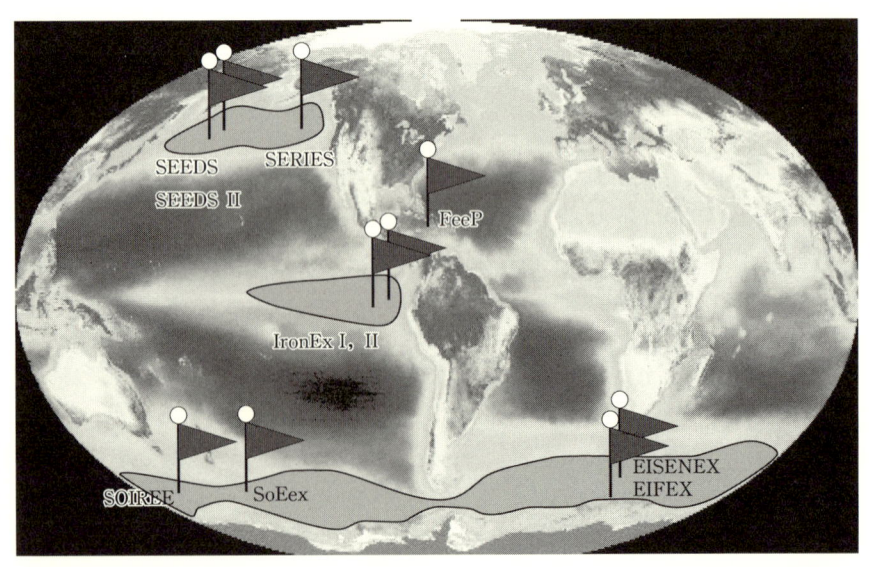

図7-3-1 栄養塩が高くクロロフィルが低い(HNLC)海域の分布(ハッチ)とおもな鉄散布実験が行なわれた場所(旗印)。口絵6参照

別な説明が必要な事象として扱われてきた。一般的に1980年代後半までは，南大洋では光制限が，北太平洋では季節的鉛直移動を行なう動物プランクトンの摂餌圧が植物プランクトンを増やさず，栄養塩を余らせる原因と考えられてきた。しかし，1980年代後半になって米国のJohn Martin博士らはこれらのHNLC海域では鉄濃度が低く植物プランクトンの成長を制限している可能性が指摘された(Martin and Fitzwater, 1988)。これがMartinの第一の鉄仮説と呼ばれる。

その後，同博士は南極のアイスコアの分析から大気中の二酸化炭素濃度と鉄の供給量に負の相関があることをみつけた(Martin, 1990)。すなわち氷期は風が強く乾燥が進むため，大気経由で陸域から海洋へ鉄が多く供給され，鉄の供給によって海洋の一次生産が促進し二酸化炭素を大気から吸収するため，大気中二酸化炭素濃度が低くなる。反対に間氷期は風が弱く湿潤であるため陸域からの鉄の供給が小さく，海洋の一次生産が抑制されるため，大気中二酸化炭素濃度は高くなる。このように陸域からの鉄供給の多寡が，氷期・間氷期における大気中二酸化炭素濃度の増減を説明するとしたのが，Martinの第二の鉄仮説である。第二の鉄仮説が正しければ，海洋の広い範囲に鉄を添加すれば，温暖化気体として問題となっている二酸化炭素を削減することができるかもしれない。Martinは「タンカー一杯の鉄を与えられれば地球を氷河期にすることができる」と宣言したといわれている。

(2) 生物ポンプ

なぜ海洋の一次生産が上がると大気中の二酸化炭素が低下するのか？　これは生物ポンプと呼ばれるメカニズムが活性化し，炭素を海の深層に運ぶからである(図7-3-2)。表層において溶けている無機炭素は光合成により粒子状有機炭素(植物プランクトン)となる。植物プランクトンは食物連鎖のなかで多くは呼吸され二酸化炭素として大気へ戻っていくが，一部は沈降粒子として海の内部へ隔離される。すなわちMartinの第二の鉄仮説とは氷期・間氷期サイクルの時間スケールで，鉄が海洋生物ポンプのアクセルと働くことを意味している。

(3) 鉄散布実験をめぐる2つの背景

2つの仮説からもわかるように鉄散布実験には大きく2つの目的がある。

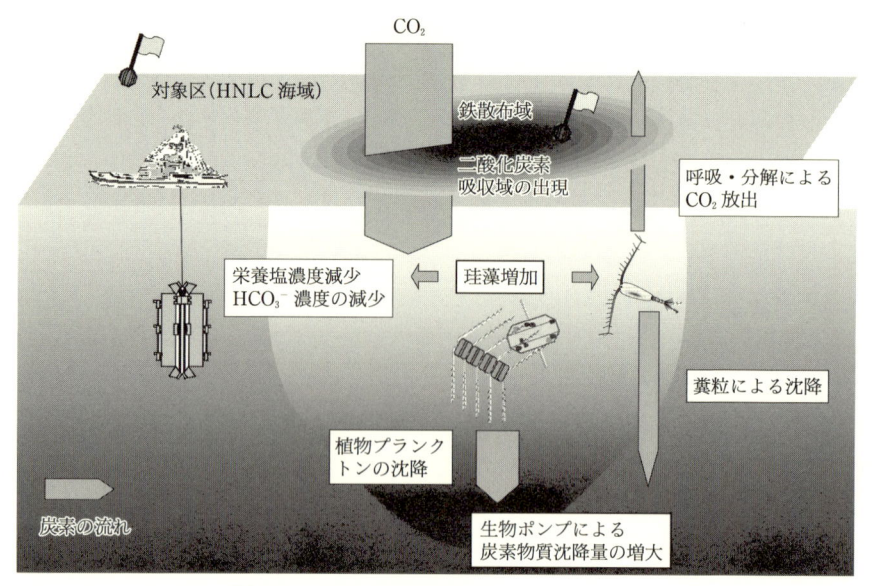

図 7-3-2　鉄散布実験の概念図。口絵 7 参照

第一は，HNLC 海域において本当に鉄濃度が植物プランクトンの増殖を制限しているかどうかを確かめることである．第二は氷期の部分的な再現，または地球環境工学的な手法として鉄散布技術が二酸化炭素の削減をもたらすか，また，その操作にともなう環境影響はどのようなものが予想されるかを確かめることにある．

初めての実験は 1993 年に赤道湧昇域で行なわれたが，その実験に先立ち米国の海洋学関係者の間ではさかんな討議が行なわれ，海洋生態系操作に関しては慎重であるべきだが，実験は必要との結論となり，現在に至っている．したがって初期の実験では主眼は鉄制限の立証にあった．しかし，鉄散布実験の場が南大洋に移った 2000 年以降は，温暖化危機感の高まりや，鉄散布をビジネスと捉え研究開発を行なうベンチャー企業の出現によって，地球環境工学技術としての側面も表立って議論されるようになった．

(4) なぜ散布実験は必要なのか

HNLC 海域が鉄制限であるかどうかを確かめるためなら，きれいに洗浄した容器にきれいに採水した現場海水を詰め，1 本は何も手を加えず，もう

1本に鉄を若干量加えて太陽光下で培養すればわかることである。実際にそのような実験も数多く行なわれている。しかし，実際海洋中で営まれている生物・化学的なプロセスの多くは瓶のなかでは再現できないものが多い。

たとえば動物プランクトンの多くは日周鉛直移動を行ない，夜間だけ表層にきて摂餌を行なうが，鉄散布によって，この行動パターンが変わるかどうかは予測がつかない。また粒子の沈降は鉄散布を二酸化炭素削減技術として考えた場合，非常に重要なプロセスであるが，瓶のなかで再現することは完全に不可能である。このようにボトル実験では解明できない現象をターゲットに現場鉄散布実験は計画されてきたといえる。

7-3-2 鉄と海洋生物生産
(1) 微量金属としての鉄

元素としての鉄は決して微量成分ではなく，地表付近の全元素の約5%（重量%）を占め，4番目に多い元素である。還元的環境下にあった原始海洋には，鉄は高濃度で溶けていたと考えられている。しかし，酸素発生型の光合成をする藍藻の出現により酸化され沈殿し，現在我々が利用している鉄鉱床をつくった。その結果，外洋域の海水にはnM(ナノモル)という非常に低い濃度でしか存在しなくなった。一般的にいわれている主要栄養塩類(窒素，リン，珪素)がμM(マイクロモル)という濃度であるから，鉄は濃度としてその1000分の1程度しか存在していない。微量元素であるということが，鉄の分析を困難にし，1980年代後半まで正確な海水の鉄濃度分析はできなかった。さらに，船舶や実験装置をはじめ我々は鉄に囲まれて生活している。このような環境で汚染されていない海水を採取し，鉄の汚染のない操作で，汚染のない試薬を使い分析することは想像するよりもはるかに困難である。

しかし，その一方で微量元素であることが鉄散布実験を実現可能なものにしている。現在までに行なわれている鉄散布実験は50〜100 km^{2}の海域に鉄を散布しているが，表層の鉄濃度を2 nMにしようとすると，10〜60 t程度(混合層深度によって変わる)の溶液を加えれば済む。この程度の鉄の量ならば，研究船に多少の設備を持ち込むことで実現可能である。しかし，窒素が不足している海域で，窒素源を加え同様の効果を得ようとすればタンカーが必要

になる。地球環境工学技術としても微量栄養塩である鉄を加え，余っている硝酸やリンなどを使い光合成が進むので比較的コストが安くなるのである。

(2) 必須元素としての鉄

鉄は存在量は微量であるが，生物にとっては重要な元素で，光合成や窒素の取り込みにかかわる酵素やタンパクに利用されている。HNLC海域では光合成の電子伝達系にかかわるタンパク(チトクローム b_6〜f, フェレドキシンなど)や窒素の同化にかかわる酵素(硝酸還元酵素，亜硝酸還元酵素など)の合成が充分に行なわれず，硝酸の同化や光合成が低く抑えられていると考えられている。

(3) 海洋における鉄の供給源

現在の海洋は弱アルカリ性(約 pH 8.1)であり，鉄が非常に溶けにくい環境である。鉄は二価と三価があるが，酸化的環境下の海洋においては三価で安定となり，おもに水酸化物をつくり凝集し，また一部はコロイド態となり大きな粒子に吸着して，下層に取り除かれていくと一般的には考えられている。すなわち一般的な栄養塩が有機物の分解により再生産されるのに対して，鉄は無機化学的には不可逆的に取り除かれるといえる。この動態における窒素やリンなどの栄養塩との差が HNLC 海域をつくっているといえる。栄養塩の供給源が深層であり，拡散と季節的な表層混合層の深化(おもに冬季，冷却と風により混合層が深くなる)により表層に供給されるのに対し，外洋においては，鉄はおもに大気経由で陸域から黄砂などの鉱物粒子として供給される。したがって，循環流が発達し流れをさえぎる陸域をもたない南大洋，および広い面積をもち，陸域からの距離が大きく，深層の栄養塩濃度の高い太平洋で HNLC 海域が出現する。しかし，実際には溶存している鉄の大部分は有機錯体の状態にあり，鉄の海洋における循環や生物利用能に関しては解明されていない部分が大きい。

7-3-3　具体的な事例

鉄散布実験は 1993 年の IronEX I に始まり 2004 年までにおもなもので 12 の実験が行なわれてきた(表 7-3-1，図 7-3-1)。海域は HNLC 海域で赤道湧昇域，南大洋，亜寒帯太平洋であるが，例外的に亜熱帯大西洋で行なわれたも

表 7-3-1 海洋におけるおもな操作型実験

実験名	年	海域	添加物質	主たる国	引用
IronEX I	1993	太平洋熱帯	Fe, SF_6	米国	Martin et al., 1994
IronEX II	1995	太平洋熱帯	Fe, SF_6	米国	Coale et al., 1996
SOIREE	1999	南大洋	Fe, SF_6	ニュージーランド	Boyd et al., 2000
Eisenex	2000	南大洋	Fe, SF_6	EU	Gervais et al., 2002
SEEDS	2001	北太平洋	Fe, SF_6	日本	Tsuda et al., 2003
SoFex	2002	南大洋	Fe, SF_6	米国	Coale et al., 2004
CYCLOPS	2002	地中海	P, SF_6	EU	Thingstad et al., 2005
SERIES	2002	北太平洋	Fe, SF_6	カナダ・日本	Boyd et al., 2004
EIFEX	2004	南大洋	Fe, SF_6	EU	Boyd et al., in press
SEEDS II	2004	北太平洋	Fe, SF_6	日本・米国	Boyd et al., in press
SAGE	2004	南大洋	Fe, SF_6	ニュージーランド	Boyd et al., in press
FeeP	2004	北大西洋	Fe, P, SF_6	EU	Boyd et al., in press

のが1件あり，この実験は鉄添加による窒素固定生物の増殖を狙った実験と考えられる．実験方法も共通性が高く，散布海域面積は100 km²以下，鉄源としては硫酸鉄を用い酸性化(約pH 2)させた海水に硫酸鉄を溶解し，海洋表層に散布している(図7-3-3)．また生物化学的に不活性な水塊マーカーとして六フッ化イオウ(SF_6)を鉄と同時に混入し，水塊追跡や鉄効果の証拠として用いられている．目標鉄濃度は2 nM程度で，SEEDS I以外では鉄濃度を保つよう複数回の鉄添加が行なわれている．観測期間は1週間から40日程度である．測定されているパラメータは実験によって異なるが共通性や重要度から

① 物理環境(温度，塩分，SF_6)
② 鉄濃度
③ 植物プランクトンの生物量・活性(クロロフィル濃度，一次生産，F_v/F_m，種・群集組成)
④ 炭素の動態(粒状炭素，二酸化炭素分圧，全炭酸，アルカリ度，溶存有機物)
⑤ 沈降粒子の動態(沈降粒子束，²³⁴Th非平衡)
⑥ 摂餌と分解(細菌数，細菌生産，動物プランクトン現存量・摂餌量)
⑦ 気候効果気体の生産(硫化ジメチル，亜酸化窒素，メタン)

などはほとんどの実験で測定されている．

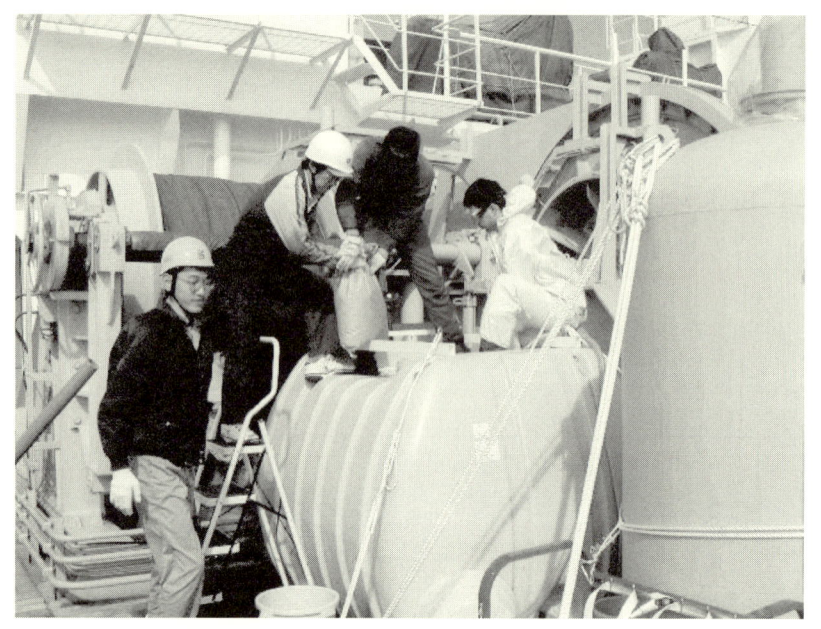

図 7-3-3 船上で散布用の鉄溶液を調整している様子。奥の黄色いタンクに海水を溜め塩酸で酸性化した後，硫酸鉄(25 kg)を18袋溶解し，手前のグレーのタンクに調整したSF$_6$飽和海水と混合し船尾から流す。

(1) 具体的な作業 SEEDS を参考にして

撒布する海域は，鉄が不足し植物プランクトン濃度の低い海域であることが条件であるが，水平的安定性（近隣にフロントや異なった特徴の水塊がない），適度な表層混合層深度などの条件を事前調査で確かめ散布域を決定する。次に現場海水(1万800 L)をくみ上げタンクにため塩酸で酸性化させ(pH 1.8)，硫酸鉄(FeSO$_4$7 H$_2$O 1740 kg)を溶解させる。実際には3 tのタンクを使ったため4回溶解作業を繰り返した。SF$_6$を飽和させた海水と鉄を溶解させた海水を定量的に混ぜ船尾から水深5 m付近に散布する。船は400 m間隔でグリッドを描くように約1日かけて8×8 km四方に鉄を添加する。400 m間隔であれば一晩で混合し鉄濃度は一様になると計算されている。その後は，散布水塊の位地や形を特定する「マッピング」，散布域中心での変化と対象域の変化を観測する「In-Out観測」，断面観測，沈降粒子を捕えるセディメント

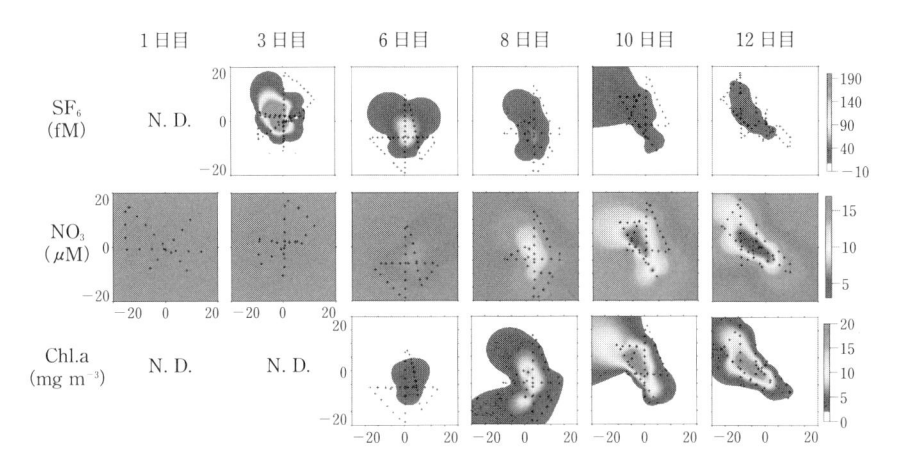

図 7-3-4 西部亜寒帯太平洋で行なわれた鉄散布実験 SEEDS における鉄散布域の経時変化(散布から 1〜12 日目の変化；Tsuda et al., 2003 より改変)。上段はマーカー物質 SF$_6$ 濃度，中段は硝酸塩濃度，下段はクロロフィル濃度。図中の黒点は測定点を示す。口絵 8 参照

トラップの回収・再設置とおもに 4 つの観測を繰り返す。実際には海のなかには複雑な流れがあり，そのなかで正確な散布域をつくり，追いかけ，形を決めることは簡単な作業ではない。

SEEDS では，赤道域での実験を除く他の実験より植物プランクトンの応答が速く，2 日目にピコ植物プランクトンの増殖速度が増加し，3 日目には植物プランクトンの光合成活性の指標である光化学系 II の光化学反応の最大量子効率(F_v/F_m)が上昇した。4〜7 日目に植物プランクトンの増殖速度は最大になり，一次生産速度は初期値より 5 倍程度増加した。6 日目にはクロロフィル濃度の増加，栄養塩濃度および海洋表層の二酸化炭素分圧の低下が明白になった(図7-3-4)。9 日目から 13 日目は植物プランクトンの量は緩やかに増加しピークでは初期量の 15〜20 倍に増加した。分解者である浮遊性従属栄養細菌の細胞密度は植物プランクトンより若干遅れて増加したが，増加は初期値の 2 倍程度である。SEEDS の場合，9〜13 日に比較的大きな沈降粒子束を観測したが，統計的には有意とならなった。

(2) 各実験における共通点と相違点

ほとんどの実験において，鉄散布後，植物プランクトンの鉄制限からの開

放を示すシグナル(クロロフィル濃度の増加，F_v/F_mの上昇，鉄制限指標タンパク質であるフラボドキシンの減少)が観測された。クロロフィル濃度の増加は赤道や南大洋では2〜4 mg・m^{-3}で，北太平洋では実験により3〜16 mg・m^{-3}であり，西部北太平洋で行なわれたSEEDSで最も高くなっている(約20 mg・m^{-3})。しかし，初期値もSEEDSでは比較的高いため，増加比で考えれば，ほとんどの実験で5〜20倍に増加したといえる(図7-3-5)。増加した植物プランクトンは，珪藻以外の藻類の生物量や増殖速度の増加も認められているが，植物プランクトン全体の生物量の増加に貢献するのは，ほとんどの場合，珪藻であった。植物プランクトン生物量の増加にともなって，海洋表層の栄養塩濃度や二酸化炭素分圧の低下が認められている。また，海洋表層の鉄濃度も低下するが，この低下には生物による取り込みよりも，無機化学的な作用で水中から取り除かれたり，分析にかからない化学形態に変化したりする効果が大きいと考えられている。分解者である細菌や細菌の捕食者であるナノサイズ(2〜20 μm)のべん毛虫は植物プランクトンの増加に数日遅れて増加するが，植物プランクトンの増加に比べて小さい。オキアミのような大型の動物プランクトンについては，成長が遅く寿命が長いため植物プランクトンのように増加することは不可能である。しかし，大型動物プランクトンは行動変化により植物プランクトンの多い鉄散布域に集まることが，いくつかの実験で報告されている。沈降粒子束は少数の実験で有意な増加が認め

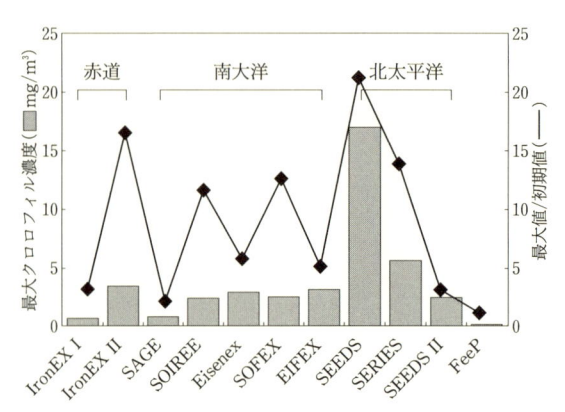

図7-3-5 おもな鉄散布実験における最大クロロフィル濃度と増加率(最大値/初期値)

られているが，これは実際に沈降粒子が増加しなかったのか，実験期間が短かったのか，技術的に困難であったのか，判断が困難である．

7-3-4 鉄散布実験からわかることわからないこと
(1) 鉄仮説1

一連の実験でHNLC海域が，低濃度の鉄により植物プランクトンの生産が制限されている海域であることは確かとなった．すなわちMartinの第一の仮説は立証されたといえる．海洋において鉄は微量ではあるが窒素，リン，珪素に次ぐ栄養塩として機能しているといえる．海洋植物プランクトンの増減は，光，水温，栄養塩(N, P, Si)，捕食，沈降の5項目によって決まると考えられていたが，それに加え鉄が同様に重要であり，供給源や動態が栄養塩と異なることも，海洋学に新しい視野を広げたといえる．さらに，鉄要求量はおもに細胞の大きさにより異なり，珪藻のような大型の細胞では鉄制限が起こりやすいが小型の細胞では鉄制限が起こりにくいこともわかっている．現在はHNLC海域では「小型の植物プランクトンは微小な動物プランクトンの捕食により生物量を低く抑えられており，捕食によるコントロールが効きづらい大型の植物プランクトンの成長が鉄濃度により押さえられている」とする「広義の鉄仮説」が一般的に受け入れられている．

(2) 鉄仮説2

現在の海洋に鉄を加えると植物プランクトンが増加し，水中の二酸化炭素分圧が低下することは明らかになった．しかし，だからといって「氷期において鉄供給が大きかったため，海洋一次生産が増大し，大気中二酸化炭素濃度を低下させた」という証拠にはならない．氷期において海洋一次生産が高かったという証拠は乏しく，氷期・間氷期サイクルでの二酸化炭素濃度変動を説明する20以上ある仮説の1つに過ぎない．また，鉄散布実験は時間スケールが短く，間歇的な鉄供給であり，氷期の再現とはいいがたいとする向きも多い．現在は，地形的な影響で鉄が常に供給されている海域(たとえば南大洋のケルゲレン海台)での生態系の方が氷期の生態系に近いと考えられ研究が進められている．

(3) 二酸化炭素吸収技術として

一連の鉄散布実験が始まる前の数値実験で，鉄を充分に海洋に供給し現在余っている HNLC 海域における栄養塩を使い果たしたとしたら，年間 1.7 Gt の炭素を海洋が吸収すると見積もられた(Sarmirnto and Orr, 1991)。しかし，実際の散布実験では，観測期間の問題や鉄の濃度維持の問題もあるが，栄養塩が枯渇することはなく，表層で固定された有機物の消費や分解が進んだ。これも観測期間の問題や方法の問題もあるが沈降粒子は増えたが劇的な沈降は観察されていない。したがって当初予想されていたよりは炭素吸収技術として効率の悪いことが明らかになりつつある。気候効果気体の生産に関してはまだ統一的な見解には至っていない。雲核となる可能性のある硫化ジメチルは南大洋の SOIREE では数倍に増えたとされるが，北太平洋の SEIREIS では実験前半が生産，後半が消費で，期間を長くとった場合生産より消費が大きくなった。有機物生産の沈降の増大は中深層での貧酸素化を進め，メタンの発生の促す可能性が大きい。また，窒素循環がさかんになれば，その過程で亜酸化窒素の放出も危惧される。メタンも亜酸化窒素も二酸化炭素より強力な温暖化気体であり，たとえ二酸化炭素を 300 分子海中に沈めても亜酸化窒素 1 分子が大気中にでれば，温暖化対策としては意味がなくなる。これに関し，少数の実験では測定されているが，まだ，結論には至っていない。

植食性動物プランクトンにまでは鉄散布の影響があることは明らかになったが，実験によって応答は異なり，統一的な見解にまでは至っていない。しかし，大規模な鉄散布は特定種に対して有利に働いたりすることがあるため，現在の生態系システムの大きな撹乱であることは間違いない。沈降粒子や高次食段階生物の研究は，より長期の観測が必要であるが，現在の方法では数か月に及ぶ観測は困難であり，数値モデルによる予測など他の方法が必要になる。

7-3-5 操作型実験の今後

陸水では古くから生態系レベルでの操作実験(栄養塩の添加や捕食者の添加・削除など)が行なわれてきた。海洋では 1970 年代からメソコズムと呼ばれる 100〜600 m³ 程度の閉鎖系のプラスチックバッグ内で栄養塩の添加などの操

作型実験が行なわれてきた。メソコズムでは，乱流や鉛直混合などの物理現象の再現が困難であり，プラスチックバッグの壁の影響，鉛直移動生物の取り扱いなどが，問題となった。鉄散布実験は海洋では初めての操作型現場実験となった。最近，同様の手法を用いて地中海ではリンを添加する実験が行なわれた。また，不活性ガスSF_6で水塊をマーキングする手法は，漂流ブイなどに代わる水塊追跡の強力な手法となっている。

　地球環境は変化し続けており，現在，50年後，100年後の予測環境下で，生物や生態系がどのように振る舞うかを実験的に確かめる試みがさかんである。このような問題は人類の生存や経済活動の維持にとって，重要であるため，なるべく多くの生物やその他の環境を含んだ生態系レベルでの実験が相応しい。目的に応じて，鉄散布実験のような水塊レベルの実験，メソコズム，ボトル実験を使い分けることが重要である。

7-4　海洋酸性化による海洋生態系への影響

　海洋は大気中に放出された二酸化炭素の主要な吸収域である。地球温暖化による大気中の二酸化炭素濃度の増加にともない，海水表層の二酸化炭素分圧も増加し，海水のpHが低下する(海洋酸性化)。この節では，海洋の酸性化とそれによる海洋の生物および炭素循環への影響を述べる。

　海水中の炭酸物質は，二酸化炭素(CO_2(aq))，炭酸(H_2CO_3(aq))，重炭酸イオン(HCO_3^-)，炭酸イオン(CO_3^{2-})の形で溶けている。なお，(aq)は水和した状態を表わす。海水中でのこれら炭酸物質の割合はおもに海水の温度，圧力，塩分によって支配され，海水中の炭酸物質は次の化学平衡(酸塩基平衡)が成り立っている。

$$CO_2(aq) \rightleftarrows H_2CO_3(aq) \rightleftarrows HCO_3^- + H^+ \rightleftarrows CO_3^{2-} + 2H^+ \quad [7\text{-}4\text{-}1]$$

　また，上記の炭酸物質の第一，第二解離定数をそれぞれK_1，K_2とすると，炭酸物質の酸塩基平衡は次式で表わすことができる。

$$K_1 = [H^+][HCO_3^-]/[CO_2^*(aq)] \quad [7\text{-}4\text{-}2]$$

$$K_2 = [H^+][CO_3^{2-}]/[HCO_3^-] \quad [7\text{-}4\text{-}3]$$

ここで，$[CO_2{}^*(aq)] = [CO_2(aq)] + [H_2CO_3(aq)]$ を表わす．水温25°C，塩分35における K_1, K_2 は，それぞれ，$10^{-5.86}$, $10^{-8.92}$ であることから，[7-4-2]と[7-4-3]式を使って，これら水温，塩分での各炭酸物質の比率とpHの関係は図7-4-1のようになる．現在，外洋域における海水のpHは平均で約8.1の弱アルカリ性であり，図7-4-1から海水中の炭酸物質の約90％は重炭酸イオン($HCO_3{}^-$)であることがわかる．

大気中の二酸化炭素濃度が増加すると，大気-海洋間の二酸化炭素の化学平衡が変化し，海水に溶けている炭酸物質の割合も変化する．それと同時に海水のpHも低下する．今後，人為起源二酸化炭素が政府間気候パネル(IPCC)の趨勢型シナリオIS92aにしたがって変化した場合，今世紀末には，表面海水中の二酸化炭素濃度$[CO_2(aq)]$が全球平均で現在の約3倍に増加し，炭酸イオン濃度$[CO_3{}^{2-}]$はほぼ半分に減少することが予想されている(図7-4-2)．このような劇的な海水pHおよび炭酸物質の濃度組成の変化は過去40万年の間で一度も起きていないと考えられている(Petit et al., 1999)．IS92aにしたがった場合，2250年ごろには表面海水のpHが約7.4にまで減少すると予測する報告(Caldeira and Wickett, 2003)もある．

海水のpHが変化した場合，海洋に生息する生物に対してどのような影響があるだろうか．海洋の主要な基礎生産者である植物プランクトンは，海水中の二酸化炭素を使って，光合成を行なっており，海洋の二酸化炭素吸収能力を強化する重要な働きを行なっている．光合成の炭酸固定反応である暗反応において，重要な触媒作用を果たしている酵素RUBISCO(Ribulose-1,5-

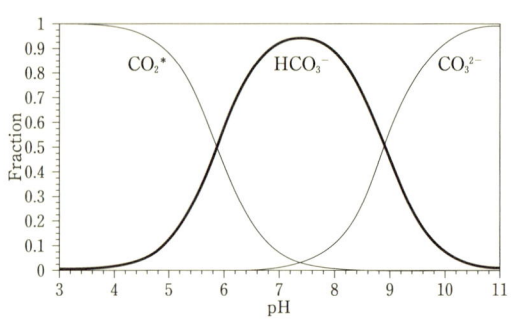

図7-4-1　海水中における炭酸物質の割合とPHの関係(水温20°C，塩分35)

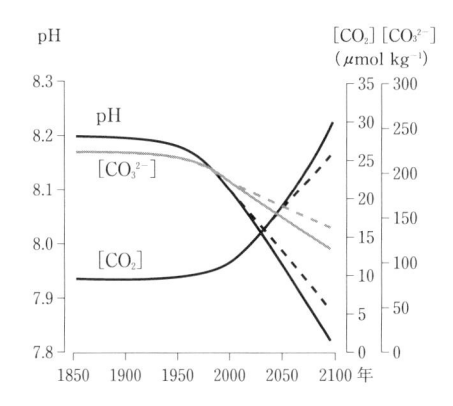

図7-4-2 IPCCのIS92aシナリオにしたがって二酸化炭素濃度が増加した場合における，海洋表層水のpH，水和した二酸化炭素(CO_2)，炭酸イオン(CO_3^{2-})の濃度予測(Riebesell, 2004)

bisphospahte carboxylase/oxygenase)の二酸化炭素要求量は，植物プランクトン種によって異なるが，おおよそ 20〜70 μmol kg^{-1} と考えられている。現在，海水中の二酸化炭素濃度は約 10〜20 μmol kg^{-1} であることから，RUBISCOにとって充分な量の二酸化炭素が海水に溶け込んでいるとはいえない。細胞壁に炭酸カルシウム殻を有する円石藻類の二酸化炭素要求量は，他の藻類に比べて，高いことが経験的に知られていることから，今後，海水中の二酸化炭素濃度が増加した場合，円石藻類の光合成にとって好都合であるかもしれない(Rost et al., 2003)。なお，海水中の低二酸化炭素濃度に対処するため，ある種の植物プランクトンは，RUBISCO周辺の二酸化炭素濃度を増加させるための特別な炭酸濃縮機構Carbon Concentrating Mechanism (CCM)や海水中に豊富に含まれる重炭酸イオン(HCO_3^-)を，直接，取り込む機構をもっていることが知られている。

その一方で，円石藻類およびその他の炭酸カルシウム($CaCO_3$)の骨格や殻をもつ海洋生物(大型石灰藻類，有殻翼足類，有孔虫類，サンゴ類，貝類など)に対して，海洋酸性化は炭酸カルシウムの生合成(石灰化)を抑制させる可能性がある。この現象を扱う前に，これら生物の石灰化機構を理解する必要があるため，それをまず説明する。現在，海洋生物の石灰化機構は，重炭酸イオンの取り込み部位とは異なった部位で石灰化が起こる，「トランス石灰化モデル」で考えられている(McConnaughey and Whelan, 1997)。トランス石灰化モデルでは，生体膜を通して，炭酸物質や水素イオン(H^+)の輸送が共役して，化学

反応が起こる。

$$HCO_3^- \longrightarrow CO_3^{2-} + H^+ \quad \text{(石灰化部位)} \quad [7\text{-}4\text{-}4]$$

$$Ca^{2+} + CO_3^{2-} \longrightarrow CaCO_3 \quad \text{(石灰化部位)} \quad [7\text{-}4\text{-}5]$$

$$H^+ + HCO_3^- \longrightarrow CO_2 + H_2O \quad \text{(細胞外もしくは細胞質中)} \quad [7\text{-}4\text{-}6]$$

[7-4-4], [7-4-5], [7-4-6]式を加えて, まとめると, [7-4-7]式が得られる。

$$2\,HCO_3^- + Ca^{2+} \longrightarrow CaCO_3 + CO_2 + H_2O \quad [7\text{-}4\text{-}7]$$

円石藻類および大型石灰藻類の場合, [7-4-7]式で生じた二酸化炭素は葉緑体内で光合成に使われる。

$$CO_2 + H_2O \longrightarrow (CH_2O)_{1/6} + O_2 \quad [7\text{-}4\text{-}8]$$

すなわち, 円石藻類や石灰藻類にとって, 炭酸カルシウム殻を形成する過程は海水中の重炭酸イオンを効率的に取り込み, 光合成に二酸化炭素を供給するための戦略であるといえる。同様に, 浅海に生息する造礁サンゴの胃層中の液胞内には褐虫藻が共生しており, サンゴの石灰化で生成した二酸化炭素は褐虫藻の光合成に使用され, 生成した光合成産物はサンゴに供給されることが知られている。しかし, 例外的にその機構が存在しないという報告もある(Gattuso et al., 2000)。海洋生物が炭酸カルシウムの殻や骨格をもつことは, 捕食者からの摂餌を逃れるための生存戦略の1つでもある。地球温暖化で海水中の二酸化炭素分圧が約2倍増加した場合, 化学平衡により[7-4-7]式の反応は逆向きに進行し, 上記の海洋生物の石灰化速度は10～30%程度減少すると予測されている(表7-4-1)。

海洋生物の石灰化速度の低下をさらに理解するために, 海水中の炭酸カルシウムの溶解度を考える。海水中の炭酸カルシウムの析出と溶解は, [7-4-5]式と同様, [7-4-9]式の化学平衡式で表わされる。

$$CaCO_3 \rightleftarrows Ca^{2+} + CO_3^{2-} \quad [7\text{-}4\text{-}9]$$

海水中の炭酸カルシウムの見かけの溶解度積(溶解度定数)を K'_{sp} とすると, K'_{sp} は[7-4-10]式で表わすことができる。

$$K'_{sp} = [Ca^{2+}][CO_3^{2-}] \quad [7\text{-}4\text{-}10]$$

ここで, K'_{sp} を見かけの溶解度積(溶解度定数)と呼ぶのは, 実験室内で海水中の K'_{sp} を決定するからである。海水中に存在する炭酸カルシウムは, 結晶系により, 六方晶系のカルサイト(方解石)と斜方晶系のアラゴナイト(霰石)

表 7-4-1　海洋表層の二酸化炭素分圧が現在の 2 倍に増加した際に予想される海洋生物の石灰化速度の低下率(%)

生物	結晶系	低下率(%)	引用文献
円石藻類			
Emiliania huxleyi	カルサイト	−9〜−25	Riebesell et al.(2000)
			Sciandra et al.(2003)
Gephyrocapsa oceanica	カルサイト	−29	Riebesell et al.(2000)
有孔虫類			
Orbulina universa	カルサイト	−8	Spero et al.(1997)
サンゴ類			
Porites compressa	アラゴナイト	−14〜−20	Marubini et al.(2001)
Galaxea fascicularis	アラゴナイト	−16	Marubini et al.(2003)
Pavona cactus	アラゴナイト	−18	Marubini et al.(2003)
Turbinaria reiniformis	アラゴナイト	−13	Marubini et al.(2003)

に分類され，カルサイトの方がアラゴナイトより化学的に安定である．水温 25°C，塩分 35 におけるカルサイトおよびアラゴナイトの K'_{sp} は，それぞれ，$4.27\times10^{-7} \mathrm{mol}^2\ \mathrm{kg}^{-2}$，$6.48\times10^{-7} \mathrm{mol}^2\ \mathrm{kg}^{-2}$ である(Mucci, 1983)．海洋生物において，円石藻類，大型石灰藻類，有孔虫類，貝類の炭酸カルシウムはカルサイトであるが，有殻翼足類およびサンゴ類のそれはアラゴナイトである．また，海水中における炭酸カルシウムの飽和度を Ω とすると，Ω は[7-4-11]式で表わされる．

$$\Omega = [\mathrm{Ca}^{2+}][\mathrm{CO}_3^{2-}]/K'_{sp} \qquad [7\text{-}4\text{-}11]$$

Ω が 1 の時，[7-4-10]式の化学平衡が成立し，系は安定である．もし Ω が 1 より大きい場合，海水中の炭酸カルシウムは過飽和であるといい，Ω が 1 になるまで，海水からイオンが取り除かれて，炭酸カルシウムが海水中に析出する．一方，Ω が 1 より小さい場合，海水中の炭酸カルシウムは未飽和であるといい，Ω が 1 になるまで炭酸カルシウムは海水中に溶解する．アラゴナイトは，カルサイトよりも K'_{sp} が大きいことから，海水の水温，塩分が同じである場合，アラゴナイトの方が，カルサイトに比べて，海水中に溶解しやすい．現在，海洋表層のアラゴナイトおよびカルサイトは過飽和であるが，今後，IPCC の IS92a シナリオにしたがって地球温暖化が進行した場合，今世紀の中ごろから末にかけて，高緯度海域(特に，南太洋および北太平洋亜寒帯域)の表層において，アラゴナイトの溶解が危惧されている(Orr et al., 2005)．

たとえば，南大洋(南極海)表層の炭酸イオン濃度([CO$_3$]$^{2-}$)は，今世紀末を待つまでもなく，2060年ごろにはアラゴナイトのΩが1になる濃度(約65 μmol kg^{-1})に達し，それ以降ではアラゴナイトが溶解する(すなわち，Ω<1)と予測している。一方，カルサイトは全球的に今世紀末までは過飽和状態にあると予測している。これら予測が正しいかどうかを評価するため，北太平洋亜寒帯域において，アラゴナイト殻をもつ翼足類 *Clio pyramidata* を2100年時の予測値に相当する炭酸イオン濃度に減少させた海水(南大洋同様，アラゴナイトのΩは1より小さい)中で2日間船上培養した結果，*C. pyramidata* の殻の溶解を確認した(Orr et al., 2005)。このように，海洋酸性化は，炭酸カルシウム骨格や殻をもつ海洋生物の生存を脅かし，それを餌とする捕食者にも影響を及ぼすことが予測されることから，ひいては海洋の生態系を変化させる可能性をもっている。

　炭酸カルシウムの骨格や殻をもつ海洋生物は，炭酸カルシウム殻を生成する際に二酸化炭素をつくり，さらに自身の呼吸作用により，海水中の二酸化炭素分圧を増加させる。すなわち，これらのことは大気中の二酸化炭素濃度を増加させることにつながる。しかし，海洋酸性化が進み，海洋表層において，炭酸カルシウムの溶解が起きた場合，[7-4-7]式の逆向きの反応(すなわち，中和反応)が進むことから，炭酸カルシウムをもつ生物が犠牲になることより，海水中に二酸化炭素が溶け込む方向に働くことになる。

　現在の海洋では，同様の中和反応が，中深層で起きている。現在の海洋表層における炭酸カルシウムは過飽和であることから，海洋表層の炭酸カルシウムの一部は最終的に海洋中深層へ輸送される。一方，海洋表層で光合成過程によりできた粒子態有機物の大部分は，海洋中深層へ沈降する過程において，バクテリアにより分解され，二酸化炭素が海水中に放出される(これにより，海水のpHが下がり，海水中の二酸化炭素分圧は増加する方向に働く)。炭酸カルシウムの沈降過程において，ある水深(リソクライン)に達すると，炭酸カルシウムの溶解が始まり，それ以深では粒子態有機物の分解でできた二酸化炭素が炭酸カルシウムにより中和される([7-4-7]式の逆向きの反応)。なお，炭酸カルシウムの供給速度と溶解速度が等しくなる深度を炭酸塩補償深度(CCD)と呼ぶ。この機構はアルカリ度ポンプと呼ばれ，これにより，海洋の中深層で

は粒子態有機物が分解した割には二酸化炭素分圧が高くならず，海水の二酸化炭素貯蔵能力を増加させている。地球温暖化により海洋表層での酸性化が顕著に進むと炭酸カルシウムの溶解が始まる水深(リソクライン)やCCDが，現在に比べて，浅くなることが予想されている。ここで記したように，炭酸カルシウムと有機物の水柱内の鉛直輸送過程において，これら物質は海水中の二酸化炭素分圧を異なった方向に作用させることから，水柱の炭酸カルシウムと粒子態有機物の量比(これをレイン比と呼ぶ)は今後の気候変化を支配する重要な因子の1つであるといえる。

[参考文献]
[7-1 地球温暖化による海洋物質循環過程の変化]
Andreev, A.G. and Kusakabe, M. 2001. Interdecadal variability in dissolved oxygen in the intermediate water layer of the Western Subarctic Gyre and Kuril Basin. Geophys. Res. Lett., 28: 2453-2456.
Andreev, A.G. and Watanabe, S. 2002. Temporal changes in dissolved oxygen of the intermediate water in the subarctic North Pacific. Geophys. Res. Lett., 29(14): 10.1029/2002GL015021.
Berger, W.H., Fischer, K., Lai, C. and Wu, G. 1987. Ocean productivity and organic carbon flux. I. Overview and maps of primary production and export production. Univ. California, San Diego, SIO Reference: 87-30.
Conkright, M.E., Garcia, H.E., O'Brien, T.D., Locarnini, R.A., Boyer, T.P., Conkright, M.E. and Stephens, C. 2002. World ocean atlas 2001, Volume 4: Nutrients. In "NOAA atlas NESDIS 52, U.S." (ed. Levitus, S.), 392 pp., Government Printing Office, Washington D.C. CD-ROMs.
Emerson, S., Mecking, S. and Abell, J. 2001. The biological pump in the subtropical North Pacific: Nutrient sources, Redfield ratios, and recent changes. Global Biogeochem. Cycles, 15: 535-554.
Emerson, S., Watanabe, Y.W., Ono, T. and Mecking, S. 2004. Temporal trends in apparent oxygen utilization in the upper pycnocline of the North Pacific: 1980-2000. J. Oceanogr., 60: 139-147.
Freeland, H., Denman, K., Wong, C.S., Whitney, F. and Jacques, R. 1997. Evidence of change in the winter mixed layer in the North Pacific Ocean. Deep-Sea Research, 44: 2117-2129.
Ishida, H., Watanabe, Y.W., Ishizaka, J., Nakano, T. and Nagai, N. 2006. Recent trends of vertical distribution and size composition of chlorophyll-a in the western North Pacific region. Submitted.
Karl, D.M., Bidigare, R.R. and Letelier, R.M. 2001. Long-term changes in plankton community structure and productivity in the North Pacific Subtropical Gyre: the domain shift hypothesis. Deep-Sea Research, II 48: 1449-1470.
Minobe, S. 1999. Resonance in bidecadal and pentadecadal climate oscillations over

the North Pacific: role in climate regime shifts. Geophys. Res. Lett., 26: 855-858.
Ono, T., Midorikawa, T., Watanabe, Y.W., Tadokoro, K. and Saino, T. 2001. Temporal increase of phosphate and apparent oxygen utilization in the subsurface waters of western subarctic Pacific from 1968 and 1998. Geophys. Res. Lett., 28: 3285-3288.
Ono, T., Tadokoro, K., Midorikawa, T., Nishioka, J. and Saino, T. 2002. Multiple-decadal decrease of net community production in western subarctic North Pacific. Geophys. Res. Lett., 29: 10. 1029/2001GL014332.
Watanabe, Y.W. 2006. Comparison of time series of dissolved oxygen between the western and eastern North Pacific subpolar region during the last 50 years. Submitted.
Watanabe, Y.W., Ono, T., Shimamoto, A., Sugimoto, T., Wakita, M. and Watanabe, S. 2001. Probability of a reduction in the formation rate of the subsurface water in the North Pacific. Geophys. Res. Lett., 28: 3289-3292.
渡辺豊・石田洋・小埜恒夫・中野俊也・永井直樹・西堀文康．2003．化学データから見た北太平洋における水塊形成量の減少の可能性とその影響．月刊海洋，35：6-12．
Watanabe, Y.W., Ono, T., Wakita, M., Maeda, N. and Gamo, T. 2003. Synchronous bidecadal periodic changes of oxygen, phosphate and temperature between the Japan Sea deep water and the North Pacific intermediate water. Geophys. Res. Lett., 30(24), 2273, doi: 10. 1029/2003/GL018338.
Watanabe, Y.W., Ishida, H., Nakano, T. and Nagai, N. 2005. Spatiotemporal decreases of nutrients and chlorophyll-a in the western North Pacific surface mixed layer from 1971 to 2000. J. Oceanogr., 61: 1011-1016.
Watanabe, Y.W., Yoshinari, H., Sakamoto, I., Nakano, Y., Kasamatsu, N., Midorikawa, T. and Ono, T. 2006. Reconstruction of sea surface dimethylsulfide in the North Pacific during 1970s and 2000S. Mar. Chem., in press.

[7-2　地球温暖化による海洋生態系の変化]
Aita-Noguchi, M., Yamanaka, Y. and Kishi, M.J. 2003. Effect of ontogenetic vertical migration of zooplankton on the results of NEMURO embedded in a general circulation model. Fish. Oceanogr., 12: 284-290
Aita-Noguchi, M., Yamanaka, Y. and Kishi, M.J. 2006 Interdecadal variation of lower trophic ecosystem in the Northern Pacific between 1958 and 2002, in a 3-D implementation of the NEMURO. Effect of ontogenetic vertical migration of zooplankton on the results of NEMURO embedded in a general circulation model. Ecol. Model., 202: 81-94.
Froese, R. and Pauly, D. (eds.). 2003. FishBase2000. World wide web electronic publication. http://www.fishbase.org/
Fujii, M., Nojiri, Y., Yamanaka, Y. and Kishi, M.J. 2002. A one-dimensional ecosystem model applied to time series Station KNOT. Deep Sea Res., II, 49: 5441-5461
Hashioka, T. and Yamanaka, Y. 2006. Ecosystem change in the western North Pacific due to global warming obtained by a 3-D NEMURO. Ecol. Model., 202: 95-104.
Ito, S., Kishi, M.J., Kurita, K., Oozeki, Y., Yamanaka, Y., Megrey, B.A. and Werner, F. E. 2004. A fish bioenergerics model application to Pacific saury coupled with a lower trophic ecosystem model. Fish. Oceanogr., 13(suppl.1): 111-124.
Kasai, A., Kishi, M.J. and Sugimoto, T. 1992. Modeling the transport and survival of Japanese sardine larvae in and around the Kuroshio current. Fish. Oceanogr., 1: 1-10.

Kishi, M.J., Okunishi, T. and Yamanaka, Y. 2004. A comparison of simulated particle fluxes using NEMURO and other ecosystem models in the western North Pacific. J. Oceanogr., 60: 63–73.

Kishi, M.J. et al. 2006. NEMURO: Introduction to a lower trophic level model for the North Pacific marine ecosystem. Ecol. Model., 202: 12–25.

Klyashtorin, L.B. 2001. Cyclic change of climate and main commercial species production in the Pacific. Report of a GLOBEC-SPACC/APN Workshop on the Causes and Cosequenses of Climate-induced Changes in Pelagic Fish Productivity in East Asia. GLOBEC Report, 15: 24–26.

Kuroda, H. and Kishi, M.J. 2003. A data assimilation technique applied to "NEMURO" for estimating parameter values. Ecol. Model., 172: 69–85.

Peterson, W.T. and Schwing, F.B. 2003. A new climate regime in northeast pacific ecosystem. Geophys. Res. Lett., 30: doi: 1029/2003GL017528, 2003.

Sakurai, Y., Kiyofuji, H., Saitoh, S., Goto, T. and Hiyama, Y. 2000. Changes in inferred spawning areas of Todarodes pacificus (Cephalopoda: Ommastrephidae) due to changing environmental conditions. ICES Journal of Marine Science, 57: 24–30.

Smith, S.L., Yamanaka, Y. and Kishi, M.J. 2004. Attempting consistent simulations of stn. ALOHA with a Multi-Element Ecosystem Model. J. Oceanogr., 61: 1–23

Yamanaka, Y., Yoshie, N., Fujii, M., Aita-Noguchi, M. and Kishi, M.J. 2004. An ecosystem model coupled with Nitrogen-Silicon-Carbon cycles applied to Station A-7 in the Northwestern Pacific. J. Oceanogr., 60: 227–241.

Yoshie, N., Yamanaka, Y., Kishi, M.J. and Saito, H. 2003. One dimensional ecosystem model simulation of effects of vertical dilution by the winter mixing on the spring diatom bloom. J. Oceanogr., 59: 563–572.

[7-3 海洋鉄散布実験]

Boyd, P.W., Watson, A.J., Law, C.S., Abraham, E.R., Trull, T., Murdoch, R., Bakker, D.C.E., Bowie, A.R., Buesseler, K.O., Chang, H., Charette, M., Croot, P., Downing, K., Frew, R., Gall, M., Hadfield, M., Hall, J., Harvey, M., Jameson, G., LaRoche, J., Liddicoat, M., Ling, R., Maldonado, M.T., McKay, R.M., Nodder, S., Pickmere, S., Pridmore, R., Rintoul, S., Safi, K., Sutton, P., Trezepek, R., Tanneberger, K., Turner, S., Waite, A. and Zeldis, J. 2000. A mesoscale phytoplankton bloom in the polar Southern Ocean stimulated by iron fertilization. Nature, 407: 695–702.

Boyd, P.W., Law, C.S., Wong, C.S., Nojiri, Y., Tsuda, A., Levasseur, M., Takeda, S., Rivkin, R., Harrison, P.J., Strzepek, R., Gower, J., McKay, R.M., Abraham, E., Arychuk, M., Barwell-Clarke, J., Crawford, W., Crawford, D., Hale, M., Harada, K., Johnson, K., Kiyosawa, H., Kudo, I., Marchetti, A., Miller, W., Needoba, J., Nishioka, J., Ogawa, H., Page, J., Robert, M., Saito, H., Sastri, A., Sherry, N., Soutar, T., Sutherland, N., Taira, Y., Whitney, F., Wong, S.-K.E. and Yoshimura, T. 2004. The decline and fate of an iron-induced subarctic phytoplankton bloom. Nature, 428: 549–553.

Boyd, P.W., Jickells, T., Law, C.S., Blain, S., Boyle, E.A., Buesseler, K.O., Coale, K.H., Cullen, J.J., de Baar, H.J.W., Follows, M., Harvey, M., Lancelot, C., Levasseur, M., Pollard, R., Rivkin, R.B., Sarmiento, J., Schoemann, V., Smetacek, V., Takeda, S., Tsuda, A., Turner, S. and Watson, A.J. A synthesis of mesoscale iron-enrichment experiments 1993–2005: key findings and implications for ocean biogeochemistry. Science. (in press)

Coale, K.H., Johnson, K.S., Fitzwater, S.E., Gordon, R.M., Tanner, S., Chavez, F.P., Ferioli, L., Sakamoto, C., Rogers, P., Millero, F., Steinberg, P., Nightingale, P., Cooper, D., Cochlan, W.P., Landry, M.R., Constantinou, J., Rollwagen, G., Trasvina, A. and Kudela, R. 1996. A massive phytoplankton bloom induced by an ecosystem-scale iron fertilization experiment in the equatorial Pacific Ocean. Nature, 383: 495-501.

Coale, K.H., Johnson, K.S., Chavez, F.P., Buesseler, K.O., Barber, R.T., Brzezinski, M. A., Cochlan, W.P., Millero, F.J., Falkowski, P.G., Bauer, J.E., Wanninkhof, R.H., Kudela, R.M., Altabet, M.A., Hales, B.E., Takahashi, T., Landry, M.R., Bidigare, R. R., Wang, X., Chase, Z., Strutton, P.G., Friederich, G.E., Gorbunov, M.Y., Lance, V. P., Hilting, A.K., Hiscock, M.R., Demarest, M., Hiscock, W.T., Sullivan, K.F., Tanner, S.J., Gordon, R.M., Hunter, C.N., Elrod, V.A., Fitzwater, S.E., Jones, J.L., Tozzi, S., Koblizek, M., Roberts, A.E., Herndon, J., Brewster, J., Ladizinsky, N., Smith, G., Cooper, D., Timothy, D., Brown, S.L., Selph, K.E., Sheridan, C.C., Twining, B.S. and Johnson, Z.I. 2004. Southern Ocean iron enrichment experiment: Carbon cycling in high- and low-Si waters. Science, 304: 408-414.

Gervais, F., Riebesell, U. and Gorbunov, M.Y. 2002. Changes in primary productivity and chlorophyll a in response to iron fertilization in the Southern Polar Frontal Zone. Limnol. Oceanogr., 47: 1324-1335.

Martin, J.H. 1990. Glacial-interglacial CO_2 change: The iron hypothesis. Paleoceanography, 5: 1-13.

Martin, J.H. and Fitzwater, S.E. 1988. Iron deficiency limits phytoplankton growth in the north-east Pacific subarctic. Nature, 331: 341-343.

Martin, J.H., Coale, K.H., Johnson, K.S., Fitzwater, S.E., Gordon, R.M., Tanner, S.J., Hunter, C.N., Elrod, V.A., Nowicki, J.L., Coley, T.L., Barber, R.T., Lindley, S., Watson, A.J., Van Scoy, K., Law, C.S., Liddicoat, M.I., Ling, R., Stanton, T., Stockel, J., Collins, C., Anderson, A., Bidigare, R., Ondrusek, M., Latasa, M., Millero, F.J., Lee, J., Yao, W., Zhang, J.Z., Friederich, G., Sakamoto, C., Chavez, F., Buck, K., Kolber, Z., Greene, R., Falkowski, P., Chisholm, S.W., Hoge, F., Swift, R., Yungel, J., Turner, S., Nightingale, P., Hatton, A., Liss, P. and Tindale, N.W. 1994. Testing the iron hypothesis in ecosystems of equatorial Pacific Ocean. Nature, 371: 123-129.

Sarmirnto, J.L. and Orr, J.C. 1991. Three-dimensional simulations of the impact of Southern Ocean nutrient depletion on atmospheric CO_2 and ocean-chemistry. Limnology and Oceanography, 36: 1928-1950.

Thingstad, T.F., Krom, M.D., Mantoura, R.F.C., Flaten, G.A.F., Groom, S., Herut, B., Kress, N., Law, C.S., Pasternak, A., Pitta, P., Psarra, S., Rassoulzadegan, F., Tanaka, T., Tselepides, A., Wassmann, P., Woodward, E.M.S., Riser, C. Wexels, Zodiatis, G. and Zohary, T. 2005. Nature of phosphorus limitation in the ultraoligotrophic eastern Mediterranean. Science, 309: 1068-1071.

Tsuda, A., Takeda, S., Saito, H., Nishioka, J., Nojiri, Y., Kudo, I., Kiyosawa, H., Shiomoto, A., Imai, K., Ono, T., Shimamoto, A., Tsumune, D., Yoshimura, T., Aono, T., Hinuma, A., Kinugasa, M., Suzuki, K., Sohrin, Y., Noiri, Y., Tani, H., Deguchi, Y., Tsurushima, N., Ogawa, H., Fukami, K., Kuma, K. and Saino, T. 2003. A mesoscale iron enrichment in the western subarctic pacific induces large centric diatom bloom. Science, 300: 958-961.

[7-4 海洋酸性化による海洋生態系への影響]
Caldeira, K. and Wickett, M.E. 2003. Anthropogenic carbon and ocean pH. Nature, 425: 365.
Gattuso, J.-P., Reynaud-Vaganay, S., Furla, P., Romaine-Lioud, S., Jaubert, J., Bourge, I. and Frankignoulle, M. 2000. Calcification does not stimulate photosynthesis in the zooxanthellate scleracitinian coral *Sytlophora pistillata*. Limonol. Oceanogr., 45: 246-250.
Marubini, F., Barnett, H., Langdon, C. and Atkinson, M.J. 2001. Dependence of calcification on light and carbonate ion concentration for the hermatypic coral Porites compressa. Mar. Ecol. Prog. Ser., 220: 163-162.
Marubini, F., Ferrier-Pages, C. and Cuif, J.-P. 2003. Suppression of skeletal growth in scleractinian corals by decreasing ambient carbonate-ion concentration: a cross-family comparison. Proc. R. Soc. Lond. B, 270: 179-184.
McConnaughey, T. and Whelan, J.F. 1997. Calcification generates protons for nutrient and bicarbonate uptake. Earth-Sci. Rev., 42: 95-117.
Mucci, A. 1983. The solubility of calcite and aragonite in seawater at various salinities, temperatures, and one atmosphere total pressure. Am. J. Sci., 283: 780-799.
Orr, J.C., Fabry, V.J., Aumont, O., Bopp, L., Doney, S.C., Feely, R.A., Gnanadesikan, A., Gruber, N., Isida, A., Joos, F., Key, R.M., Lindsay, K., Maier-Reimer, E., Matear, R., Monfray, P., Mouchet, A., Najjar, R.G., Plattnr, G.-K., Rodgers, K.B., Sabine, C.L., Sarmiento, J.L., Schlitzer, R., Slater, R.D., Totterdell, I.J., Weirig, M.-F., Yamanaka, Y. and Yool, A. 2005. Anthropogenic ocean acidification over the twenty-first century and its impact on calcifying organisms. Nature, 437: 681-686.
Petit, J.R., Jouzel, J., Raynaud, D., Barkov, N.I., Barnola, J.-M., Basile, I., Bender, M., Chappellaz, J., Davis, M., Delaygue, G., Delmotte, M., Kotlyakov, V.M., Legrand, M., Lipenkov, V.Y., Lorius, C., Pepin, L., Ritz, C., Saltsman, E. and Stievenard, M. 1999. Climate and atmospheric history of the past 420,000 years from the Vostok ice core, Antarctica. Nature, 399: 429-436.
Riebesell, U. 2004. Effects of CO_2 enrichment on marine phytoplankton. J. Oceanogr., 60: 719-729.
Riebesell, U., Zondervan, I., Rost, B., Tortell, P.D., Zeebe, R.E. and Morel, F.M.M. 2000. Reduced calcification of marine plankton in response to increased atmospheric CO_2. Nature, 407: 364-367.
Rost, B., Riebesell, U., Burkhardt, S. and Sultemeyer, D. 2003. Carbon acquisition of bloom-forming marine phytoplankton. Limnol. Oceanogr., 48: 55-67.
Sciandra, A., Harlay, J., Lefèvre, D., Lemée, R., Rimmelin, P., Denis, M. and Gattuso, J.-P. 2003. Response of coccolithohorid *Emiliania huxleyi* to elevated partial pressure of CO_2 under nitrogen limitation. Mar. Ecol. Prog. Ser., 261: 111-122.
Sparo, H.J., Bijma, D.W., Lea, D.W. and Bemis, B.E. 1997. Effect of seawater carbonate concentration on foraminiferal carbon and oxygen isotopes. Nature, 390: 497-500.

第8章 地球温暖化の社会影響と対応策

関西学院大学総合政策学部/松村寛一郎,
北海道大学大学院医学研究科/岸玲子・玉城英彦,
北海道大学大学院公共政策学/宮本融,
北海道大学大学院環境科学院/山中康裕・池田元美

8-1 食糧生産への影響

8-1-1 はじめに

　気候変化による食糧生産への影響は避けることができず，対策がより重要な視点になる。気候変化が季節はずれの雪など不安定な天候として現われてくることによって，人間生活に対する影響がでてくる。最近のモンゴルにおいては草原地帯に雪が積もることにより家畜が草を食むことができず餓死した。インドの大飢饉(1396～1407年)では全人口の30%近くが餓死し，アイルランドのジャガイモ飢饉(1846～47年)では100万を超す餓死者がでている。バングラデシュの大飢饉(1973年)は，水害によるものであり，また戦争によっても戦死者だけでなく，栄養不足の影響もあって多くの人々が亡くなっている。中国では，1616～1912年の間に324回の水害，167回の干ばつ，3回の虫害による飢饉が発生しており，1876～77年の飢饉では1300万人の人々が死亡した。表8-1-1は，中国における人口動態を示す。1960年における死亡者数が激増している。ある地域には食糧が充分にあったにもかかわらず，必要な地域に食糧の供給が円滑になされず，人災の要素がある。食糧援助物資が海岸線には届いたとしても，インフラストラクチャーが未整備であるために内陸部まで到達できなかったことも問題点として挙げられている。

表 8-1-1　中国における 1950～62 年の人口動態(中国長期経済統計資料より作表)

年	出生数 (万人)	出生率 (%)	死亡者数 (万人)	死亡率 (%)	年間増加数 (万人)	増加率 (%)
1950	2,023	3.700	984	1.800	1,039	1.900
1954	2,245	3.797	779	1.318	1,466	2.479
1955	1,978	3.260	745	1.228	1,233	2.032
1956	1,976	3.190	706	1.140	1,270	2.050
1957	2,167	3.403	688	1.080	1,479	2.323
1958	1,905	2.922	781	1.198	1,124	1.724
1959	1,647	2.478	970	1.459	677	1.019
1960	1,389	2.086	1,693	2.543	−304	
1961	1,188	1.802	939	1.424	249	0.378
1962	2,460	3.701	666	1.002	1,794	2.699

World Food Program(WFP)は物流機能が充実していることで知られている。

8-1-2　食糧と経済力

　経済発展により農業を主体とする産業構造から，工業，サービス業を主体とする産業構造へ変化する．第2次世界大戦後の世界は，食料不足(飢餓)と食料過剰(飽食)の状況が並存する．1960年の初めは，先進国と発展途上国の間の食糧貿易は均衡状況にあったが，1970年代末には途上国の消費は生産を4000万t近く上回り，1990年代半ばには，輸入超過は5000万tを超えている．開発途上国は，先進国からの食料援助依存を深めながら食料不足は拡大傾向にある．先進国(ヨーロッパ諸国，米国，日本)は，高血圧や肝機能障害をうむほどの過多な栄養供給が行なわれている．ヨーロッパにおけるCAP(共通農業政策)は，①作物別に支持価格を定めて，市場価格がそれを下回った場合にEU加盟国が買い支えを実施(域内価格支持)，②支持価格水準の引き下げにともなう代償措置として，農家に直接支払いを実施(農家への直接支払い)，③農村開発，輸出補助金，共通関税などが実施されており，これらの政策が高い食糧自給率へとつながっている．この例のように，先進国における農家の所得維持のために，過剰農産物の買い上げ，生産調整への国費の投入，海外農産物輸入制限，輸出補助金による先進国内の過剰農産物の海外への輸出が行なわれており，一面では貿易摩擦を発生させている面も存在する．

　日本の食糧自給率は40%を切っており，先進国のなかでもきわめて低い

水準にあるが，日本は，豊かな食生活を満喫している。それを可能にしているのが，工業製品を輸出して外貨を稼ぐことによる，海外からの食糧の購入である。食糧は，保存技術の進歩があるとはいえ，余れば価格が急落することもあるため，市場の動向についても着目する必要がある。現在の資本主義の世界にあっては，むしろ温暖化の影響よりも市場の影響の方が大きい。世界のすべての人々が市場に参加しているというわけでもなく，むしろ世界で流通する食糧は最も高価な部類にはいり，貿易の恩恵を受けているのは一握りの人々に過ぎないともいえる。一部の裕福な国のみが，海外から食糧を購入することが可能である。1997年にアジア通貨危機が起きた際に，韓国における輸入肉の消費量が激減したために，世界的な肉の価格が低下傾向になり，それを防ぐためにも国際通貨基金(IMF)が資金援助を行なったともいわれている。

8-1-3　世界の穀倉地帯は維持できるか，栽培種を換えて対応できるか

　世界人口の半分近くが，アジア地域に集中している。アフリカ諸国などの人口は，世界全体の10%にも満たない。アジアにおける人口を支えているのは，降水量が多く，その地の利を生かした稲作によるところが大きい。稲作の特徴は1年間に何回でも収穫を得ることが可能なことである。日本においても，二毛作が行なわれていたことがあるが，農家の兼業化や農業所得に対する魅力がないために，徐々にその姿が変化している。地球温暖化による降水量変化は，ある地域においては乾燥化をもたらすことになり，土壌水分は低下する。ある程度の変化であれば，栽培品目を変えたり，あるいは品種改良を行なうことにより，対応することは可能であろう。米の作付けが不可能になるような事態が発生するとなると問題は深刻化する。

　技術進歩により，より少ない水や肥料，過酷な条件などでの生育可能な品種の開発も進められている。しかし一方では，それらの品種は，次世代をつくれない，その一世代限りのものであり(種子が次の種子をつくれないよう操作するものでターミネーター技術といわれている)，世界の穀倉地帯は，一握りの種子会社の支配下に取り込まれる可能性も否定できない。

　農地を維持していくためには，地域コミュニティーの維持も重要な課題の

1つである。しかしながら，大規模な資本による灌漑は，そこで働く農民を単なる労働者として扱うことになりかねない部分もあるために，その持続性に関しての検討課題は多い。

　塩害の問題も無視することはできない。降雨量が少なく耕作に適していない地域に水をもってきた大規模な穀倉地帯の開発は，開発当初は大きな効果を上げている。しかしながら，地表面からの水の蒸発によって，地中に存在していた塩を地表面に移動させることにより，塩害が発生し，耕作が不可能になる地域が増えつつある。土壌中の栄養分を考えた場合に，土地を休ませないとその土地はやせてしまい，耕作が不可能になる可能性も否定できない。

8-1-4　国家間・地域間の不均衡がどう変化するか，その国際政治への影響は

　食糧の需要は，人間が実際に食べる用途，家畜の餌としての用途，加工食品用途に分類される。先進国の家畜と発展途上国の人間は食糧をめぐる競合状況にある。食糧の供給量が食糧需要量を上回ると価格が低下する。そのため市場から余剰食料を取り除くことにより市場価格の維持が可能となる。余剰食料が，援助物資として供給されることにより市場関係者，食料援助関係者にとり，好循環が存在している。何らかの形で余剰物質が供給されない事態が生じた時には，援助物資でなく，商品として市場に供給することの方がより多くの利益につながることが予想されるために，価格維持の具体的な手立てがないのが現状である。

　保存技術の進歩も重要である。食糧の風味を損なうことなく，真空状態にして水分を一瞬にして取り除く技術の開発により，さまざまな食品の長期保存が可能となるだけでなく，軽量化が可能となり物流面の効率も大幅に向上している。

8-1-5　耕地開発と森林

　アマゾンを宇宙からみるとフィッシュボーン構造だといわれる，魚の背骨のように森林が破壊されている様子がみられる。食糧生産を行なうための耕地の開発が森林の減少につながり，結果として地球温暖化を引き起こしてい

る。このような傾向が逆転しつつある場合として，世界的な食糧供給基地の1つであるオーストラリアにて，植林と食糧生産のトレードオフの現象がみられる。最初の入植者が1800年代初頭にオーストラリアを訪れた際には，あまりの森林の多さに驚いたという。牧草地が広がる地域が発見され，羊毛・畜産が発達した。牧草地を広げるために鉄道が敷かれ，森林の伐採が行なわれた。伐採された森林の大半は燃やされたが，一部は枕木や家具の材料としてヨーロッパに輸出された。第1次世界大戦が勃発し，オーストラリアからも多くの兵士が出征し，その功績が認められオーストラリアは独立した。羊毛・畜産は，オーストラリアにおける主要産業であるが，1990年ころより世界的に畜産・羊毛に対する需要が低迷するようになった。化学繊維の発達によるものが大きいという説もある。農業の将来的な展望に期待をもてない農家の子弟がメルボルンなどの都会に流出し，大きな社会問題になっている。また牧草地が塩害に曝されるようになった。低迷する地域経済を復活させる手段として植林産業が期待されている。

8-1-6　エネルギーとの関連

　大豆は，家畜の餌として重要な働きをしている。2004年において，世界中の農家は，2億2300万tもの大豆を生産した。内1500万tは豆腐などに消費された。残りの2億800万tの大豆は，3300万tの大豆オイルに加工される。1億4300万tものオイルの絞り粕は，牛，豚，鳥，魚などの栄養価の高い餌として供給される。米国，中国，ブラジルにおいて，家畜の餌としての大豆が果たす役割は高い。

　食糧資源とエネルギーの関連について述べておきたい。資源価格の上昇が，よりコストのかかる新しい技術開発を引き起こし，その結果，資源の可能採掘量が大幅に増加することは，以前からいわれてきたことである。原油価格の上昇にともない，原油の代替燃料開発へのインセンティブが増加している。ハイブリッドシステムが，高級スポーツ車メーカーであるポルシェ社にも採用されるという動きがみられるように，低燃費でありながら，高出力が可能な技術が登場してきている。アメリカの自動車産業の象徴であるGM社が不振をきわめており，優良資産でもある富士重工業やスズキ自動車の株を放

出せざるを得ないところまで追い込まれている。GM 社が再生の切り札としてエタノール 100％でも動く自動車を開発し，商品化に向けての動きが進んでいる。既存の内燃機関で動く車は，エタノールを5％くらいまで混ぜたとしても稼動するために，燃料価格の高騰に対応するために混合される動きがある。燃料価格の高騰が，コスト面から開発が難しい油田の開発を可能としている局面もみられる。

　ブラジルにおいては，エタノールで動く車が人気を保っている。このエタノールの原料は，トウモロコシ Maize である。トウモロコシは，家畜の餌としても重要な働きをしており，たとえば米国のコーンベルト地帯から，家畜の餌としてのトウモロコシの供給がなされている。ブラジルにおいては，生産されるトウモロコシの半分以上がエタノールの原料に使われている。マレーシアは，熱帯雨林を伐採した跡地におけるパームオイルの生産がなされている。ブラジルは植物から燃料を製造するための施設について，大資本が投入されているケースが多く，得られた利益が少数の資本家に流れている。マレーシアの場合は，比較的規模の小さい事業者が共同で運営しているために，資本の還流がうまく機能しており，結果として社会の安定化につながっている。

　アメリカの代表的な自動車メーカーである GM 社が，会社再生の1つのツールとしてエタノール車の販売に力をいれるとなると，原料であるトウモロコシに対する需要が増加することになるだろう。農家としても市況の影響を受けやすい農産物として出荷するよりも高い収入が見込めるエタノールの原料に変換されるトウモロコシを出荷する量が増えていく可能性は否定できない。この場合にも，化石燃料価格の高騰が森林破壊につながる可能性がある。

8-1-7　ま と め

　発展途上国の急激な経済発展や人口増加により世界的な食糧需給は逼迫していくのだろうか。エタノール燃料のところでも触れたが，需給逼迫による価格の上昇が，新技術の開発を可能とし，食糧増産を可能にするだろう。また所得の向上により，QOL(Quality of Life)の視点が加わることにより，健康

志向が高まり，食糧需要がそれほど伸びない可能性も存在する。鳥インフルエンザの問題が発生した時に，その代替手段としての豚肉や牛肉の消費量が増えると考えられたが，実際はそうでなかったという事実がある。世界的な人口の推移をみても，多くの先進国においては人口が減少する社会へ移行している。BSE に関して米国政府が日本の規制は厳しすぎるなどの発言がなされている。その言葉の裏には，日本が買わないのならば，他に（安全でなくても）買ってくれるところはあるのだという主張が見え隠れしている。少なくとも自分たちの食べるものは自分たちで確保していく努力が必要である。商品として流通させるだけの農産物をつくるには，かなりの努力を必要とするが，自分たちがつくって自分たちで消費するという視点であれば，必要な努力はそれほどでもない。週末に畑を耕すといったライフスタイルを送る人たちがもっとでてきてもおかしくない。イタリアなどでは，アグロツーリズムの動きや，地産地消の動きがさかんであり，安全面さらに食育という視点からも，日本としても学ぶべき点は多い。

8-2 気候変化と健康

8-2-1 はじめに

気候変化は健康と複雑に関連している。これには，熱波などに関係した疾病や死亡，異常気象や気温，洪水などによる健康影響，および胞子やカビなどによる大気汚染にともなうインパクトなど，直接的な健康影響が含まれる。一方，水や食品などが原因でなる病気，接触動物や齧歯類動物が媒介する病気，食料や水不足，海面上昇など，複雑に関連して人間の健康に間接的に影響を与えるものがある。気候変動はこのように，直接的および間接的に人間の健康に大きなインパクトを与えている。

本節では，気候変化にともなうこの直接的，および間接的な健康影響について簡単に述べる。

8-2-2 人間の健康と環境

健康は遺伝，物理化学的な環境，社会経済的な環境，生活習慣，保健医療

システムや供給体制などの要因の複雑な相互関連によって決定される。人間の環境への適応能力に対しても遺伝は何らかの影響を与えると考えられているが，地球温暖化のような，長いスパンで静かに変動するマクロの気候変化に対する人間の適応については未だ不明な点が多い。

またミクロの環境要因においては，最近では特に一人ひとりの生活習慣が健康に大きなインパクトを及ぼし，生活習慣はまた社会経済的な環境に大きく支配されるが，同時に，人間の活動，特にエネルギーの消費と密接に関係している。この人々のエネルギー消費が逆に環境負荷を高め，地球温暖化などのようなマクロの環境に大きな影響を与えると考えられている。たとえば，19世紀半ばから地表や海面の温度が 0.6 ± 0.2℃上昇し，顕著な上昇が特に1976年以降に起こっていると予測されている。地球的気候体系や気候依存的生態系のような複雑なマクロな体系が，限界を超えてしまった場合，どのように反応するかの予測は非常に不確かである。

しかし，この不確実性のために人の行動や社会的な対策が施されないということではない。気候変化などの地球環境問題には，国連環境開発会議(地球サミット)の「アジェンダ21」や国連気候変動枠組条約UNFCCCで提案された「持続可能な発展」という原理に基づき，そのなかの「予防原則」や「費用と責任の原則」「世代間の公平性」に配慮すべきであるとされる。

一方，人間集団の持続的な健康には，生物圏との相互作用があるが，この生命維持に必要な生物圏に上記のような大きな変化が起こりつつある。人間の健康はこれらの要因から独立しているのではなく，複雑に関連しあった，ややもすると危なっかしい平衡のなかに存在するといえる。この平衡のメカニズムが人類の歴史の長いスパンで微妙に狂ってきて，人間の健康にも何らかの変化を与えてきているといえよう。人間集団の未来の特徴，行動，対処能力については確かに不確実さが存在するが，我々は忍び寄る環境負荷とその健康影響について，今，そして未来の世代にしっかりと伝える義務がある。忍び寄る地球規模での変化に我々(またこれからの世代)は，敏感でなければならない。そして今，その悪影響を最小限にするための努力が我々に強く求められている。そのためにも，健康や環境問題に関する高度専門家養成機関としての大学の役割は大きい。

8-2-3 気候変化による健康影響

　気候変化による健康影響には，熱波に起因する心疾患や呼吸器疾患による傷病や死亡，異常気象による災害や，洪水などにともなう死亡や障害など，直接的な影響が含まれる。一方，マラリアやデング熱などの病気を媒介する接触動物の動態変化，食品由来や水系の病原菌の発生や周期性の変動，海面上昇にともなう海岸沿岸の塩水化などによる間接的な健康影響がある。

　過去数十年における気候変化はいくつかの健康問題を既に我々に提示している。実際，2002年の世界保健レポートによると，気候変化によって2000年には世界の下痢症の約2.4％，いくつかの中所得国ではマラリラの6％，いくつかの先進国ではデング熱の7％が上がったと推定されている。これは全体で15万4000人の死亡数(世界の全死亡の0.3％)に匹敵する数字である。

　気候変化による健康影響は，単に物理的な要因だけではなく，生態系や社会経済要因との複雑な相互関係に起因する。これらの影響は地球上どこでも同じように受けるということではなく，熱帯や亜熱帯の，特に脆弱層(貧困層や高齢者など)の人々において大きいので，この健康影響を最小限にするためには，これらと途上国の社会経済要因の関係を理解すると共に，その社会経済基盤や防災技術などの向上ならびにこれらのインフラ整備も必要である。

　一方，このような気候変化と健康被害との関係は，途上国にとどまらず発達した国々でも近年，新たな驚異として広範囲で市民生活への影響が大きくなっている。光化学スモッグの発生など大気環境の悪化によるヒトへの影響や，オゾン層の破壊にともない紫外線放射量が増大し，皮膚癌，白内障の増加が懸念される。さらには夏季の酷暑・高温による熱中症や死亡率の増加など，日本でも全国で健康への影響が実際に観察されている(表8-2-1)。

　国連の「気候変動に関する政府間パネル」(IPCC)による第三次報告書によると，気候変化と健康影響には直接的なものと間接的なものがあるが，後者はさらに2つに分割され，以下の3種類に大分類される。

　①熱波や自然災害などの直接的な影響
　②気候変化にともなう環境や生態のさまざまな変化や混乱の過程で発生する間接的な影響
　③気候変化による経済や政治などの混乱(たとえば紛争などで発生する難民)に

表 8-2-1 異常気象による健康への影響(地球温暖化の市民生活への影響検討会他, 2003)

	原因	予想されるおもな影響
洪水	増水,鉄砲水,土石流・泥流,土砂崩れ	溺死,負傷
	浸水	呼吸器系疾患,低体温,肉体的・精神的疲労
	浸水(汚水)	破傷風,皮膚炎,結膜炎,耳鼻咽喉系感染症,肉体的・精神的疲労
	下水道の破損,飲料水の汚染	水系媒介感染症(大腸菌,赤痢菌など),コレラやサルモネラなどの感染症
	ネズミの異常発生	レプトスピラ病
	ネズミとの接触	ハンタウイルス肺症候群
	蚊の異常繁殖	マラリア,デング熱,黄熱病
	化学物質の流失,産業廃棄物の流出	化学物質汚染による障害
	人命・財産の喪失	精神的ストレス
長雨,多雨	土砂崩れ	負傷
	寄生虫の増殖	寄生虫媒介性感染症
干ばつ,小雨	農作物の不作	免疫力の低下
	蚊の異常繁殖	西ナイル熱ウイルスの感染
	森林火災による煙害(ヘイズ)	目・鼻・喉の炎症,循環器系疾患
熱波,暑夏	異常高温	熱ストレス,熱中症,脱水症,呼吸器系疾患
	光化学スモッグ	喘息,アレルギー疾患
寒波,寒冬	異常低温	風邪,肺炎,気管支炎,循環器系疾患,低体温症,凍死

ともなうさまざまな健康障害

図 8-2-1 ではこれらをまとめて,人口増加,エネルギー消費,持続不可能な開発などの人間の大きな活動(driving forces,原動力と呼ばれる)は,さまざまな適応能力やメディア,対策などを介してマクロな気候変化を起こし,さらにそれが,地域の気候変動をもたらし,生態系や社会経済などの調整要因を経由して人間の健康に潜在的な影響を与える経路を示した。ここでは熱ストレスによる死亡増加のような直接的な健康影響から微生物生態系の変化や食料・水不足などに起因する間接的な健康被害まで大きく図示した。

より具体的な事例として,HIV/AIDS や SARS,鳥インフルエンザなどの新興感染症の流行や,マラリアやハンタウイルスの発生などは我々の生活

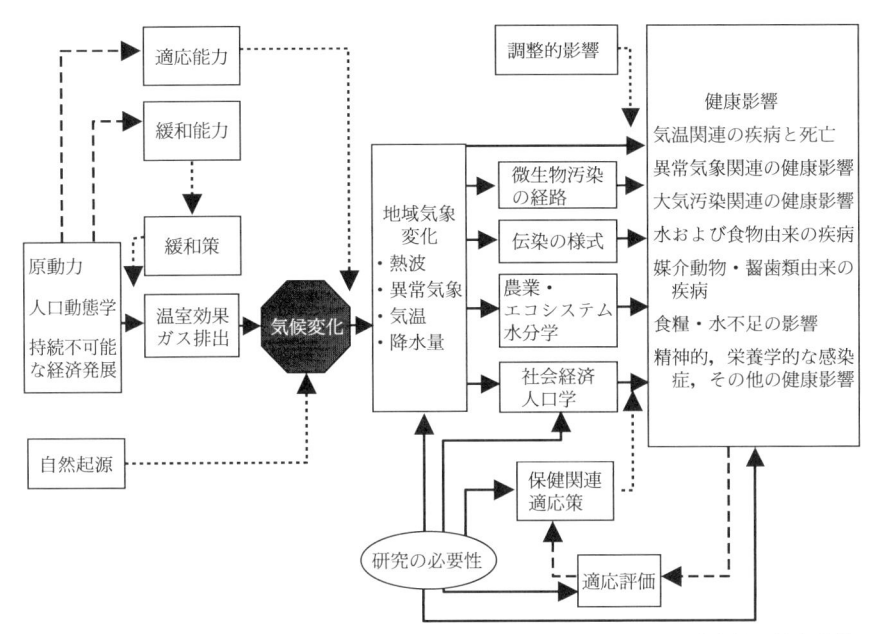

図 8-2-1 気候変化と健康(WHO, 2004)。原動力 driving forces から，潜在的な健康影響への曝露を介しての健康影響までの経路。研究の必要性からの矢印は保健分野に必要とされるインプットを示す。

様式および気候変動と深く関与していると考えられている。近年，大流行しているこれらの感染症の多くがヒトと動物の間で発生する，いわゆる人獣共通感染症 Zoonosis であり，気候変動にともなう生態系システムの変化と無関係ではないと示唆されている。表 8-2-2 では，環境変化がさまざまな影響経路を経て疾病に影響を与えている事例を示した。

しかし，これらのデータは，地球的な環境問題の予測できる一部に起因するものの，全体の動向は当然ながら不確実である。また同様に，これらの変化に対する人間集団の未来の適応能力についてもかなりの不確実性がつきまとう。気候変化と健康影響に関するこれらの知識は近年かなり蓄積されてきているが，気候変動とそれに対応する人間の適応能力も時間と共にダイナミックに変化しており，まだまだ不明な点が多い。

わが国では環境省・独立行政法人国立環境研究所などで，地球温暖化の市民生活への影響調査として，環境変化による健康影響をさまざまな角度から

表8-2-2 多様な環境変化がさまざまなヒトの感染症発生に影響を与える様式の例（WHO, 2004）

環境変化	疾病の例	影響の経路
ダム，運河，灌漑	住血吸虫症 マラリア 蠕虫症 オンコセルカ症（糸状虫症）	宿主の巻き貝生息地，ヒトとの接触 蚊の発育場所 湿った土壌による蛹との接触 ブユ発育，疾病
集約農業	マラリア ベネズエラ出血熱	穀物用殺虫剤，媒介蚊の耐性 齧歯類数，接触
都市化，人口密集	コレラ デング熱 皮膚リーシュマニア症	衛生状態，水汚染 水溜のあるがらくた，媒介蚊発育場所 距離の近さ，チョウバエ
森林減少，新集落	マラリア オロプーシェウイルス熱 内臓リーシュマニア症	発育場所と媒介蚊，感受性集団の移住 接触，媒介動物の発育 チョウバエとの接触
森林再生	ライム病	ダニ，戸外での曝露
海洋温暖化	赤潮	有毒藻類異常発生
降水量増加	リフトバレー熱 ハンタウイルス肺症候群	水溜（蚊の発育場所） 齧歯類の餌，生息地，生息数

まとめ，国内の事例も紹介している（図8-2-2, 3）。

8-2-4 気候変化と健康に関する国連およびわが国の役割

国連専門機関である世界気象機関（WMO）と国連環境計画（UNEP）が中心となって1988年に，①温室効果ガスの排出を介しての下層大気の人為的変化と世界の気候パターンへの影響，②それが重要な人間活動システムやその過程に及ぼす影響，③それを最小限にするための経済的，社会的対応の選択肢などに関する世界中の科学的文献の評価を主目的として，国連の「気候変動に関する政府間パネル」（IPCC）が設立された。

IPCCは現在3つの作業部会と1つのタスク・フォース（特別作業班）からなり，30人のメンバーが参加している。作業部会と特別作業班はそれぞれ事務局をもっている。その1つ，各国の温室効果ガス・インベントリー National Greenhouse Gas Inventories 特別作業班の事務局は神奈川県葉山におかれている。IPCCでは，世界の科学者の協力を得て，原則として5年に一度

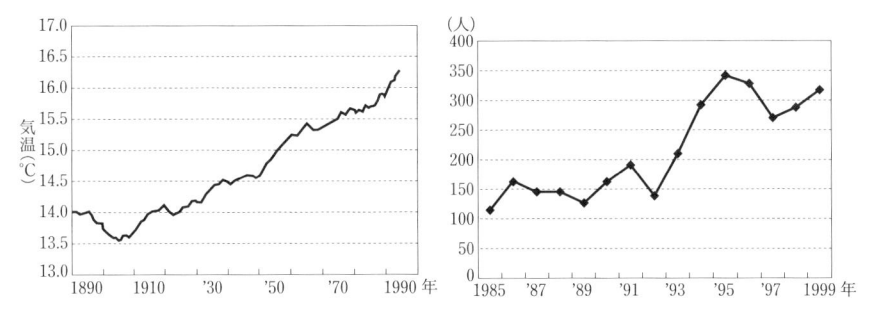

第8章 地球温暖化の社会影響と対応策　193

図8-2-2　過去100年における東京の年平均気温の推移と1985年以降の高温による救急搬送車両数(東京都, 2002)

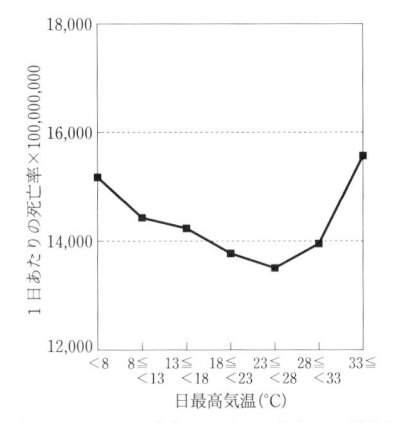

図8-2-3　北海道における日最高気温と総死亡率との関係(本田ら, 1998)

報告書を出版している。現在まで，1991年の第一次報告書，1996年に第二次報告書，2001年に第三次報告書を出版している。2007年2月には第四次評価報告書第1部会報告書が公表された。

　世界の健康問題をモニターする世界保健機関WHOはIPCC設立当時から，気候変化にともなう健康への影響について強い関心を寄せ，これらの事業に積極的に参加している。IPCCの最初の報告書では，気候変化のもたらす生態学システムの混乱が長期的に，人間の健康にどのような影響を与えるかはほとんど言及されていなかった。しかし，第三次報告書では，気候変化が熱帯や亜熱帯の途上国の，特に低所得層の人々や脆弱な集団に対して，強い健康影響をもたらすだろうと推測している。

現在 IPCC の事務局はジュネーブにある WMO 本部のなかにおかれていて，メンバーおよび世界の科学者との連携と調整を主体として，上記の気候変化に関する情報の収集と評価など，国連の貴重な任務を担っている。

その他，ブラジルのリオデジャネイロにおいて 1992 年に開催された環境と開発に関する国連環境開発会議(地球サミット：UNCED)では，持続可能な開発に向けた世界的な枠組みが構築された。1997 年，ニューヨークにおいて UNCED 5 周年，2002 年に南アフリカ共和国ヨハネスブルグで 10 周年の会議が開催され，自然と調和した発展の重要性とこれに関連した各国の進捗状況が報告された。

わが国は，京都議定書の締結に向けた国際的な活動にみられるように，気候変化の社会的インパクトに以前から関心を寄せて，政策策定の面において世界をリードしている。しかし，これらの国際的な活動が国民各層にどれだけ理解されているかどうかは不明である。また今後も不確実さはつきまとうが，このような気候変化が将来，わが国をはじめ世界の人々の重要な活動にどのような影響を与え，それが逆に人間の健康にどのようにどれだけのインパクトを与えるのかを広く国民に伝える国家的戦略の構築が必要であると思われる。

8-2-5　おわりに──今後の展望にかえて

気候変化は長期的であり，多くの不確実を抱えている。長期的であるために，一般の国民にその健康影響や社会的なインパクトを自分の問題として，そして将来的なリスクとして認知させることがきわめて困難である。したがって，集団としてはその国の文化的，教育的，宗教的な背景など，および個人レベルではこれらの大きな背景に規定された一人ひとりの体験や経験，そして価値観などに応じた新しいリスクコミュニケーション戦略が必要とされる。さらに今後の長いスパンでの気候変動自体の予測が不確実であるばかりでなく，この変動が人間の健康に与える影響はなおさら不確実で予測困難である。

我々はこの不確実性のなかで意思決定を行なおうとしている。しかし，データがないから，不確実であるから評価も意思決定もできないということ

ではない。現実の多くの意思決定はこの不確実性のなかでなされていることを我々は再認識する必要がある。それゆえに，これからも長く続く次世代に我々の開発のツケを廻すことなく，将来を見渡した，持続可能な発展を行なうための国家的かつ世界的な枠組みとそのなかで真摯に実行するための戦略の構築が求められている。またこれを後押しし，政策決定につなげる適切な行動を今実施することが我々一人ひとりに課されている。

8-3 エネルギー政策の影響と新エネルギー源の可能性

8-3-1 エネルギー起源二酸化炭素排出抑制対策の概要

8-5節において，温暖化対策はエネルギー対策とほぼ同義であると指摘している。本節においては，エネルギー政策という観点からエネルギー起源の二酸化炭素排出抑制対策について検討しておこう。京都議定書目標達成計画における分野ごとの対策の概要は以下の通りである。

(1) 産業部門

部門別では最大であるが，1990年代の長期不況から脱却後微増傾向をみせ始めているものの，産業構造の変化にともない今後も横ばいであろうと考えられている分野である（図8-3-1）。目標達成計画においては2002年度実績から3300万tの削減を見込んでいるが，その柱としては経団連が率先している環境自主行動計画の着実な実施，工場などにおけるエネルギー管理の徹底といったものがある。

一般に二酸化炭素の排出というと発電のように化石燃料を直接消費するものかプレス加工のように目でみて熱を発しているものを連想しがちであるが，産業活動において二酸化炭素を排出する最大のものは資源を素材に変える活動，すなわち分子レベルでの組成を変化させる活動である（小宮山，1999）。日本の場合，産業およびエネルギー転換部門全体から排出される二酸化酸素の6割が鉄鋼と化学の二部門によるものであり，発電部門ですら実は1割に満たない（図8-3-2）*。

---

* これは統計上は，電力は消費される部門において間接排出という形で計上されるからでもある。図8-5-1参照。

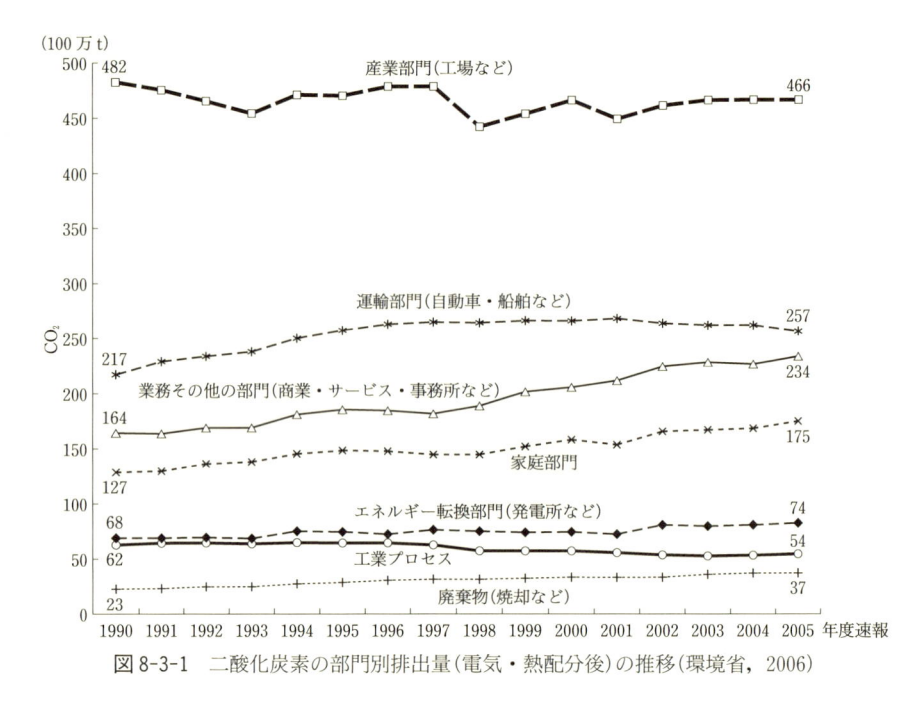

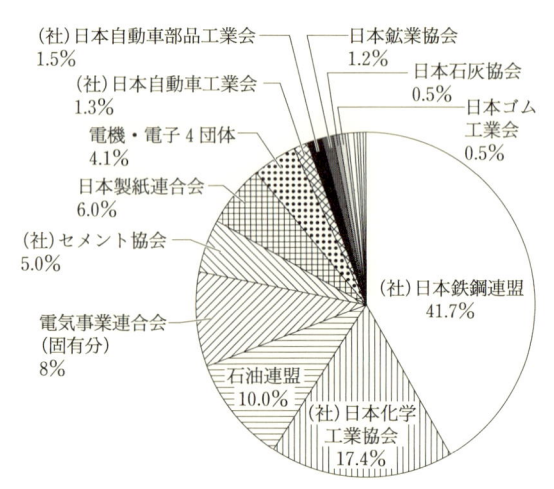

図 8-3-1　二酸化炭素の部門別排出量（電気・熱配分後）の推移（環境省，2006）

図 8-3-2　産業・エネルギー転換部門二酸化炭素排出量構成比（2003 年度実績値）（経済産業省資料）

政府による二酸化炭素排出規制策を嫌う産業界は，各業界ごとに自主行動計画をまとめたものを経団連において「日本経団連環境自主行動計画」としてとりまとめ，毎年フォローアップを行なっている．2005年度のフォローアップにおいて35業種が参加しており，日本全体の二酸化炭素排出量の約45%，産業部門およびエネルギー転換部門の8割強をカバーしている(経団連「環境自主行動計画2005年度フォローアップ概要版」)．この計画の目標は「2010年度に産業部門及びエネルギー転換部門からのCO_2排出量を1990年度レベル以下に抑制するよう努力する」とされているが，この目標が達成された場合における排出削減見込量は経済産業省の試算では約4240万t-CO_2である*．各業界ごとにエネルギー消費量とエネルギー源単位のどちらに目標設定するかの違いがあるが，現時点ではおおむね達成可能であるようである(図8-3-3)．

政府による政策としては，省エネ法の改正によりエネルギー管理の規制対象の拡大および強化を行ない，約170万t-CO_2の削減を見込んでいる．

(2) **民生部門**(業務その他部門)

全体に占める割合は16%程度であるが，家庭部門と共に景気の低迷にもかかわらず近年堅調に増加している部門であり，対策は急務である(図8-3-1)．

具体的な政策としては，経団連環境自主行動計画に基づくもの，省エネ法の改正によるものの他，建築物の省エネ性能向上により約2550t-CO_2，BEMS(ビル・エネルギー・マネジメント・システム)の普及により約1120t-CO_2の削減(後述のHEMSとの合計)が見込まれている．

(3) **民生部門**(家庭部門)

家庭部門は全体の13%程度であるが，その半分以上は電力消費によるものである(図8-3-1)．排出抑制策の柱としては，住宅の省エネ性能向上(約850t-CO_2削減見込み)，HEMS(ホーム・エネルギー・マネジメント・システム)の普及

---

* 以下，京都議定書目標達成計画におけるCO_2発生量減少見込みについては，同計画後掲資料2の別表1〜5の具体的対策の排出削減見込み量の根拠．なお，京都議定書目標達成計画は環境省のHPからダウンロード可能であるが，チームマイナス6%『京都議定書目標達成計画の全容』小学館(2005)として市販もされている．

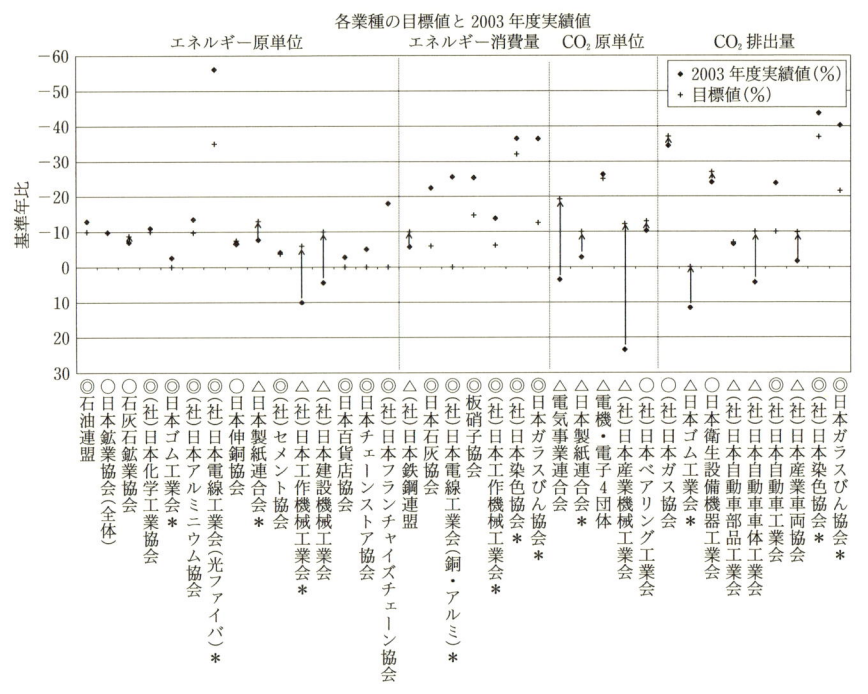

図 8-3-3　各業種の目標値と 2003 年度実績値の比較(経済産業省資料)。＊：目標を 2 つ設定している業種，◎：目標を既に達成しており，充分に達成可能と判断される業種，○：目標は未達だが，順調に改善傾向にあり充分に達成可能と判断される業種，△：目標未達だが，今後業界が予定している対策を充分に成し遂げることにより目標達成が可能な範囲にあると判断される業種

(BEMS の内数として計上)の他，個別設備機器単位の対策として省エネ法に基づくトップランナー基準の対象範囲の拡大および基準の強化による効率向上により約 2900 t-CO_2 の削減(内 8 割が現状対策の効果，残りは法改正による対象機器拡大などによる)が見込まれている。

(4) 運輸部門

　産業構造の変化にともない増加する部門であるが，エネルギーコストの増加が最も排出抑制対策として効果を発揮する部門でもある。省 CO_2 排出型の地域都市・構造の構築や社会システムの形成とそれにともなうモーダルシフトなどの物流効率化の推進と共に，輸送機器である自動車の燃費改善がおもな対策である。省エネ法のトップランナー基準の設定などによる効果とし

て約 2100 t-CO_2 の削減が見込まれている。

(5) エネルギー供給部門

産業構造の高度化・情報化にともない使い勝手のよい電力の利用が拡大しており，一次エネルギー供給の内 4 割を占めるようになってきている(図 8-3-4)。このため発電部門における非化石燃料の比率を高めていくと共に，熱源としてのバイオマスの利用拡大やコージェネレーションや燃料電池の利用を拡大していくことが必要である。目標達成計画においては，エネルギー転換部門単体としてではなくエネルギー供給部門全体として目標が立てられており，原子力の推進などによる電力分野における排出原単位の低減努力により約 1700 t-CO_2，新エネルギー対策の推進により約 4600 t-CO_2，コージェネレーション・燃料電池の導入促進などにより約 1440 t-CO_2 の削減が見込まれている。

8-3-2 エネルギー政策の評価

(1) 「長期見通し」についての考え方

京都議定書の目標達成のための政策は将来見通しに基づいているわけであるが，ベースとなる見通しとは単なる将来予測とは異なる。後述(8-5-1項)するように経済産業省と環境省の間で考え方に違いがあるが，その根本にあ

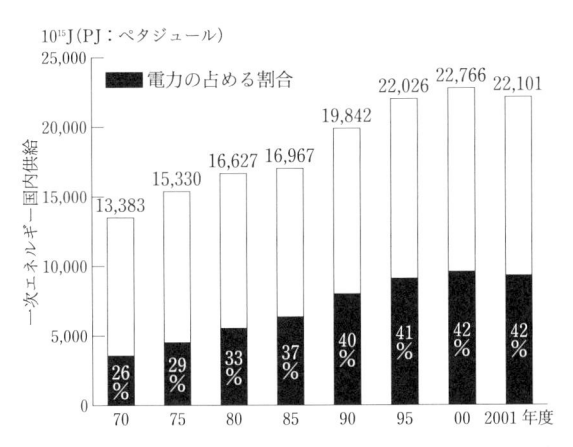

図 8-3-4 一次エネルギー供給における電力の割合(電力化率)(総合エネルギー統計 2004 年度版から電力事業連合会が作成)

るのは「環境省が環境重視，経産省が経済成長重視」という単純な図式だけではない。京都議定書の目標達成の前提となるエネルギー政策は，従来から経産省(通産省)で策定されてきた長期エネルギー需給見通しに基づく。この見通しは，エネルギー政策担当部局からみた政策の方向性を示すものであって，単なる需要予測ではない。したがって，高度経済成長期においては，何よりもまず経済成長の前提としての増大するエネルギーの将来需要を満たすために，発電設備を含めた供給体制の増強をどのように図るかを考える計画であった。このため，環境団体からは経産省の計画は常に将来のエネルギー需要の伸びを過大評価しているとの批判が強い。

確かに過去の計画と実績を比較すると，増大する需要を満たすための増加する接線方向で見通しを立ててきたことがわかる(図8-3-5)。しかし，着目すべきは1987年の改定以降，需要の実績が見通しを上回っていることもあることである。石油ショック以降省エネの政策順位が上昇し，通産省が需要の抑制に相当配慮してきたことが伺える。最近の改定においては，温室効果ガスの排出抑制のプライオリティがエネルギーの安定供給と同等まで向上していることから基本的にほぼ横ばいの見通しが策定されている。

現実の計画の策定過程において，一番大きな要素はマクロフレームとして

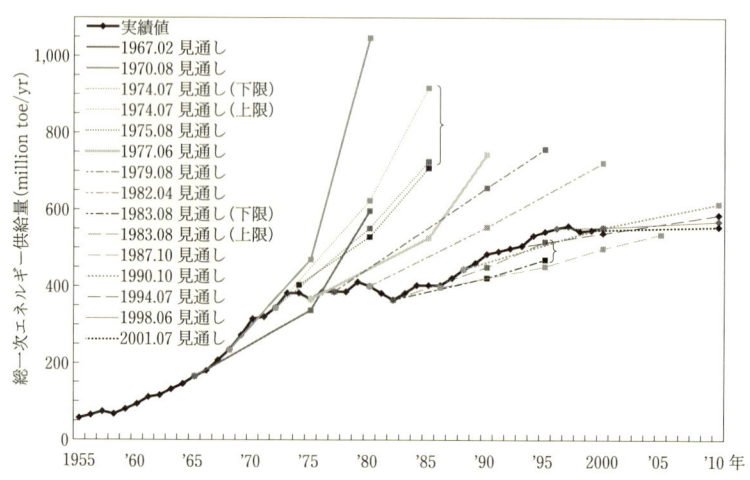

図 8-3-5　過去の長期エネルギー需給見通しにおける総一次エネルギー供給量の見通しと実績(松尾直樹，ホームページ・データ)

どのような数値を想定するかということである。具体的には，人口動態，為替水準，エネルギー価格，そして経済成長率といったものである。この内，経済成長率をめぐっては相当の議論が行なわれている。すなわち，単に景気後退局面が長期間継続すれば経済活動の総量は低下するからCO_2の排出量は減少するが，政府全体の経済政策の目標として「不景気にする」ということでは不適切といわざるを得ない。さらに，政府全体の経済計画の作成にあたって最も重要視されるのは税収であるから，財政当局は高めの経済成長率を期待することになり，常に上方バイアスをかけることになる。政府部内では，結論的には公式の経済計画での目標数値を使わざるを得ないが，90年代以降デフレ下における景気低迷の継続のなかでは実態としては相当高めの目標が見通しのベースになってきている。しかし，そうしたなかでも需要実績が見通しを上回ることが引き続き多いということは，省エネが見通しの通りには進んでいないということを示していることになる。

(2) 「省エネの限界？」

エネルギー政策を統括する経済産業省からは，長期エネルギー需給見通しの改定やエネルギー政策の目標設定の際には常に「これ以上の省エネを進めるのは乾いた雑巾を絞るようなもの」という指摘がでてくる。確かに，製造業生産一単位あたりエネルギー消費量はバブル絶頂期の1990年を底にピークアウトしているのは事実である(図8-3-6)。このため，一部に「省エネの

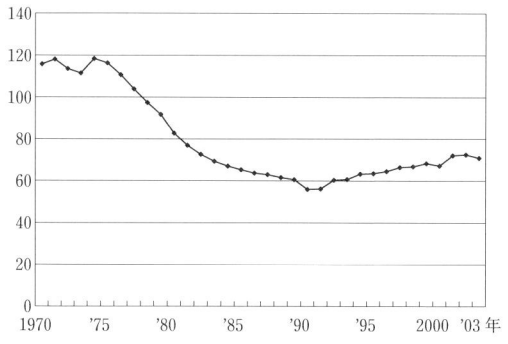

図8-3-6　日本の製造業生産一単位あたりエネルギー消費量の推移(総合エネルギー統計，鉱工業生産指数)。製造業部門でのエネルギー消費総量を製造業生産指数(付加価値ウェイト，1995年を100とする)で割ったもの。

限界」が指摘されることもある。

　しかし，こうしたマクロデータを基に結論をだすには慎重でなければならない。現実には個々の技術においては改良の余地がさまざまに存在しているからである。たとえば，自動車の燃費は理論的にはどこまで上昇できるかを考えてみよう（小宮山，1999）。物体が運動を始めるにはエネルギーが必要である。しかし，一定の速度に達し，かつその物体の運動に摩擦がまったくない場合には無限にその一定速度で動き続ける。宇宙空間における物体の運動はその例である。逆に，運動する物体を止めるには何らかの摩擦を与える必要がある。通常は自動車を止めるためにはブレーキにより運動エネルギーが摩擦熱と光に変化するわけであるが，このエネルギーを自転車のライトのための発電機と同じ原理で電気エネルギーに転換し，ためておくことができれば，自動車を最初に加速したエネルギーに等しいエネルギーが回収できることになる。したがって，水平運動のエネルギーの理論的極小消費量はゼロということになる。さらに，自動車は決められた駐車場に戻ってくるものであるから，重い荷物をもって立っていたとしてももっている人間は疲れるが仕事量としてはゼロであるのと同様に，定期的に決められた地点に戻る自動車の位置エネルギー変化もゼロであり，垂直運動のエネルギーの理論的極小消費量はゼロであることになる。したがって，自動車の燃費の理論上の限界値は無限大ということになる。もちろん現実には，摩擦抵抗の減少には限界があるし，回転エネルギーと電気といった別のエネルギーに転換したり蓄積する場合のロスもゼロにすることは非常に困難であろう。しかし，たとえば自動車会社が主催する省エネの限界に挑戦するレースの成績をみると，1981年の優勝記録がガソリン1Lで292.50 kmであったのに対し，2000年には3165.98 kmまで記録が延びているという*。もちろんこれは特殊車両による記録であるが，一般市販車においても，過去10年で2割以上燃費は向上しており，ガソリン車全体の平均で15 km/L，中・小型車に限れば20 km/L近くまで改善している[*2]。運輸部門からの二酸化炭素排出量が全体の2割

───────
* ホンダエコノパワー燃費競技全国大会（http://www.motorsportsplanning.co.jp/ecorun/index2.html）
[*2] 国土交通省自動車交通局技術安全部環境課「自動車燃費一覧」（平成18年度）（http://www.mlit.go.jp/jidosha/nenpi/nenpilist/nenpilist0603.pdf）

を超え，さらに急速に増加していることに鑑みれば，「省エネの限界」を議論するのは早計にすぎるといえよう。

　省エネの限界値を基に考えるならば，冷暖房についてはヒートポンプの利用拡大などにより10倍，照明についても発光ダイオードの利用により2～3倍の効率向上が現実的に可能であると見込まれている(小宮山，1999)。

　こうした省エネ努力を加速するために政府はトップランナー制度を導入している。これは，省エネ法(エネルギーの使用合理化に関する法律)に基づき，「わが国において大量に使用され，かつその使用に際し相当量のエネルギーを消費する機械器具であって，当該性能の向上を図ることが特に必要であるもの」については，政令で「特定機器」として指定し，機器ごとに省エネ基準を定めて公表する制度である[*]。これまでに政令指定された「特定機器」は18種類あり，4種類が追加指定予定である[*2]。同様の省エネ機器の認証およびラベリング制度は米国にも欧州にもあるが，日本の場合は現在商品化されている機器の内，最も優れている性能を「トップランナー」として定め，目標年度までに同業他社にそのレベルまでの製品の改善を求めるという姿勢を明確にとっているところが国際的にも注目されている。省エネ法では，目標年度までに事業者が性能を向上させなくとも罰則まではなく，経済産業省から改善勧告とそれにしたがわない場合にはその旨を公表する措置が規定されているのみである。しかし，それぞれの製品市場において各社は同業他社と厳しい競争を行なっており，改善勧告は消費者からの信用を著しく失うことにつながる。現実には，逆に「トップランナー基準達成」を省エネ効果の宣伝に利用している。結果として，自動車，エアコン，冷蔵庫・冷凍庫では基準は前倒し達成され，目標の強化が進んでいる。トップランナー制度は，市場の競争を利用した「賢い政策」であるといえよう。

　しかし，こうした政策では目標を確実に達成できるかどうかという観点か

---

[*] 省エネ法第78条
[*2] 指定されているのは，乗用自動車，貨物自動車，エアコンディショナー，テレビジョン受像機，ビデオテープレコーダー，蛍光灯器具，複写機，電子計算機，磁気ディスク装置，電気冷蔵庫，電気冷凍庫，ストーブ，ガス調理機器，ガス温水機器，石油温水機器，電気便座，自動販売機，変圧器の18種。追加指定予定は，電気炊飯器，DVDレコーダー，電子レンジ，ルーターの4種である。

らみると不充分だという指摘もある。化石燃料依存の経済構造を脱却するという温暖化防止の最終目標に比べて，トップランナーとはいえ現実に市場投入された商品の性能を基準とするのでは，政府として責任ある政策態度として問題があるのではないかということである。特に，議定書達成のためにこの制度に期待する部分が大きいことに鑑みれば，より積極的かつ強力な政策が必要であろう。

8-3-3 非化石燃料の利用拡大

中長期的には，化石燃料依存の産業構造から脱却することが先進国としての日本の責務であり，そのためには，非化石燃料の利用拡大が課題である。

現在，非化石燃料の柱となっているのは原子力である。これまで安全運転の実績が積み重ねられていることもあり，世論調査では原子力を「積極的に推進」と「慎重に推進」の合計が56.1%とおおむね国民的合意を得ているものと考えられる*。しかし，安全性に対する認知度をみると「安心」と「何となく安心」の合計は24.8%にすぎず，「何となく不安」および「不安」の合計65.9%を大きく下回っている*。現在運転中の商業用原子力発電所は沸騰水型32基，加圧水型23基の計55基であるが，建設中のものは北海道電力泊発電所3号機および中国電力島根発電所3号機の2つにすぎず，今後計画中のものについても着工が遅れているなど必ずしも計画通りには進展していないため，今後の原子力によるエネルギー供給の拡大は期待し得る状況にない。

これに比して近年急速に注目を集めているのが，自然エネルギーである。具体的には，太陽光発電，風力発電，およびバイオマス・エネルギーの3つである。通産省は従来自然エネルギーの柱として太陽光発電に力をいれてきた。しかし，政策的には技術開発投資と市場規模拡大による単価低減を狙った設置補助への投資であり，典型的な「技術プッシュ型」あるいは「初期投資型」であって，エネルギー供給の柱として成長し得ていない(飯田, 2005)。

---

* 内閣府「エネルギーに関する世論調査」平成17年12月(http://www8.cao.go.jp/survey/h17/h17-energy/index.html)

現在注目されているのは，90年代にはいり急速に普及が進んでいる風力発電である(図8-3-7)。最も普及が進んでいるドイツの場合，総設備容量で1663万kw，総発電電力量で250億kwに達しており全電力量の5%を占めるに至っている*。こうした急激な普及の背景にあるのが，風力発電をはじめとする自然エネルギーからの電力を一定の優遇価格で買い取ることを定める固定価格優遇制度である。同様の制度は，デンマークやスペインでも導入されている。日本においても遅ればせながら2002年に「電気事業者による新エネルギーなどの利用に関する特別措置法」(RPS法)が制定され，翌年4月から実施されたことにより自然エネルギーの政策市場が登場した。この法律は，これまで一貫してエネルギー政策の主導権を握ってきた通商産業・経済産業省が，一部の市民団体が中心となって政策提言を行ない党派を超えた政治家が議員連盟を結成するという動きの高まりを受けて法案作成に追い込まれるという経緯をたどったところに特徴がある(尾野，2002)。しかし，日

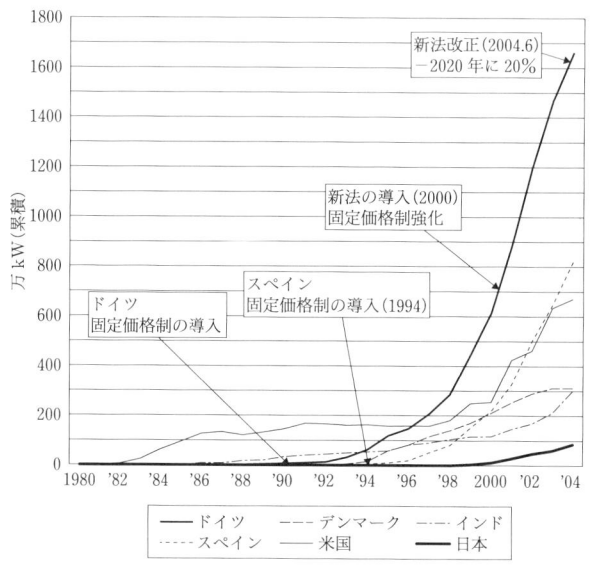

図8-3-7 拡大する世界の風力発電(飯田哲也，プレゼンテーション資料)

* 飯田哲也「自然エネルギー政策をめぐる日本政府の倒錯と絶望」2005年11月13日 (http://www.isep.or.jp/library/iida051113.pdf)

本の制度ではドイツのような固定価格制ではなく，固定枠 Renewables Portfolio Standard(RPS)制が採用された。自然エネルギー利用促進を求める市民団体は，RPS では売電価格が一定せず事業リスクが高すぎるとして固定価格制を主張していたが，経産省は RPS の設定により固定枠のなかで競争が働くことにより長期的には強力な自然エネルギー産業を育成できると主張したからである。固定価格制と RPS 制のどちらが自然エネルギーの利用促進に効果があるかは一概にいえないが，現在の目標は 2010 年までに総発電量の 1.35% であり，同年時点での目標が 10% を上回る他国に比し突出して小さいものになってしまっているのは明らかに問題がある。初期需要が立ち上がらなければ自然エネルギー業者のスケールメリットは発揮されないから単価は高いままであり，高いまま買い取り枠(RPS)が設定されていることで経営圧迫を受ける電力業界は RPS の拡大に反対するという悪循環に陥ってしまっているからである。早急な RPS の拡大もしくは固定価格制への変更が必要であろう。

8-4　京都議定書に代表される政府間取り決め

8-4-1　政府間取り決めの歴史

　地球温暖化の認識と取り組みに関する近年の歴史を振り返ると，科学的知見が最初にだされ，それに押されて国連や各国の対応が始まったことがわかる。米国の国立研究所などの研究者は二酸化炭素が増加の一途をたどっている事実に基づき，1980 年前後に相次いで地球温暖化が起きる可能性を示唆した。しかし当時はまだ温暖化の兆候は現われていなかったので，単なる危惧と受け取られていた印象が強い。研究者を中心とする「気候変動に関する政府間パネル」(IPCC)が設立されたのは 1988 年になってからである。
　1990 年が近づいて明らかに地球の平均気温が上昇したところで，国連はまず枠組みを定めることとし，「気候変動に関する国連枠組み条約 UNFCCC」を 1992 年に採択，次いで 1994 年に発効させた。二酸化炭素などの温室効果気体を，地球全体の気候に危険な人為的影響を及ぼさないレベルに抑えるという目的を定めたのである。

京都議定書を代表的取り組みとする国連の活動は，IPCC が作成した報告書に呼応して進められたと判断される．1990 年の第一次報告書作成の 2 年後に UNFCCC が採択され，締約国会議 COP は 1995 年から毎年開かれてきた．1995 年の第二次報告書では，温室効果気体の増加によって 21 世紀中に地球の平均気温が数度上がると予想され，それから 2 年経って京都議定書が採択された．2001 年の第三次報告書において，自然科学から社会科学に至る専門家が，観測結果の分析とモデルによる将来予測を合わせ，その上に地球温暖化の人間活動への影響と，温室効果気体の排出を削減した場合の社会影響まで解説した．京都議定書が発効したのは 2005 年 2 月 16 日である．

　京都議定書は締約国に温室効果気体排出量の削減を義務づけると同時に，補助的な手段として森林への吸収と排出の取り引きなどを決めており，締約国が削減に取り組みやすい仕組みをもっている．これを抜け道とする批判もあるが，各国の事情を考慮し将来への第一歩を踏み出したことを前進と捉えるべきであろう．特に最大の温室効果気体排出国である米国が離脱した状態で，まったく何の取り決めもできないとしたら，排出を抑制するメカニズムはなくなり，地球が破滅的な状態に至るのを座視するだけとなる．人類は依然として国際機関に期待をもち続けているといえるだろう．科学者はこれを支える役割を担うべきである．

8-4-2　気候変動に関する政府間パネル(IPCC)の役割

　IPCC は 1990 年の第一次報告書から 2001 年の第三次報告書までで，地球温暖化に関する広範な研究成果を総括し，最も客観的にその原因，将来予測，社会への影響，そして緩和策とその社会影響を世界に発信してきた．第三次報告書は作業部会ごとに 1 部から 3 部までで構成されており，インターネットでも公開されているので，英語版は容易に取得できるし，要約は日本語訳も載っている．これらの内容に添って，現在の理解を紹介していく．

　1 部の中心は地球温暖化の将来予測である．予測する際に，まずいくつかの二酸化炭素排出シナリオを設定する．図 8-4-1 に示すように，将来の世界を 2 つの座標軸(国際化か地域主義か，経済重視か環境重視か)によって分類する．たとえば B1 にある持続発展型社会では環境保全のための技術開発が進めら

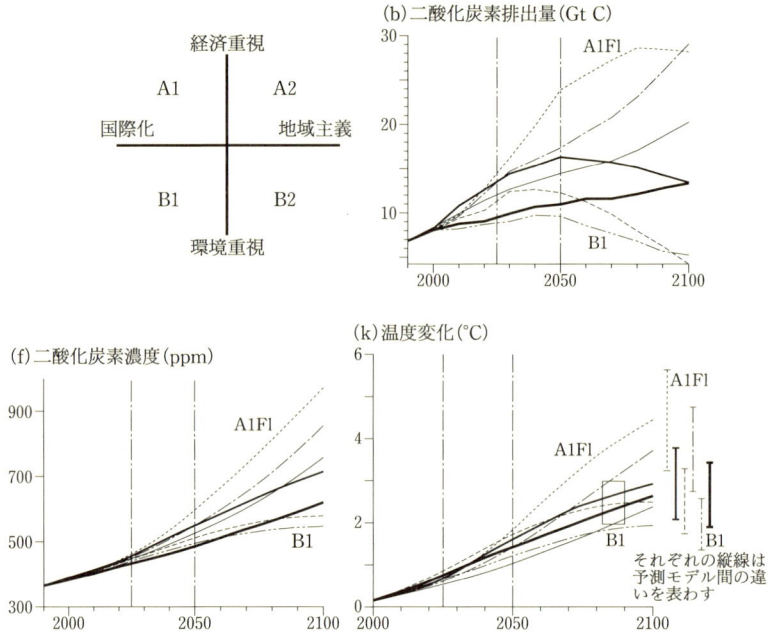

図 8-4-1 地球温暖化の将来予測。さまざまなシナリオのなかで A1Fl は二酸化炭素の排出が最大であり，B1 は最小である。気温上昇の図の右側にある縦線は，各シナリオに対する予測モデルの予測幅を示す。

れ，2050 年に二酸化炭素排出は現在の 2 倍程度でピークに達し，その後急速に減少する。A1 にある高度成長社会では，どの程度化石燃料に依存するかによって排出量が大きく異なり，最大の排出シナリオでは 21 世紀末に現在の 5 倍を超える二酸化炭素が排出される。21 世紀末の大気中の二酸化炭素は，シナリオによって 500 ppm (B1) から 1000 ppm (A1Fl) まで大きな違いがでる。21 世紀末の気温上昇の予測は 1.5℃から 6℃の不確かさをもっているが，その半分はシナリオによる差であり，残りの半分が予測モデルによる差である。

本来は世界の将来も人間社会と自然環境の法則によって決まるのだが，シナリオを設定した真意は，自然法則が決める将来予測に不確かさがあることを容認した上で，シナリオによって将来が大きく異なることを示し，人類がとってはいけないシナリオを示すことであろう。これを「不確かさを前提と

する予防原則」ということもできる。すなわち，将来が完全に予測できなくても，その予測範囲内で選択することが人類の叡智である。

　2部では地球温暖化の影響に重点をおき，降水量の変化，水資源が枯渇する地域，農業生産の低下と食糧供給が逼迫する国，健康被害の可能性が危惧されることを示している。これらの基本には昇温による土壌水分低下があり，それに加えて降水量の変化が鍵となる。ある将来予測によると，米国とヨーロッパの穀倉地帯で年間降水量が 100 mm から 200 mm 減少する。しかしまだ不確定な要素が大きく，予測の向上が待たれる。特筆すべきことは，自然環境の変化が世界中に起きるとしても，脆弱な地域と人々ほど，地球環境の劣化にともなう影響を受けやすいことだ。

　3部では，気候変化を緩和する方法の科学的，技術的，社会的な側面を評価している。思想の根底には国家間，民族間のみならず世代間の公平をおいている。これが持続可能な開発という考えにつながる。気候緩和政策は持続可能な開発を促進し，また健康被害と雇用の改善，大気汚染の軽減，そして森林，土壌，流域の保護と育成に役立つ。エネルギー資源の限界が地球温暖化を止めると考えるかもしれないが，たとえ大気中の二酸化炭素濃度を 1000 ppm に定常化させる場合でも，エネルギー資源にはまだ余裕がある。すなわち人類の意思をもって排出削減策をとらなければならない。燃料電池の開発など革新的な技術の発展，自然エネルギー利用の普及，人工的な二酸化炭素吸収と隔離に合わせて，生活スタイルの変革によって省エネを実践することが必須である。重要な示唆は，このような緩和策が経済活動をむしろ活性化させることだ。

　四次報告書が 2007 年に開示される予定である。より正確な降水量変化など，三次報告書までの不充分さを補う内容が期待されている。

8-4-3　京都議定書

　京都議定書の主たる取り決めは，先進国が二酸化炭素など温室効果気体の排出量を，1990 年基準に比べ，2010 年前後までに数％削減することである。根本には「共通だが差異のある責任」なる理念がある。すなわち，これまで温室効果気体をだしてきた先進国は，排出削減に対して発展途上国より格段

に重い責任をもつが，その一方で将来の地球環境を保全する責任はすべての人類が負っている。京都議定書のなかでは先進国を附属書Ⅰ国と呼び，国によって異なる削減量を課した。たとえば，日本は6%，EUは平均して8%，離脱した米国は7%などである。ロシアは0%であり，1990年の排出量を維持すればよい。京都議定書は1997年に採択されたものの，2005年にようやくロシアが批准することによって発効した。参加する国の排出量が，先進国の総排出量の55%以上となることが発効の条件であった。

　二酸化炭素排出の削減が基本であることはいうまでもないが，それに加えて採択時からいくつかの補助的な手段が用意された。まず森林による吸収をみてみよう。陸域の植生が成長すると光合成によって二酸化炭素を吸収することはよく知られている。一方で呼吸によって二酸化炭素を出すので，吸収量との差は小さく，正味の吸収量は人為起源排出の5分の1程度である。森林の吸収として削減量に換算できると京都議定書が規定するのは，製紙や建築材料などのためでなく新たに植林・造林された分である。安易な森林吸収は排除されているのである。これから詳細に詰めるべきものは，土壌も含めた森林域で実際に吸収される量を評価することであろう。

　森林吸収以外にも各国が協力して取り組むことを助けるため，京都メカニズムと呼ばれる取り決めを導入した。大きく分けて，先進国同士が排出削減量を移転する排出取り引きと削減事業の共同実施があり，また先進国が発展途上国において排出を削減するクリーン開発メカニズムCDMがある。前者では，ソ連崩壊後の産業活動停滞によって排出が減ったロシアの果たす役割が大きいであろう。後者のCDMでは，発展途上国における植林も可能であるし，技術移転や高効率施設の建設なども排出削減に換算できる。

　附属書Ⅰ国は排出量削減を2008年から2012年までの第一約束期間に達成すると約束した。これは現実的であろうか。図8-4-2の推移が示すように，日本の排出は増加しており，約束を達成することは容易ではない。森林への吸収分は4%弱であり，これだけでは解決にならない。排出取り引きやCDMなどはあくまでも補助的手段であり，国内の排出削減に努めることが求められている。

　京都議定書から離脱した米国に加え，第二の排出量をもつ非附属書Ⅰ国の

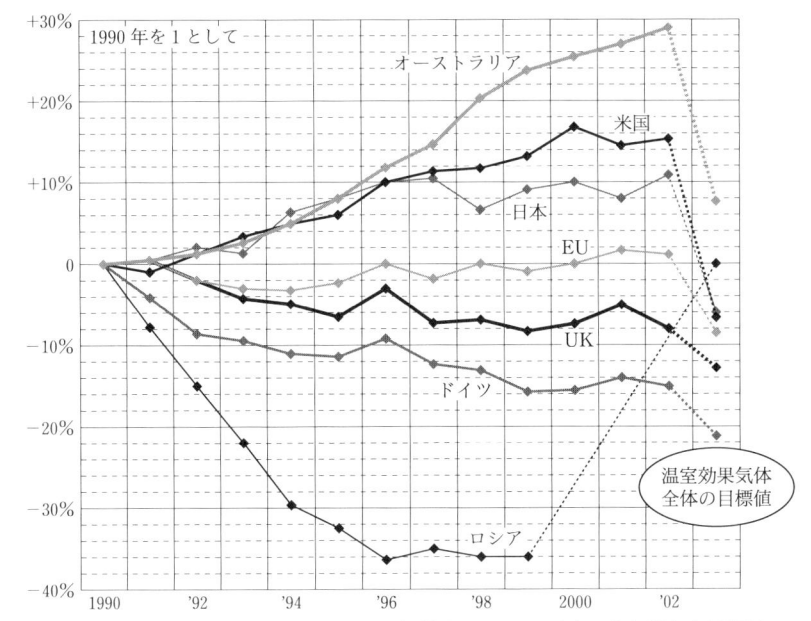

図 8-4-2 主要な各国の CO_2 排出量の推移(1999〜2002年)と京都議定書目標値
(http://ghg.unfccc.int/ UNFCCC ホームページより)

中国，そして締約国だが削減しなくてよいロシアが，日本より多くの二酸化炭素を排出している。インドも非附属書Ⅰ国であり，排出量で日本に迫っている。これらの国がある一方で，日本だけが削減しても意味がないとする主張をよく耳にする。中国とインドには京都議定書の後継取り決めにぜひとも参加してもらわなければならない。そのためにも日本は率先して先進国の責任をまっとうすることがだいじである。ロシアの排出枠に余裕があるから，日本は排出取り引きの機会があると考えれば，決して悪い側面ばかりではないだろう。最も問題となる米国の動向については以下に述べるように，さまざまなレベルで排出削減への可能性を秘めており，気がついた時には日本だけが取り残されることにならないよう注意が肝要である。

8-4-4 米国の動向

米国はブッシュ政権になった直後の 2001 年に京都議定書から離脱した。

地球温暖化が人為起源二酸化炭素によるとはいえない，またどの程度進行するか科学的にはっきりしていない状況で，産業活動の障害になる取り決めには参加しないとの理由である。その替わりに米国が進める国際協力は，炭素隔離リーダーシップフォーラム(CSLF)，水素経済のための国際パートナーシップ(IPHE)，第四世代原子力システムに関する国際フォーラム(GIF)である。CSLF は排煙から二酸化炭素を分離し，地中に隔離する技術を開発・普及するための枠組みである。IPHE は燃料電池など水素利用にかかわる技術の開発と普及をめざすものである。GIF は核燃料の効率的利用や廃棄物の処理を目的としている。3 つとも日本をはじめ EU 諸国も参加しており，21 世紀中ごろまでには有効な技術になると予想される。しかしこれらの取り組みを京都議定書と並行して進めることも可能であり，離脱の埋め合わせとして推進しているなら本末転倒である。

　米国は州が高い自治権をもっている。東部各州や西海岸の州は，連携をとりながら自動車排気ガスの規制をするなど，州レベルの取り組みを始めている。これらの州の人口と経済活動は欧州各国に匹敵しており，温室効果気体排出削減にもある程度の効果をもつはずだ。環境保全に高い意識をもつ住民が多いことを考えると，ある時点で米国全体の支配的な世論が変わる可能性があるだろう。

8-5　地球温暖化防止対策の決定過程

8-5-1　現在の日本の政策体系とその概要
(1)　日本の地球温暖化政策体系の概要

　これまで述べてきたように，地球温暖化を進めている原因である温室効果ガスのなかでも問題への寄与度という面では二酸化炭素が圧倒的に大きい。日本の場合，二酸化炭素を年間 13 億 t 程度排出しているが，その内，廃棄物焼却と工業プロセスから排出される 6% を除く 94% がエネルギー起源である(図 8-5-1)。このため，温暖化対策の柱となる温室効果ガス排出抑制対策はほぼエネルギー政策と同義であるということになる。

　京都議定書の批准にあたり，日本政府は地球温暖化対策本部(本部長：内閣

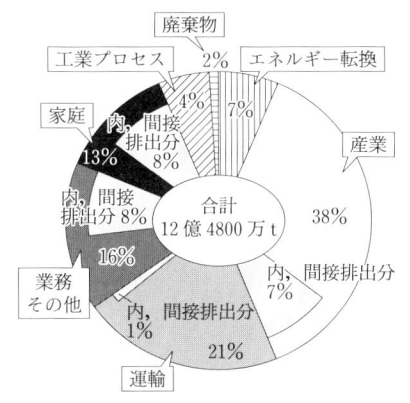

図8-5-1 2002年度日本の部門別二酸化炭素排出量(京都議定書目標達成計画)。間接排出分とは，電気事業者の発電にともなう排出量などをさす。

総理大臣)を開催し2010年に向けて緊急に推進すべき最策をとりまとめた「地球温暖化防止大綱」を決定すると共に，「地球温暖化対策の推進に関する法律(平成10年10月9日法律第117号「地球温暖化防止法」)」を制定し，それに基づく基本方針を策定することなどを通じて基本的な政策の枠組みを整備すると共に「エネルギー使用の合理化に関する法律(昭和54年法律第49号「省エネ法」)」などの改正が行なわれた。「温暖化防止法」は，議定書の目標を達成するために「京都議定書目標達成計画」を策定することを政府に義務づけているが，議定書の発効後の2005年4月に閣議決定された。省エネ法などの関連法規もこの計画を達成するために改正され，政策上の体系としては議定書の目標達成のための制度が整備されている。

(2) 京都議定書目標達成計画

京都議定書により，日本には温室効果ガスの排出を基準年である1990年のレベルからとして2010年前後の5年間の平均で6%削減することが求められている。この目標を達成するための「京都議定書目標達成計画」においては，具体的な区分ごとの削減目標を定めており，エネルギー起源の二酸化炭素については2010年度に1990年比で0.6%増(約10億5600万t-CO_2)以下に抑えることとされている(表8-5-1)。

エネルギー起源の二酸化炭素については，統計上，①産業部門，②業務そ

表8-5-1 京都議定書目標達成計画の概要。温室効果ガスの排出抑制・吸収の量の目標（京都議定書目標達成計画）

区分	目標		2010年度現状対策ケース（目標に比べ＋12%）からの削減量 ※2002年度実績から経済成長などによる増加分，現行対策の継続による削減を見込んだ2010年度の見込み
温室効果ガス	2010年度排出量（百万 t-CO_2）	1990年度比（基準年総排出量比）	
①エネルギー起源 CO_2	1,056	＋0.6%	▲4.8%
②非エネルギー起源 CO_2	70	▲0.3%	▲0.4%
③メタン	20	▲0.4%	
④一酸化二窒素	34	▲0.5%	
⑤代替フロンなど3ガス	51	＋0.1%	▲1.3%
森林吸収源	▲48	▲3.9%	（同左）▲3.9%
京都メカニズム	▲20	▲1.6%*	*（同左）▲1.6%
合計	1,163	▲6.0%	▲12%

＊削減目標（▲6%）と国内対策（排出削減，吸収源対策）の差分

の他部門，③家庭部門，④運輸部門，および⑤エネルギー転換部門に分けることができるが，「京都議定書目標達成計画」においてもこの5部門ごとに目標を立て政策・措置を講ずることになる。具体的な各数値は表8-5-2の通りである。京都議定書の下での日本の削減目標が6%であることは広く知られている通りであるが，これをみると，その目標達成のためには森林吸収源の対策が最も大きく，次に京都メカニズムの利用による諸外国からの排出権購入に頼る部分が大きいことになる。温室効果ガス発生抑制対策の中心であるエネルギー起源の二酸化炭素については2010年度において1990年度比で0.6%増という目標であるに過ぎない。

　この点に関しては，環境保護団体から不充分であるとの厳しい指摘がある。京都議定書の交渉過程における日本としての削減目標提案の策定過程において，環境庁と通産省との間で対立があった。環境庁は，マクロ・モデル（国立環境研究所のAIMモデル）によるシミュレーション計算を元に「7.6%の減

表 8-5-2 京都議定書目標達成計画の目標の詳細と近年の実績

100万 tCO_2(換算)	基準年 排出量	2010年度目標 排出量	2010年度目標 基準年総排出量比	2002年度実績 排出量	2002年度実績 基準年総排出量比	2003年度実績 排出量	2003年度実績 基準年総排出量比
温室効果ガス合計	1,237	1,231	▲0.5%	1,331	+7.6%	1,339	+8.3%
(1)エネルギー起源CO_2	1,048	1,056	+0.6%	1,174	+10.2%	1,188	+11.3%
①産業部門	476	435	▲3.3%	468	▲0.6%	478	+0.2%
②民生部門	273	302	+2.3%	363	+7.3%	366	+7.5%
(業務部門)	(144)	(165)	(+1.7%)	(197)	+4.3%	(196)	+4.2%
(家庭部門)	(129)	(137)	(+0.6%)	(166)	+3.0%	(170)	+3.3%
③運輸部門	217	250	+2.7%	261	+3.6%	260	+3.5%
④エネルギー転換部門	82	69	▲1.1%	82	+0.0%	86	+0.3%
(2)非エネCO_2,メタン,N_2O	139	123	▲1.2%	128	▲0.9%	125	▲1.1%
①非エネルギー起源CO_2	74	70	▲0.3%	73	−0.1%	71	−0.2%
②メタン	25	20	▲0.4%	20	−0.4%	19	−0.4%
③N_2O	40	34	▲0.5%	35	−0.5%	35	−0.5%
(3)代替フロンなど3ガス合計	50	51	+0.1%	28	▲1.8%	26	▲1.9%
①HFCs	20	(34)	(+1.1%)	13	−0.6%	12	−0.6%
②PFCs	13	(9)	▲0.3%	10	−0.2%	9	−0.3%
③SF6	17	(8)	(▲0.7%)	5	−1.0%	5	−1.0%

*上記の表は四捨五入の都合上，各欄の合計は一致しない場合がある。

少」が期待できるとしていた*。これに対し，通産省は長期エネルギー需給見通しに基づき，需要を満たすための供給から発生する二酸化炭素発生量を計算し，そこから導入可能な政策に基づく削減効果として期待できる量を引くという積み上げで計算した結果として，2010年度で0%の増加に押さえることがせいぜいであると主張した経緯がある(竹内，1998)。1997年の9月末

---

* 中央環境審議会・企画政策部会　第42回〜46回配布資料集

に日本政府の京都議定書の目標の提案では，先進国は基本的に5%削減するが，各国ごとの省エネの進展度を考慮して目標を差異化することとし，日本は2.5%の削減を目標とするが，以降の交渉過程で2%程度はたとえ削減目標が達成できなくても制裁措置などの対象とならない「のりしろ」とされ，実質的な削減目標は0.5%程度とされた(日本経済新聞，1997)。結果として，京都議定書は先進国を中心とする削減義務を負う附属書B掲載国総計で5.2%の削減，日本には6%の削減義務を負わせるものとなったが，エネルギー政策へのインパクトとしては，1997年9月末時点での日本政府部内での判断が基本的に踏襲されていることがわかる。

(3) 政策決定過程の透明化

戦後日本のエネルギー政策は，高度成長期における急激な重要の増加を満たし経済成長のボトルネックを排除することを何よりも重要な目的として出発した。こうした安定供給重視の政策は，1970年代の2度の石油ショックを経て，わが国の安全保障上の重要問題となった。環境上の配慮としては，1960年代より各地で争われてきた公害問題において大規模火力発電所からの汚染が原因の1つとして指摘され，結果として昭和42年の公害対策基本法の施行以来，大気汚染防止法や水質汚濁防止法などの一連の公害規制法規が制定されると共に，その実施のための鍵となる低硫黄原重油の輸入および排煙脱硫装置の設置の促進が強力に行政指導されると共に，関税の軽減，国定資産税の軽減，特別償却制度の導入，日本開発銀行の特別融資制度の創設といった助成措置が講じられた(日本エネルギー経済研究所，1986)。しかし，エネルギー政策の主軸はエネルギーの安定供給にあったことはいうまでもない。

こうした日本政府の方針は政策意思決定過程にも反映されている。日本のエネルギー政策は，通商産業大臣の諮問機関である総合エネルギー調査会の策定する長期エネルギー需給見通しに基づき，将来の需要をいかに満たすかという観点から策定されてきた。長期エネルギー需給見通しの原案を策定しているのは，総合エネルギー調査会の事務局である通産省資源エネルギー庁であり，調査会のメンバーとしてジャーナリストや市民団体の代表者が参加しているとはいえ，将来需要の見通しのデータを策定している通産省の意向が強く反映してきた。2001年に通産省が経済産業省に改組され，総合エネ

ルギー調査会が総合資源エネルギー調査会に改組された現在でも，こうした政策形成過程は維持されている．

　もとより国家安全保障の骨格であるエネルギーの安全保障において，国として総合的な対策を実施していくことが求められることが当然であることはいうまでもなく，発電所のような「迷惑施設」の立地を地域の住民投票のようなものに完全に任せることも困難である．加えて，日本の場合，戦後の急激な経済復興にともなうエネルギーの需要の増大と，50 年代に世界を襲った「エネルギー流体革命」にともなう石油消費の増大は，強力かつ統一的なエネルギー政策を必須のものしたことから(日本エネルギー経済研究所，1986)，すべて民間企業であるエネルギー産業に対する通産省の強い主導性が確立されることになった．こうした通産省の強い主導性は，その後，市民団体の強い批判の対象となるが，こうした批判が一番先鋭的に現われてきたのが，原子力発電所の問題である．原子力発電は，そのスタートにおいて日本の再独立後の自立の象徴の 1 つであり，政治的にも保守派の一部に将来の核武装の可能性が見込まれていたことは事実であると思われるが(吉岡，1999)，その後の保守・革新の二項対立の政治情勢のなかで国論を二分する対象として建設的な議論を行ないがたい課題となってしまったことは不幸なことであった[*]．このため，長期エネルギー需給見通しにあたっても基礎となるデータが不充分であるとの指摘が長年されてきた．

　温暖化の問題は，こうした不毛な神学論争を抜け出す契機となっている．この背景には，長期にわたる原子力発電の安全な操業にともない，原子力の利用推進という方針が国民的理解を得ていることがあるが[*2]，行政組織部内においても温暖化防止を推進する環境省とエネルギー政策を推進する経産省との対話により，よりデータを公開して建設的な議論を行なうようになってきたことが大きな影響を与えている[*3]．

---

[*] 原子力をめぐり，温暖化対策との関係で建設的な議論をしている北欧諸国の事例については，飯田(2000)などに詳しい．
[*2] 平成 17 年 12 月に公表された内閣府の「エネルギーに関する世論調査」によれば，原子力の推進に対する姿勢として「積極的に推進」と「慎重に推進」を合わせて 55.1％を占めるに至っている(http://www8.cao.go.jp/survey/h17/h17-energy/index.html)．
[*3] 現在の長期エネルギー需給見通しの評価については 8-3-2(1)参照．

8-5-2 環境税をめぐる議論
(1) 温暖化防止対策として期待される環境税

　こうした状況において，現在の温暖化防止政策が不充分であるとする論者の大半がより強力な政策として期待しているのが環境税である。省エネの加速および非化石エネルギーの導入の鍵となるのはコスト構造である。エネルギーコストが上昇すれば当然省エネ投資は引き合うようになり，効率化は加速する。このため，エネルギーコストを全体として上昇させる環境税(炭素税)は最も有効な政策手段として積極的に導入すべしという議論である。京都議定書達成計画においては「環境税については，国民に広く負担を求めることになるため，関係審議会をはじめ各方面における地球温暖化対策に係る様々な政策的手法の検討に留意しつつ，地球温暖化対策全体の中での具体的位置づけ，その効果，国民経済や産業の国際競争力に与える影響，諸外国における取組の現状などを踏まえて，国民，事業者などの理解と協力を得るように努めながら，真摯に総合的な検討を進めていくべき課題である」とされたのみである。この点については，環境団体から問題の先送りであるとして早急の導入を求める意見が提出されており*，今や温暖化対策をめぐる議論の中心といって過言でない。

(2) 環境税の理論的評価

　現実の税制議論のなかで具体的提案は環境経済学の理論とは相当に異なるものであり，その評価は意外に難しい。環境税は広義には「環境保全を第一義的な目的とする政策課税または課徴金」であると考えられるが(寺西，1993)，地球環境問題のように環境が破壊されてしまえば人類の生存もあり得ない問題において環境保全が政策上の最重要課題であるから，税制もその目的のために貢献すべきことは当然のことである。しかし現実に議論されていることは，そういう単純な話ではない。環境税を含む経済的手法は，汚染

---

* 代表的なものとしては，グリーンピース・ジャパン(http://www.greenpeace.or.jp/campaign/climate/documents/doc050412.pdf)，WWFジャパン(https://www.wwf.or.jp/activity/climate/lib/kyotoprotocol/p05041301a.pdf)，地球環境と大気汚染を考える全国市民会議(CASA)(http://www.bnet.ne.jp/casa/teigen/paper/KP-mokuhyou-an050413.pdf)

第 8 章　地球温暖化の社会影響と対応策　219

物質の排出量の直接規制や排出原因行為の特定技術の指定または禁止といった直接規制に比較して，効率性，柔軟性および網羅性という 3 つの点で優れているとされる(岡，2000；ただし，後述する通り，柔軟性の定義については筆者独自の整理による)。しかし，結論からいうとその根拠は非常に曖昧なものなのである。

　第一の効率性として一般的に理解されているのは，古典的な「ピグー税」がめざした「社会全体として，最も少ないコストの下で，環境の使用の程度も含めて最適な資源配分がなされる」(環境庁，2000)ということである。ピグーが提案したのは，環境への負荷行為に対しその限界外部費用に等しく課税することによって，外部化されている部分の内部化を図ろうとすること，すなわち，環境負荷行為の生み出す利益が環境破壊による社会的費用を上回っている部分を課税によって経済的に引き合わないようにしようというものである(Pigou, 1956；宮本，1989)＊。しかし，そうするためには環境負荷行為の限界外部費用を知ることが必要になるのであって，これは追加的に二酸化炭素 1 t を排出することの被害の値段を算定することを考えればわかるが非常に困難である。このため，現実にはそうした税制は提案も含めてほとんどない(植田ら，1997)。多くの提案は，汚染物質の総排出量を規制する手段としての課税である「ボーモル＝オーツ税」と呼ばれるものである。ボーモルとオーツは，これは現実の採用可能性を考慮し，厳密に限界外部費用を計測することなく，排出量の規制値を定め排出行為に課税することによってその規制値を達成することを提案した(Baumol and Oates, 1971)。この提案は，社会全体としての厚生の最大化というピグー税のめざす効率性を最初から諦めるものであるが，少なくとも定められた最適汚染水準を達成するため規制値の達成コストの最小化を図ろうとするものであり，そうした限定された効率性をめざすものとなる。広く知られているように，これにより環境税の提案は机上の空論ではなく現実の政策手段に対しある程度の指針を提供することになったと評価されるのである(諸富，2000)。

＊ ここでいう社会的費用は，J.S. ミルや A. マーシャルにおいて外部不経済の内部化の問題として取り上げられる。

「ボーモル＝オーツ税」型の環境税を温暖化対策として導入する場合は，排出される炭素量に比して課税するという「炭素税」という形をとることになる。実は，このことが温暖化対策としての環境税の最大の弱点を生むことになっている。炭素税は最初の1単位からかかる。このため規制に対応するためのコストを税として支払うだけでなく，規制水準以下で操業し続けるために排出する二酸化炭素についても税を負担することになる。二酸化炭素は，単純な「汚染物質」と異なり排出量をゼロにすればよいというものではなく，排出削減努力を行なってもなお残る排出量が圧倒的に大きな割合を占める。したがって，エネルギー集約型産業や原料として化石燃料を用いる鉄鋼のような産業にとっては，排出削減費用に比して非常に大きな負担をともなうものになってしまう。そもそもそれだけでも政治的には無視し得ない影響があるが，さらに，現在の条約および京都議定書の枠組みは先進国と途上国の義務を区別しており，議定書では途上国から排出削減義務を課していないため，途上国においては今後も先進国と同様の環境税が導入される可能性はほとんどない。このため国際競争に晒されている化石燃料集約産業は途上国に移転する可能性が大きい。たとえば，近年の鋼材価格の上昇にともない中国やブラジルといった国で鉄鋼生産が大幅に増大しているが，こうした地域でのエネルギー効率は日本に比して低く，国内生産が代替するだけでも全地球的には二酸化炭素排出量が増大することになる。この問題を炭素の漏失 carbon leakage というが，現実にこの問題は無視し得ない。このため，これまで議論されてきた炭素税はすべてこの点に対する配慮をともなっているのであるが，このことが環境税のメリットである効率性を失わせることになるのである。

環境税は1990年代初めに北欧諸国とオランダで導入されたのを嚆矢に，ドイツ，イタリア，イギリス，フランスで導入されている。しかし，そのすべてに化石燃料集約産業への特例がみられる。スウェーデンの場合，91年に二酸化炭素1tあたり250クローネで導入された後，93年，96年に引き上げられ370クローネとなっており，炭素1tあたり約2万2000円と相当な高税率であるが，そもそも既存のエネルギー税の軽減とセットになっていただけでなく*，産業用エネルギーについてはさまざまな軽減措置がある。

デンマークについては(瀧口, 1993 ; OECD, 1994)，ガソリンについては既に大きな個別消費税が課されているために非課税であると共に，産業用については家庭用より低い税率が適用される。政府との間で省エネに関する協定を締結した企業に対してはさらなる軽減税率が適用される。「重プロセス」と呼ばれるエネルギー集約型産業については協定がある場合，ない場合でそれぞれ大幅な軽減税率が適用される。協定締結企業についてはチェックを受け，省エネが実行されていないと判断される場合には税率は元に戻される。イギリスでも導入された気候変動税は，エネルギー集約産業に対してはIPPC (Integrated Pollution Prevention Control)と呼ばれる枠組みで政府の定める省エネ基準にしたがう旨の協定を結んだ企業に対しては5分の1という大幅な減税措置とセットになっている(岡, 2000)。

　日本で提案されている環境税は，低率の炭素税と省エネ促進のための補助金とのセットである。たとえば平成16年11月に環境省が提案しているものは[*2]，税率は炭素1tあたり2400円であり，すべての化石燃料と電気を包括的に課税対象とするが，鉄鋼など製造用の石炭およびコークス，農林漁業用A重油などは免税となると共に，エネルギー多消費型省製造業については2〜5割の軽減措置を導入する。また運輸事業対策として軽油などに軽減措置を導入すると共に，低所得者および中小企業への免税点や非課税枠を導入するとされる。これにより見込まれる税収約4900億円を，温暖化防止対策を中心とする政策に活用することにより，GDPに対し−0.01%程度の影響で5200万炭素t(基準年排出量の4%強程度)の削減効果を見込めるとしている。炭素1tあたり2400円とは，たとえばガソリン1Lあたり1.5円程度であり，価格変動に飲み込まれて消費者行動にインパクトがあるとは思われないから，産業部門における省エネ促進に特化した税であるとみることができる[*3]。

---

[*] 一般エネルギー税と二酸化炭素税の合計でみると，石炭や天然ガスの課税負担はほぼ倍増であるが，ガソリンは19%増に過ぎない(岡, 2000)。
[*2] 環境省「環境税の提案」平成16年11月5日
[*3] 環境省は17年末にも同様の提案を行なっているが，与党の同意を得ることができず実現に至っていない。

したがって，提案されているものも含めた現実の環境税で二酸化炭素排出抑制を図ろうという政策が貫徹しているのは，高率の環境税が課されている北欧諸国の一部の家庭部門だけであり，実質的には産業およびエネルギー転換部門に対する省エネ政策の実現手段という性格のものであるといえる。このためボーモル＝オーツ税がめざしていた効率化を実現しようとするものとは相当形を異にしている。

　環境税の第二のメリットとされる柔軟性とは，排出者にどのような対策を採るか選択権を与えることにより規制目標の達成コストの最小化を図ろうとするものである。経済的手法は一般的に直接規制に対し達成方法に関する技術的情報に富む被規制者に達成方法の選択を委ねるために柔軟であるとされる。確かに，省エネのための協定を結ぶかどうかという選択肢があるという意味では柔軟性があるとはいえるが，意味があるとは思われない。柔軟性として指摘されているメリットのほとんどは理論的には前述の規制達成コストの最小化という効率性に吸収されると考えてよい。環境税と比較されるのは教科書的な直接規制 command and control ではなく，たとえば特定技術をリストアップして環境補助金を付するというような政策なのであるから，そうした比較のなかでは特段柔軟性も効率性も高いとは考えられないのである。環境経済学の立場からは「それら(炭素税や排出権取引)は，規制的措置に比べてより効率的である。すなわち，より安い費用で同じ効果を達成できるし，技術革新を誘発する効果もまた大きい。なぜなら，CO_2排出削減のための規制的措置を講じるに当たっては，省エネルギーに供する既存の機器のリストを作り，それぞれの可能性を見極めた上で，規制または基準を定めて，それらの機器を半ば強制的に普及させようとするからである。したがって，規制的措置による一定の効果は期待されるものの，新しい技術開発を促す効果までを期待することはできない。言い換えれば，民間企業や家計の創意工夫を抑圧するのが，規制的措置の欠点なのである」という指摘があるが(佐和，1997)，現実の環境省の提案は実質的には補助金政策であり，その実施はまさに「省エネルギーに供する既存の機器のリストを作り，それぞれの可能性を見極めた上で，規制または基準を定めて，それらの機器を半ば強制的に普及させよう」という政策になるという皮肉な結果になっていると批判されて

いる(岡, 2000)。

　第三のメリットとされる網羅性については, 述べるまでもあるまい。特例措置をさまざまな形で講ずることにより, 現実の環境税は網羅的でなくなっていくのである。

　(3)　結　　論

　このようにみてくると, 環境税として現実に導入されているもの, あるいは導入可能であるとして提案されているものは炭素1tあたり3〜4万円といった「本格的炭素税」とは相当性格を異にしたものであることがわかる。特に, 日本で提案されているものは実質的には補助金政策の財源をスマートにとろうというものであり, 経済的手法のメリットと理論的に考えられているものはほとんど失われているといってよい。政治的な導入可能性を考える場合には, 補助金政策や規制といったさまざまな措置とセットにならざるを得ず, その場合にはそれぞれの補助金の交付対象となる設備や技術を特定せざるを得ないから, 結果的に規制的手法といわれているものと大差がないことになるのである。

　もちろん, 現在の日本の温暖化対策が, 京都議定書の目標を達成するためのものとしても不充分であると考えられる以上必要な措置であろうが, 先進国として脱化石燃料依存経済構造の構築をめざすためにはもちろん不充分である。日本における環境税をめぐる議論も,「規制的手法に対する経済的手法の優位」といった教科書的議論を卒業して, より現実的な政策論争に昇華することが必要である。

8-5-3　日本の努力と世界の努力

　ここまで, 日本の京都議定書目標達成のための政策努力について述べてきた。しかし, そもそも日本の努力が全地球的課題である地球温暖化防止にどれだけ役に立つかは冷静に考える必要がある。

　日本の二酸化炭素排出量は, 基準年である1990年時点で世界全体の5%程度である。京都議定書の削減義務はその6%を削減するというものであるから, 基準年の世界全体の排出量の0.03%の削減に過ぎない。現在急速な経済成長を遂げつつあるのは, 中国, インド, ブラジルといった先進国以外

の国である。今後これらの国からの二酸化炭素排出が急増することが見込まれるが(図8-5-2)，これらの国におけるエネルギー利用効率は極端に低い(表8-5-3)。日本と中国の間では単位GDPあたりの二酸化炭素排出量は10倍以上の差があるのである。これは，日本程度の効率性が達成できれば，中国は現在の排出量の10分の1に削減することが可能であるということになる。

国際的には先進国はこれまで地球に多大な負荷をかけて経済発展を実現してきたという歴史的責任を負っている。このために率先して温暖化防止の義

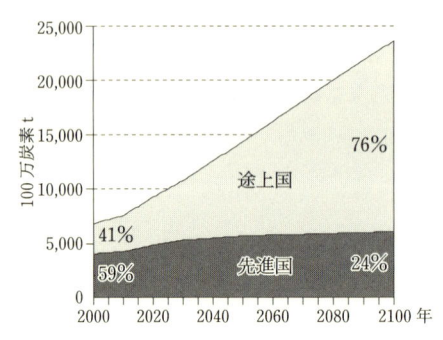

図 8-5-2　二酸化炭素排出量の長期見通し(RITE DNE21 モデル)

表 8-5-3　主要国の経済規模，二酸化炭素排出量とその利用効率(2004年)(IEA Key World Energy Statistics, 2006)

	GDP (billion 2000$)	GDP(PPP)	CO_2 (Mt of CO_2)	CO_2/TPES (t-CO_2/toe)	CO_2/GDP (kg-CO_2/ 2000$)	CO_2/GDP (PPP)
米国	10703.90	10703.90	537.05	2.49	0.54	0.54
カナダ	786.70	946.90	550.86	2.05	0.70	0.58
オーストラリア	455.60	598.31	354.36	3.06	0.78	0.59
日本	4932.50	3431.64	1214.99	2.28	0.25	0.35
ドイツ	1962.70	2160.03	848.60	2.44	0.43	0.39
イギリス	1591.10	1661.29	5799.97	2.30	0.34	0.32
フランス	1414.80	1678.33	386.92	1.41	0.27	0.23
ロシア	328.81	1309.12	1528.78	2.38	4.65	1.17
中国	1715.00	7023.71	4732.26	2.94	2.76	0.67
インド	581.22	3115.31	1102.81	1.93	1.90	0.35
ブラジル	655.38	1385.12	323.32	1.58	0.49	0.23

TPES：一次エネルギー総供給量
PPP：購買力評価

務を果たすべきであろう．先進国としては地球環境の長期的持続を考えるなら一刻も早く化石燃料依存の産業構造から脱却しなければならない．しかし，そのための政策は厳しく多額のコストが必要であり，現在とられている政策とはまったく次元の異なるものになることは明らかである．このために，たとえば2100年にどうなっていなければならないかを考え，そこからバックキャスティングすることによって5年先，10年先の政策目標を設定していかなければならない．その際には，今や経済的にはグローバルな競争相手となってきている途上国との関係を考慮にいれることが必須なのである．

[引用文献・参考情報]
[8-1 食糧生産への影響]
速水佑次郎・神門善久．2002．農業経済論(新版)．322 pp．岩波書店．
Lester, R.B. 2004. Outgrowing the earth. 239 pp. Norton.
World Food Program(WFPは，ホームページ http://www.foodforce.konami.jp/)において，大規模災害・内戦・干ばつの影響で食糧不足に陥ったところに食糧支援を行なうというゲームを無償で提供している．
[8-2 気候変化と健康]
地球温暖化の市民生活への影響検討会・環境省・独立行政法人国立環境研究所・㈳国際環境研究協会．2003．地球温暖化の市民生活への影響調査成果報告書(中間とりまとめ)．
本田　靖・内山巌雄．1998．地球温暖化の健康への影響—生活環境と影響．地球環境，2(2)：9．
国連環境開発会議(地球サミット)：http://www.un.org/geninfo/bp/enviro.html
国連環境計画(UNEP)：http://www.unep.org/
国連気候変動枠組条約(UNFCCC)：http://unfccc.int/2860.php
国連の気候変動に関する政府間パネル(IPCC)：http://www.ipcc.ch/
世界保健機関(WHO)：http://www.who.int
世界気象機関(WMO)：http://www.wmo.int
東京都．2002．環境基本計画．
WHO. 2002. The world health report 2002, Reducing risks, promoting healthy life.
WHO. 2004. Climate change and human health -risks and responses. Summary.
[8-3 エネルギー政策の影響と新エネルギー源の可能性]
藤目和哉．1994．新しい「長期エネルギー需給見通し」と課題．エネルギー経済，20(11)．
飯田哲也．2005．日本の自然エネルギー市場の展望．自然エネルギー市場(飯田哲也編著)．築地書館．
飯田哲也．自然エネルギー政策をめぐる日本政府の倒錯と絶望．プレゼンテーション資料．http://www.isep.or.jp/library/iida051113.pdf．
環境省．2006．2005年度の温室効果ガス排出量速報値について．2006年10月17日．
小宮山宏．1999．地球持続の技術(岩波新書)，岩波書店．
松尾直樹．モデルの見通しや結果の読み方．ホームページ・データ．http://www.climate-experts.info/CO2_Seminar_2003.01.html．

尾野嘉邦．2002．NPOと政策過程―公共利益集団とイシューネットワーク―．国家学会雑誌，115(9・10)．

[8-5 地球温暖化防止対策の決定過程]
Baumol, W.J. and Oates, W.E. 1971. The use of standards and prices or protection of the environment. Swedish Journal of Economics.
飯田哲也．2000．北欧のエネルギーデモクラシー．276 pp. 新評論．
環境庁．2000．温暖化対策税を活用した新しい政策展開―環境にやさしい経済への挑戦．大蔵省印刷局．
環境省．2004．環境税の提案．平成16年11月5日．
宮本憲一．1989．環境経済学．372 pp. 岩波書店．
諸富徹．2000．環境税の理論と実際．340 pp. 有斐閣．
日本エネルギー経済研究所(編)．1986．戦後エネルギー産業史．402 pp. 東洋経済新報社．
日本経済新聞．1997．97年10月7日記事．
OECD．1994．環境と税制．264 pp. 有斐閣．
岡敏弘．2000．地球温暖化国内政策手段論―環境税は規制に帰着する．福井県立大学経済経営研究，8．
Pigou, A. C. 1956. The economics of welfare, Macmillan 1932(邦訳『厚生経済学』東洋経済新報社)．
佐和隆光．1997．地球温暖化を防ぐ．岩波書店．
竹内敬二．1998．地球温暖化の政治学．朝日新聞社．
瀧口直樹．1993．デンマーク．環境税(石弘之編)．東洋経済新報社．
寺西俊一．1993．現代の環境政策と「環境税」の基本的意義．環境税(石弘之編)．東洋経済新報社．
植田和弘・岡敏弘・新澤秀則(編著)．1997．環境政策の経済学―理論と現実．258 pp. 日本評論社．
吉岡斉．1999．原子力の社会史(朝日選書)．335 pp. 朝日新聞社．

第9章 さらなる勉強に向けて

北海道大学大学院環境科学院/池田元美・山中康裕

9-1 国際関係と社会システムで考える地球温暖化

9-1-1 炭素排出許容量

本書で述べてきたように，二酸化炭素を主とする温室効果気体が地球温暖化を進めている。二酸化炭素の排出といっても，我々の呼吸や生ごみの焼却による排出は，大気中から吸収した二酸化炭素を大気に戻しているだけだ。地球温暖化の元凶となるのは石油，石炭などの化石燃料である。これを利用してきたのは，いうまでもなく先進国である。21世紀初頭現在の総排出量は毎年60億t(炭素換算)であり，総人口は60億人なので，一人あたり1t/年となる。しかし，これは平均値で，米国のように移動の多くを車に依存している国では6t/年，日本や西欧は3t/年と平均よりずっと多い。中国は今のところ世界平均に近い。日本に住んでいる人は，一生に200t以上の炭素を排出することになる。

この量を3つの排出量と比較してみよう。初めは，2100年までかけて大気中の二酸化炭素を550 ppmの濃度に定常化するシナリオにともなって，人類が排出する量である。IPCC三次レポートによれば，これから数十年は排出が増加するが，その後は削減し，総排出量は約1兆tとなる。21世紀の総人口は平均しておおよそ100億人と予想されるので，一人あたりの排出許容量は現在とあまり変わらない。全人類が排出に関して平等であるとする

なら，日本に住む人は現在のレベルの3分の1に削減しなければならない。さらに厳しい削減目標では，大気中の二酸化炭素濃度を2100年以降に一定とした状態で，陸域生態系への吸収は既に限界に達しており，海洋が吸収する毎年20億tと等しい排出量に抑えなければならない。これは一人あたり0.2 t/年という，現在の排出量の20%に削減することなのだ。

さらにもう1つ比較をするものは，京都議定書で二酸化炭素吸収源として期待されている森林への吸収である。森林の現存量は6000億tだが，水と日光と二酸化炭素があればいくらでも増えるわけではない。森林が増量するためには肥料を必要とする。肥料は栄養塩とも呼ばれ，窒素とリンが主たるもので，それ以外の微量元素もある。窒素は大気中に大量に存在し，しだいに固定されて栄養塩になる。一方，地上に存在するリンは限られている。これを吸収して生長する森林は，現存量の20%といわれている。1200億tしか増量しないことになり，人類が20年間に排出する二酸化炭素を吸収できるだけである。すなわち，森林に吸収してもらう分に頼ってはいけないのである。

9-1-2　開発途上国と先進国の対立と相互依存

地球温暖化は世界中共通に起こる問題であるといわれる。しかし皆が同じように被害を受けるのだろうか。気候が変わって，雨が降らなくなり，食糧生産が落ちると，まず影響を受けるのは開発途上国の人々である。現在でも干ばつなどによって飢餓に曝されている人々は，少しの気候変化にも大きな被害を被る。健康被害も，やはり途上国に深刻な被害を及ぼすことは明らかだ。伝染病に対してはワクチンなどの医療が行き届かないし，社会医療の基盤が脆弱であるので，より多くの死者をだすであろう。

途上国の惨状は先進国にとって他人事ではない。特に日本は，周りに先進国がないという地理的要因のためもあり，先進国との貿易を上回るほどの貿易を途上国と行なっている。基幹物質である穀物とエネルギーの自給率は20%少々であり，途上国からの輸入に大きく依存している。このように，地球温暖化の影響は，まず途上国に被害を及ぼし，その社会的な混乱がわが国に波及する方が主であろう。

2100年の世界はどうなっているだろうか。人口は過去50年で2.4倍になっており，今後50年で100億人となるであろう。その後の増加は，いわゆる先進国の人口推移に似て，あまり増減しなくなるのかもしれない。多くの人口を養うためには，大量の肥料が必要となり，よほどの効率化を達成しない限り，河川を通じて海洋に流出する肥料は沿岸域を富栄養化することによって，生態系や物質循環に影響を与える。地球温暖化は気温を上げるだけでなく降水パターンを変える。そのため穀倉地帯に影響がでて，食糧生産を保とうとすると，狭い耕地にますます大量の肥料をまかねばならない。

開発途上国が先進国に移行しつつあり，現在の途上国が先進国を上回る二酸化炭素を排出するようになる。これをなるにまかせておけば，大気中二酸化炭素を550 ppmに保つことはできない。現在でも問題にしなければいけない点は，先進国の経済活動が製鉄や建設などの重厚長大産業からサービス，ITなどの軽薄短小産業に変化し，重厚長大産業が中国，インド，ブラジルなどに移動していることである。これらの国は多くの人口をかかえ，国内格差は大きいものの，先進国を含む世界の重工業産物の需要を支えている。重工業は生産高あたりの二酸化炭素排出が大きいので，先進国は重工業の移転によって自国の二酸化炭素排出を抑制することができるが，世界の総排出抑制にはまったく貢献しないのだ。

9-1-3　自然と社会の相互作用

大気中の二酸化炭素を安定化するには，エネルギー消費を節約すること，二酸化炭素を陸域・海洋生態系に吸収させ，地中に隔離すること，そして，技術開発による新規エネルギー(自然エネルギーを含む)を創出することが挙げられている。また，人口問題を根底にかかえた食糧生産，水資源確保，エネルギー問題，そして生物多様性保持の諸問題も同時に起こってくるので，これらと地球温暖化を同時に解決しなければならない。すなわち持続可能な世界を構築することが求められる。

地球の持続を考える際に，自然システムと社会システムの関係がどうなっているか，知っていなければならない。図9-1-1に全地球規模の自然システムと社会システムの相互作用を示す。ただし悲しい現実として，環境問題の

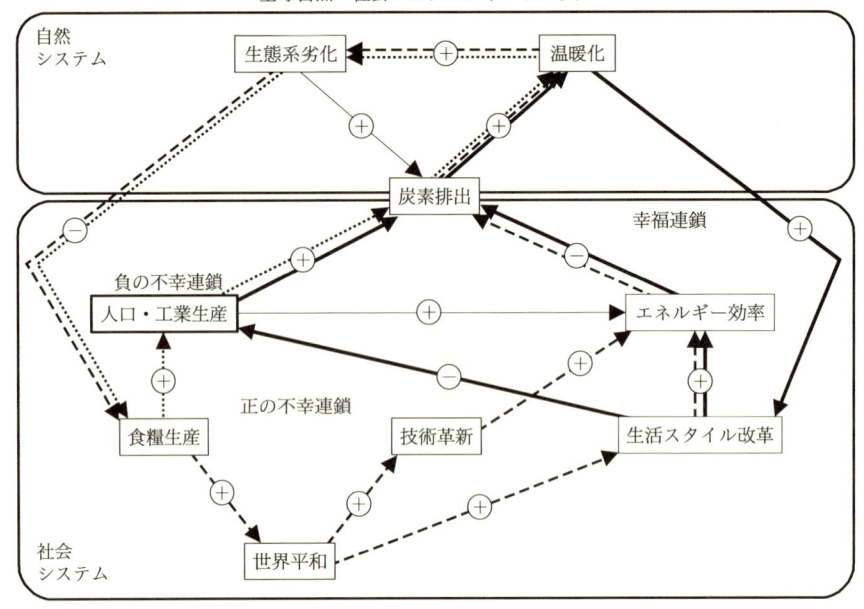

図 9-1-1 自然システムと社会システム。ある要素が他の要素に及ぼす影響を矢印で表わし，そのプラス記号は，矢印の元の要素が強まる(弱まる)時に矢印の先の要素も強まる(弱まる)ことを示している。一方，マイナス記号は矢印の元の要素が強まる(弱まる)時に矢印の先の要素は弱まる(強まる)ことを示す。前者を正の影響，後者を負の影響と呼ぶことにする。

原因をつくる世界は先進国と途上国中の先進地域の活動によって動いており，社会システムにはこの要素だけを含めることにする。この結合システムにある，いくつかの重要な要素間の因果関係(正の影響，負の影響)をもとに説明しよう。たとえば自然システム中の炭素排出，温暖化，生態系劣化の3要素を考えてみる。炭素排出が増えると，温暖化が進行し(正の影響)，もしその結果として降水量が変わって生態系が劣化すると(正の影響)，二酸化炭素を吸収できなくなり(正の影響)，このフィードバック・ループは正の連鎖をもっていることになる。正の連鎖とは，1つの方向に動き始めると，それがどんどん進んでしまうことを表わし，非常に危険な連鎖である。

人口と工業生産を起点にして社会システムの役割を考えることにする。先進国では人口が頭打ちであり，途上国の先進地域が増大することによって，

結合システムに影響を与える人口は増加する。また同時に工業生産も増加する。人口増加は炭素排出の増加につながるので，地球持続のためには懸念される要素である。この観点からは，先進国の人口減少を心配するよりも，途上国の人口増加を速やかに抑えることが求められる。

　3つの連鎖/フィードバック・ループに注目しよう。まず点線の連鎖の機能について，人口・工業生産のボックスからたどってみる。先進地域の拡大によってそこに住む人口が増え，工業生産がさかんになると，当然のことながら炭素排出が増える。そして温暖化が進行し，生態系劣化が進み，植物の生育が悪くなるので食糧生産が落ちる。食糧が不足すると，世のなかの活力がそがれ，その結果として先進地域の拡大が抑えられ，工業生産の伸びも衰える。すなわち，この連鎖には1つだけ負の影響があるので，一体として負の連鎖となる。人々はこのような連鎖を喜ばないであろうから，不幸連鎖といえる。ただし，負の連鎖なので，一方向に進んでしまうことはなく，あるところで落ち着くだろう。

　次に破線の連鎖をみてみる。点線の連鎖をたどる途中の食糧生産から枝分かれし，食糧生産が落ちることによって，世界平和が脅かされると，技術革新を進める余裕がなくなる。すなわち，エネルギー効率が向上しなくなり，その結果として炭素排出が増えるところから，点線と同じ連鎖をたどる。ここには2つの負の影響があることにより，正の不幸連鎖となる。この連鎖に陥ると地球温暖化が破局にまで進んでしまう。破線の連鎖と一部だけ別経路をとるものとして，世界平和が脅かされ，生活スタイルを変える余裕がなくなると，エネルギー効率を向上できなくなって，炭素排出が増える連鎖も同じ機能をもっている。

　これら2つが不幸連鎖であるのに対し，太い実線で示された幸福の連鎖がある。炭素排出が増えると，温暖化が進むが，人々は環境改善に心がけて生活スタイルを改革し，エネルギー効率を上げることによって，炭素排出を減らすことができる。ここには負の影響が1つある負の連鎖である。人間が自主的に生活スタイルを改革することで，炭素の排出を抑えるならば，幸福であると考えてよいであろう。ただしこの連鎖が機能するには鍵がある。温暖化のなかで生活スタイルを改革するためには，多数の人々がその原因を正し

く認識し，社会制度も人々が生活スタイルの改革に取り組むことを支援しなければならない。太い実線の連鎖と一部が別経路をとる場合についても言及しよう。すなわち，生活スタイルの改革によって，途上国の先進地域で人口増加がより早期に抑えられ，その結果として炭素排出量が減る連鎖も考えられる。先進国の例をみると，高学歴化や男女の機会均等化が進むと共に，人口増加が鈍化するので，その因果関係はさらに解明されるべきであるとしても，影響は充分に予想できる。

9-1-4　京都議定書の上に築く世界

上に示した3つの連鎖のどれが支配するかによって，世界の行く末が決まる。我々はまず正の不幸連鎖を抑えなければならない。その上で，負の不幸連鎖ではなく，幸福連鎖が支配的になればよい。正の不幸連鎖を抑えるために重要な影響の関係は，食糧生産が低下して世界平和が乱される部分であり，これが働かないようにするのだ。我々が普通に願っている世界の協調，国際平和，そして国家がお互いに尊重しあうことがどれほど重要か，改めて認識するであろう。

幸福連鎖が機能するには，地球温暖化に際して生活スタイルを変化させる動きを加速させることと，エネルギー効率の向上に向けて技術開発を進めることである。どちらも，全世界の炭素排出量を削減してこそ意義がある。国家間の極端な分業体制を進めて，重厚長大産業を欧米や日本から中国，インドなどの国々に移動するのでは，まったく問題の解決にならない。この観点からは，先進国から途上国先進地域へ環境技術を提供することが奨励される。

二酸化炭素の排出量を削減するためには，産業構造の変革，社会基盤の整備，国家間の尊重，人々の意識改革，そのための教育など，50年スケールの時間を要する。そこへ向けての第一歩が京都議定書である。唯一の超大国である米国は，現議定書に参加し責任を果たすべきである。技術開発は必要であるが，今のままの生活スタイルを維持して，新エネルギー源を得たとしても，二酸化炭素の削減はできないであろう。一方，中国とインドなどの新興工業国グループは，先進国の産業構造も支える役割を担っているのであり，彼らを二次議定書に呼び込むことが肝要である。Post Kyoto Protocolの表

現は「京都議定書の役割は終わった」といわんばかりであり，それに代わって「京都議定書の上に第二次京都議定書を打ち立てる」意味の Beyond Kyoto Protocol を提唱したい．

9-2 持続可能な世界に向けて

9-2-1 人類が直面する諸問題

　本著では地球温暖化について，その原因，仕組み，対策などを述べてきた．しかし，人類が直面している問題は温暖化にとどまらない．あるいはそれ以上に緊急の課題と思えるものもある．図9-2-1 に，地域によって深刻さは異なるものの，その影響が世界に及ぶ課題を挙げる．貧困国の飢餓と大量病死は喫緊であるが，先進国に住む人の多くが認識しているような人道問題として片づけられるものではなく，内戦，環境破壊など，先進国の責任が問われる事態がほとんどである．開発が続く途上国で人口が急速に増加することによって，エネルギー資源が不足し，価格は高騰しつつある．増えた人口の食糧をまかなうために，大量の肥料を施す必要が生じている．農業だけでなく都市生活にもより多くの水資源を求めるようになるが，地球温暖化の進行と共に水資源不足が深刻になる地域もでるだろう．人類共通の財産である生態系は多様性があってこそ，自らを維持することができる．人間活動が拡大して生物多様性は低下したことはいうまでもない．このようにみると，先進国の責任は重大である．

　これらの課題はそれぞれが深刻であるものの，個別に存在しているのではない．それらが相互に関係しあっていることをみてみよう．図の破線を人口増加からたどっていく．先進地域とそこの人口が増大することによって，より多くの化石燃料を使うようになり，資源の枯渇が問題になると共に，大量の二酸化炭素を大気に放出して地球温暖化を進める．地球温暖化によって年平均気温が2度上がると，緯度に換算して200 km も低緯度方向に移動したことになり，すぐに移動できない森林生態系は適応できないので，多様性は低下する．地球温暖化は土壌水分を蒸発させると共に，降水パターンを変化させ，ある地域では降水量が減る．21世紀の温暖化予測を参照すると，南

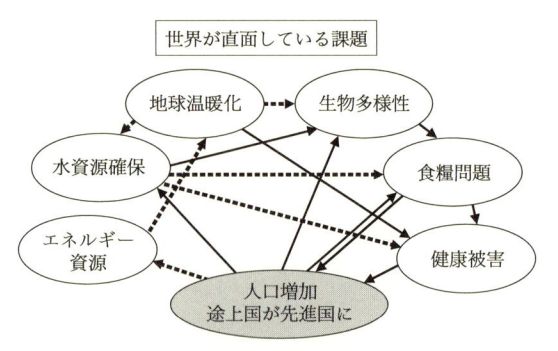

図9-2-1 世界は地球温暖化とそれ以外の解決すべき課題に直面している。矢印はある課題から他の課題への顕著な影響を示す。

欧から北アフリカの地域，米国南部では年間降水量が100 mmも減少すると示されている。これらの地域では食糧生産が減るであろう。一方で，降水量増加が好ましいとは限らず，水害という直接的な被害に加え，これまでもアフリカ東部で降水量が多い年はマラリア患者が増えたことを考えると，地球温暖化にともなう降水量増加によって健康被害が増えると予想される。

このような因果関係をみると，1つの課題を解決あるいは改善すれば，他の課題の解決にも貢献すると思うだろう。その考えは間違っていないが，あくまでも関連した課題に目を配り，総合的に解決することをめざさなければならない。それが持続可能な世界に至る第一歩である。もし相互の関係を見誤ったり，無視すると，個別課題の解決が他の課題に悪影響を及ぼすことがあると認識しなければならない。

9-2-2 人類の浅知恵の歴史

ここまで述べたように，相互に影響しあう問題を総合的に解決しなければならないが，人類の歴史をみると，むしろどれか1つの問題を解決しようと試みて，事前に予想しなかった悪影響を他の問題に与えてしまったことが多い。その例を4つ挙げることにする。図9-2-2の(1)～(4)について説明しよう。

(1)メタセコイアなどの樹木は非常に速く生長し，大気中の二酸化炭素を吸

収し固定する。京都議定書に規定されたクリーン開発メカニズムを利用するため，このような樹木を多く植えようとする試みが予想される。しかし，森林生態系の生物多様性は低下するであろう。

(2) アラル海が例としてよく知られている。この湖に流れ込む河川水をダムなどで貯め，農場の灌漑に利用したところ，土壌から食塩が地表に溶出して，食糧生産が落ちた。また湖の水量が激減したため，水質が悪化し，漁獲量も減った。風で表土が舞い上がり，住民に呼吸器障害がでた。

(3) 近年の原油値上がりによって，植物起源のエタノールをガソリンに混ぜるアイデアが提唱されている。このエタノールは大気中の二酸化炭素を吸収した植物が原料なので，いわゆるカーボン・ニュートラルといわれるように，大気の二酸化炭素濃度を増やさない。またエネルギー資源の

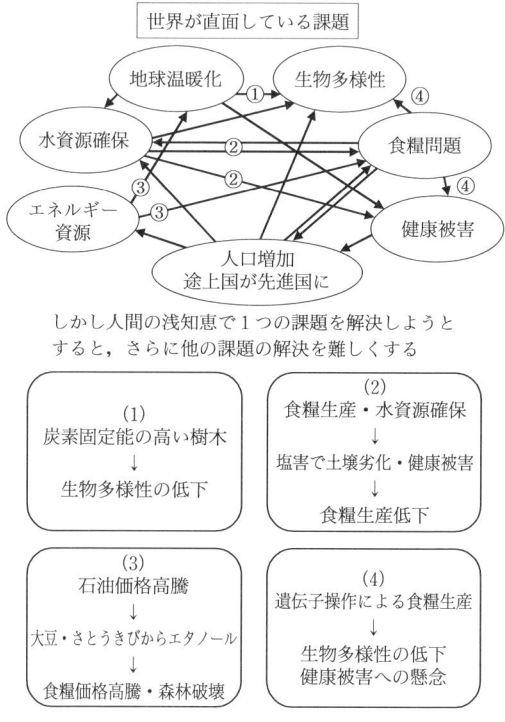

図9-2-2 人類が1つの課題だけに着目し解決しようとすると，他の課題に悪影響を与える。

節約にも役立つ。この点では大変よい方法のように思えるだろう。しかし現実の世のなかは，大豆，トウモロコシなどの食糧からエタノールをつくるので，食品価格が上昇し，森林を開発して農場にする動機を高めるため，決してカーボン・ニュートラルではない。もし炭素排出量削減に貢献したいなら，本来は廃棄されている原料からエタノールをつくるべきである。

(4)農作物植物のあるものには，少ない水でも育つ，病原菌に強い，短期間で収穫できるなどの特徴をもつように遺伝子操作が行なわれている。健康に関心の高い人々のなかで，遺伝子改変作物からつくられた食料品への信頼は高くない。さらに大規模な栽培が行なわれれば，自然生態系への影響も起こり得る。

持続可能な世界を実現する過程として，人類が直面しているこれらの課題を総合的に解決しなければならない。1つの課題だけに着目すると，他の課題の解決を妨げる可能性が高い。一方では現在問題となっていることを解決しつつ，他方で，100年，200年後の持続世界を具体化していくべきである。最低限の条件は，現在のように量の拡大を求めるのではなく，質の向上を追求することであり，これに価値観を見出す人類が主導権をもつ世界が求められている。その上で，どのような質の向上がよいのか，人類に課された責任は重い。

索　引

【ア行】

アイス‐アルベド・フィードバック　22, 85
アイスコア　25
アイスコアの水素同位体比　37
アイスランド低気圧　93
亜間氷期　41
アジェンダ21　188
アゾレス高気圧　93
アーティファクト　130
亜熱帯モード水　65
亜氷期　41
アラゴナイト　172
アリューシャン低気圧　93
アルケノン不飽和指標 U^K_{37}　27
アルベド　85
異常気象　187
一次元放射平衡モデル　17
一年生草本　132
雲量　21
永久凍土　105, 134
エネルギー政策　216
エルニーニョ　82, 92
塩害　185
沿岸湧昇　65
オゾン　17, 89
オゾン層　189
オゾンホール　95
オービタル(軌道)チューニング　32
温室効果　12
温室効果ガス・インベントリー　192
温室効果気体　1, 13, 15
温暖化係数　50
温暖化対策　195

温暖化のメカニズム　20
温暖化予測　88

【カ行】

海水準　29
海水のpH　66
海底コア　25
回転時間　51
開発途上国　228, 229
外部強制力　40
海面気圧偏差の時間変化　145
海洋酸性化　5, 74, 169
海洋炭素循環モデル　73
海洋鉄散布実験　157
火山灰　26
化石燃料　227
化石燃料消費　1
花粉　27
過放牧　94, 95
カーボン・ニュートラル　236
カルサイト　172
環境経済学　222
環境勾配　117
環境税　218, 219
完新世　28
間接的な健康影響　187
乾燥断熱減率　18
観測記録　26
干ばつ　228
間氷期　28, 99, 100
気温減率　16
飢餓　181, 228
気候感度　21
気候歳差　32

気候システム　31
規制的手法　223
北大西洋海洋科学会議　150
北大西洋深層水　38,99,111
北大西洋振動　97
北太平洋海洋科学機構　150
北太平洋中層水　142
北太平洋の低次生産モデル　153
北半球環状モード　97
規模依存性環境要因　120
吸収線　15
吸収帯　15
休眠　133
強制力　31
共通だが差違のある責任　7
京都議定書　195,199,207,209,211,228,233,235
京都議定書目標達成計画　195
極渦　103
雲のフィードバック　23
クラウジウス-クラペイロンの関係　22
クリーン開発メカニズム　235
クローリン　27
クロロフィルa　145
クロロフィルa濃度　145
クロロフィルaの最大濃度の深度　145
クロロフルオロカーボン類　142
群集　115
経済的手法　223
健康被害　228,234
原子力　204
高栄養塩低クロロフィル海域　158
公害問題　216
光化学作用反射率　123
光化学スモッグ　189
光合成　124
光合成有効放射吸収率　123
光合成有効放射吸収量　124
更新世　29

後氷期　28
高木　132
古気候アーカイブ　26
古気候学　25
古気候記録　26
呼吸器疾患　189
国際通貨基金　183
穀倉地帯　183
黒体　9
国連環境開発会議　188
国連気候変動枠組条約　188
国連の気候変動に関する政府間パネル　189
コージェネレーション　199
湖沼コア　25
個体群　115
古土壌　25
古文書　25

【サ行】
歳差　31
最終氷期　29
最終氷期最盛期　29
最適温度　128
サバンナ　118
サブ・ミランコビッチ変動　41
産業革命以前　52
サンゴ年輪　25
サンゴのSr/Ca比　29
酸素消費量　142
市場価格　184
自然エネルギー　209
持続可能な世界　233
持続可能な発展　188,195
持続発展型社会　207
ジメチルサルファイド　148
社会的なインパクト　194
重炭酸イオン　63,66
主水温躍層　64
樹木年輪　25

純一次生産力　126
省エネ性能向上　197
省エネ法　197, 203
蒸散　130
蒸発　130
蒸発散　130
消費者　127
小氷期　44
植生　116
植生指数　123
植生指標　69
植物の光合成量　61
食糧生産　181, 229
植林産業　185
人為起源トレーサーSF$_6$　60
人為起源二酸化炭素の収支　53
新興感染症　190
心疾患　189
人獣共通感染症　191
新生産量　142
深層　64
深層水循環　39
新ドリアス　100
新ドリアス期　104
森林伐採　1
水蒸気　14
水蒸気のフィードバック　22
ステファン・ボルツマンの法則　10
スルメイカ　150
生活史　127
成層圏　16
生態系　115
生態系に基づく資源管理　149
正のフィードバック　3, 103
政府間パネル（気候変動に関する）　3
生物圏　116
生物多様性　229, 235
生物ポンプ　159
世界保健機関　193
世界保健レポート　189

赤外線　2
石筍　25
赤道湧昇域　160
石灰化　171
石灰化速度　172
雪線高度　29
全球コンベヤベルト　99
総一次生産力　126
相観　117
総合エネルギー調査会　216
総生産　61
総生態系生産力　126
相対湿度　22
総バイオーム生産力　126
草本　132

【タ行】
タイガ　118
大気－海洋間のフラックス　53
大気から海洋への二酸化炭素フラックス　67
大気中酸素濃度　54
大気中二酸化炭素の年平均濃度増加量　57
大気輸送モデルのインバースモデル　58
大気－陸面間のフラックス　53
台風　91
太平洋・北米パターン　93
太陽光発電　204
太陽黒点数　45
太陽放射　9
太陽放射量　45
対流圏　16
対流圏界面　89
滞留時間　51
対流調節　17
多雨林　118
ダスト　26, 37
多年生草本　132

炭酸イオン　63,66
炭酸塩補償深度　174
炭酸カルシウム　39,67,171
炭酸濃縮機構　171
ダンスガード・オシュガー・サイクル
　41
炭素税　220
炭素の漏失　220
短波放射　13
地球温暖化防止大綱　213
地球温暖化防止法　213
地球温暖化問題　5
地球公転軌道要素　31
地球サミット　188
地球システムモデル　74
地球放射　9
地軸傾斜角　31
中世温暖期　44
中層　64
長期エネルギー需給見通し　216
長波放射　13
直接的な健康影響　187
地理情報システム　121
沈降粒子束　166
追跡調査　121
ツンドラ　118
低木　132
鉄　161
鉄仮説　159
鉄散布実験　157
テトラエーテル脂質環状構造比 TEX_{86}
　27
テレコネクション　92
デング熱　189
動的全球植生　69
トウモロコシ　186
土壌水分　183
土地利用　53
トップランナー　203
トランス石灰化モデル　171

鳥インフルエンザ　190

【ナ行】
南極振動　95,97
南極底層水　99
南方振動　92
二酸化炭素　14,37,49
二酸化炭素吸収技術　168
二酸化炭素排出シナリオ　207
日射反射率　85
日射量　2
二年生草本　132
日本経団連環境自主行動計画　195
熱塩循環　65,87
熱ストレス　190
熱帯温度問題　29
熱帯収束帯　88
熱中症　189
燃料電池　199,209
年輪幅　26

【ハ行】
バイオマス　116,199
バイオマス・エネルギー　204
バイオーム　116
ハインリッヒ事件　42
ハインリッヒ層　41
白内障　189
発展途上国　182
パームオイル　186
晩材密度　26
ハンタウイルス　190
ピグー税　219
ピナツボ火山　58
皮膚がん　189
氷河　105,108
氷期　27,100
氷期間氷期変動　27
氷床　27,108
表層　64

索　引　241

微量金属　161
フィードバック　20
フィードバックパラメータ　21
風力発電　204
フェノスカンジナビア氷床　29
不活性ガス SF_6　169
物質循環　126
プロキシ　26
プロキシ記録　26
フローラ　117
文書記録　25, 26
平均光利用効率　124
変換関数法　29
貿易風　92
放射吸収　14
放射強制力　2, 50
放射収支　12
放射スペクトル　13
放射性炭素(^{14}C)の樹木年輪中濃度　45
放射平衡　9
北極海表層水　102
北極振動　95, 96, 101
ボーモル＝オーツ税　219
ボンド事件　43

【マ行】

マイワシ　150
マウナロア　56
マウナロア山　56
マラリア　188, 189
水資源確保　227
水資源問題　89
ミランコビッチ　28
ミランコビッチ仮説　28
ミランコビッチ理論　107
メソコズム　168
メタ解析　136
メタン　37
木本　132

【ヤ行】

有機炭素　27
有効射出温度　10
有効射出高度　20
有孔虫殻の Mg/Ca 比　27
有孔虫酸素同位体比　27
溶存酸素　142
葉面積指数　69
予防原則　7, 188

【ラ行】

陸上植生　4
陸上生態系モデル　69
離心率　31
リスクコミュニケーション　194
リソクライン　174
リモートセンシング　121
硫酸エアロゾル　81, 82
レイン比　175
歴史記録　26
レス　25
ローレンタイド氷床　29

【ワ行】

惑星アルベド　10

【数字】

^{10}Be のアイスコア中濃度　45
^{14}C の樹木年輪中濃度　45
20 世紀再現実験　81, 82

【A】

AAO　97
AOU　142

【B】

Bond event　43

【C】

CCD　174

【C】
CCM　171
CCMLP　70
CDM　210
CFC_s　142
CLIMAP　29
community　115
COP　207
CSMD　145

【D】
Dansgaard-Oeschger Oscillation　41
DGVMs　69
DMS　148
Documentary record　26

【E】
ecosystem　115
El Niño　57
ENSO　92

【G】
GLOBEC　150
GPP　61

【H】
Heinrich event　42
Heinrich layer　41
Historical record　26
HIV/AIDS　190
HNLC 海域　158

【I】
Ice rafted debris(IRD)　41
IGBP　150
Instrumental record　26
Interstadial　41
IPCC　3, 5, 53, 79, 108, 189, 194, 206, 227
IronEX　162
IronEX I　162

【I】 (ITCZ)
ITCZ　88

【L】
LAI　69
LGM　29
Little Ice Age　44

【M】
Medieval Warm Period　45

【N】
NADW　38
NAM　97
NAO　97
National Greenhouse Gas Inventories　192
NBP　62
NDVI　69
NEMURO　153
NEP　62
NPI　145
NPIW　142
NPP　61

【O】
OCMIP　73

【P】
Pacific Decadal Oscillation Index　150
Paleo-climatic archive　26
PDO 指数　150
pH　74
PNA パターン　93
population　115
Proxy　26
Proxy record　26

【R】
RPS　206

RPS法　205
RUBISCO　170

【S】
SARS　190
SEEDS　164
SEIREIS　168
SF_6　169
SOIREE　168
SPECMAPカーブ　34
Stadial　41

Sub-Milankovitch変動　41

【U】
UNFCCC　6, 188

【W】
WHO　193
WMO　194

【Z】
Zoonosis　191

執筆者一覧(五十音順)
*編集委員

*池田元美(いけだ もとよし)
　北海道大学大学院環境科学院教授
　工学博士(東京大学)
　第5章5-4, 第8章8-4, 第9章執筆

入野智久(いりの ともひさ)
　北海道大学大学院環境科学院助教
　博士(理学)(東京大学)
　第3章3-3-2, 3-3-3執筆

岸　道郎(きし みちお)
　北海道大学大学院水産科学研究院教授
　農学博士(東京大学)
　第7章7-2執筆

岸　玲子(きし れいこ)
　北海道大学大学院医学研究科教授
　医学博士(北海道大学)・MPH(Master of Public Health)(Harvard University)
　第8章8-2執筆

鈴木光次(すずき こうじ)
　北海道大学大学院環境科学院准教授
　博士(理学)(名古屋大学)
　第7章7-4執筆

玉城英彦(たましろ ひでひこ)
　北海道大学大学院医学研究科教授
　Ph. D. Epidemiology(University of Texas), Doctor of Public Health(国立公衆衛生院)
　第8章8-2執筆

津田　敦(つだ あつし)
　東京大学海洋研究所准教授
　農学博士(東京大学)
　第7章7-3執筆

露崎史朗(つゆざき しろう)
　北海道大学大学院環境科学院准教授
　理学博士(北海道大学)
　第6章執筆

松村寛一郎(まつむら かんいちろう)
　関西学院大学総合政策学部准教授
　工学博士(京都大学)
　第8章8-1執筆

宮本　融(みやもと とおる)
　北海道大学公共政策大学院特任准教授
　MALD(Master of Arts in Law and Diplomacy)(Tufts University)
　第8章8-3, 8-5執筆

山崎孝治(やまざき こうじ)
　北海道大学大学院環境科学院教授
　理学博士(東京大学)
　第5章5-1〜5-3執筆

*山中康裕(やまなか やすひろ)
　北海道大学大学院環境科学院准教授
　理学博士(東京大学)
　第1章, 第4章, 第9章執筆

山本正伸(やまもと まさのぶ)
　北海道大学大学院環境科学院准教授
　博士(理学)(名古屋大学)
　第3章3-1, 3-2, 3-3-1, 3-4執筆

渡部雅浩(わたなべ まさひろ)
　東京大学気候システム研究センター
　准教授　理学博士(東京大学)
　第2章執筆

渡辺　豊(わたなべ ゆたか)
　北海道大学大学院環境科学院准教授
　博士(水産学)(北海道大学)
　第7章7-1執筆

Greve, Ralf
　北海道大学低温科学研究所教授
　Dr. rer. nat. (Darmstadt University of Technology)
　第5章5-5執筆

地球温暖化の科学
2007 年 3 月 30 日　第 1 刷発行
2009 年 3 月 25 日　第 3 刷発行

編　者　北海道大学
　　　　大学院環境科学院

発行者　吉　田　克　己

発行所　北海道大学出版会
札幌市北区北 9 条西 8 丁目 北海道大学構内（〒 060-0809）
Tel. 011(747)2308・Fax. 011(736)8605・http://www.hup.gr.jp

アイワード　　　　　　　　Ⓒ 2007　北海道大学大学院環境科学院
ISBN978-4-8329-8181-2

持続可能な低炭素社会	吉田文和 池田元美 編著	A5・248頁 価格3000円
オゾン層破壊の科学	北海道大学大学院環境科学院 編	A5・420頁 価格3800円
環境修復の科学と技術	北海道大学大学院環境科学院 編	A5・270頁 価格3000円
雪と氷の科学者・中谷宇吉郎	東 晃 著	四六・272頁 価格2800円
エネルギーと環境	北海道大学放送教育委員会 編	A5・168頁 価格1800円
エネルギー・3つの鍵 —経済・技術・環境と2030年への展望—	荒川 泓 著	四六・472頁 価格3800円
総合エネルギー論入門 —ヒトはどこまで生き永らえるか—	大野陽朗 著	四六・146頁 価格1300円
新版 氷の科学	前野紀一 著	四六・260頁 価格1800円
極地の科学 —地球環境センサーからの警告—	福田正己 香内 晃 高橋修平 編著	四六・200頁 価格1800円
フィーニー先生南極へ行く —Professor on the Ice—	R.フィーニー 著 片桐千仭 片桐洋子 訳	四六・230頁 価格1500円
生物多様性保全と環境政策 —先進国の政策と事例に学ぶ—	畠山武道 柿澤宏昭 編著	A5・438頁 価格5000円
自然保護法講義［第2版］	畠山武道 著	A5・352頁 価格2800円
アメリカの環境保護法	畠山武道 著	A5・498頁 価格5800円
環境の価値と評価手法 —CVMによる経済評価—	栗山浩一 著	A5・288頁 価格4700円
環境科学教授法の研究	高村泰雄 丸山 博 著	A5・688頁 価格9500円

〈価格は消費税を含まず〉

北海道大学出版会

【基本物理定数の値】(カッコのなかの値は数値の最後の桁につく標準不確かさを示す)

参考文献：Mohr, P.J. and Taylor, B.N. 2005. CODATA recommended values of the fundamental physical constants 2002. Rev. Mod. Phys., 77(1): 1-107.

物理量	記号	数値	単位
真空中の光速度	c	299792458	m s^{-1}
プランク定数	h	$6.6260693(11) \times 10^{-34}$	J s
ボルツマン定数	k	$1.3806505(24) \times 10^{-23}$	J K^{-1}
万有引力定数	G	$6.6742(10) \times 10^{-11}$	m^3 kg^{-1} s^{-2}
重力の標準加速度	g_s	9.80665	m s^{-2}
ステファン・ボルツマン定数	σ	$5.670400(40) \times 10^{-8}$	W m^{-2} K^{-4}
アボガドロ定数	N_A	$6.0221415(10) \times 10^{23}$	mol^{-1}
(一般)気体定数	R^*	8.314472(15)	J K^{-1} mol^{-1}

【大気科学で用いられる代表的な定数】

参考文献：Holton, J.R. 2004. An introduction to dynamic meteorology (4th ed.). 535 pp. Elsevier Academic Press.

物理量	記号	数値	単位
地球の平均半径	a	6.37×10^6	m
地球の自転角速度	Ω	7.292×10^{-5}	s^{-1}
乾燥空気の平均分子量	M_d	28.97	
乾燥大気の気体定数	R	287	J K^{-1} kg^{-1}
乾燥空気の定積比熱	c_v	717	J K^{-1} kg^{-1}
乾燥空気の定圧比熱	c_p	1004	J K^{-1} kg^{-1}
乾燥断熱減率	Γ_d	9.76×10^{-3}	K m^{-1}